国家社会科学青年基金"学术创新扩散过程及创新力测度研究"（项目编号：15CTQ027）支持

知识结构与创新扩散

宋 歌 ◎ 著

·北京·

图书在版编目（CIP）数据

知识结构与创新扩散 / 宋歌著. —北京：科学技术文献出版社，2019.12（2020.11重印）

ISBN 978-7-5189-6277-8

Ⅰ.①知… Ⅱ.①宋… Ⅲ.①知识结构 ②知识传播 Ⅳ.① G302

中国版本图书馆 CIP 数据核字（2019）第 264717 号

知识结构与创新扩散

| 策划编辑：孙江莉 | 责任编辑：马新娟 | 责任校对：文 浩 | 责任出版：张志平 |

出 版 者　科学技术文献出版社
地　　　址　北京市复兴路15号　邮编 100038
编 务 部　（010）58882938，58882087（传真）
发 行 部　（010）58882868，58882870（传真）
邮 购 部　（010）58882873
官 方 网 址　www.stdp.com.cn
发 行 者　科学技术文献出版社发行　全国各地新华书店经销
印 刷 者　北京虎彩文化传播有限公司
版　　　次　2019 年 12 月第 1 版　2020 年 11 月第 2 次印刷
开　　　本　710×1000　1/16
字　　　数　294 千
印　　　张　17.75
书　　　号　ISBN 978-7-5189-6277-8
定　　　价　78.00 元

版权所有　违法必究

购买本社图书，凡字迹不清、缺页、倒页、脱页者，本社发行部负责调换

前 言

《知识结构与创新扩散》一书论述的是知识结构的识别与科研创新评价。科研评价体系的完善对于科学王国的健康发展和我国科研实力的进步有着深刻的影响。"影响因子被滥用""SCI 刷屏隐忧""难有同行的科学""谁来评议同行评议"……当前，无论是采用计量指标、同行评议，还是二者结合的方式，科研评价都陷入备受诟病的窘地，难以破局。因此，落实"建立健全以创新能力、质量、贡献为导向的科技人才评价体系，形成并实施有利于科技人才潜心研究和创新的评价制度"的关键，不仅在于采用何种评价方式，或是对评价指标的改进，而应该跳出片面视角，不再以单一的评价维度衡量科研工作，转而回归到对科学发展规律的关照。通过对科学发展过程的呈现与脉络的抽取，总结科学发展的特征与规律，探索推动科学发展的动因与机制，在遵循科学发展规律、深入思考科研评价复杂性的基础上，系统改革科研评价制度。

由此，本书内容分为两个部分，上篇为"知识结构与识别"，下篇为"创新测度与评价"，各 5 章内容。上篇包括对知识网络和网络科学的介绍，以及与知识结构和科研评价紧密相关的期刊网络、文献网络和作者网络的呈现、识别与解析，并从网络节点核心性、中介性的测度，网络嵌套结构、等级结构的测度，网络节点分层、分群等几个方面总结了知识结构分析框架及一般流程。下篇包括对于知识创新扩散过程定量描述方法的介绍，对于科研领域原始创新和迭代创新各自重要性的讨论，对于理论创新、方法创新、指数创新等不同创新类型特征的比较，探讨科研创新机制和创新扩散机制，论述科研评价指标的设计原则和原理，提供创新力和创新潜力测度指标，尝试构建科研评价维度。

本书虽然没有涉及科学活动的本质、科学的哲学属性和社会属性等宏大命题，仅限于科学计量这一领域视角，但科学计量是一种能够帮助我们对科学的历史、前沿与发展产生定性洞见的定量方法，希望本书为知识结构识别和科研创新评价提供的基本理论、方法、实例与设想，能够为相关学习、研究、管理者提供启发与帮助。

受笔者水平和时间所限，书中不少问题的研究远非完善，需要拓展和深入探讨之处还有许多，也定有疏漏错误，希望读者不吝赐教、批评指正。

宋　歌

2019 年 9 月于南京

目 录

上篇 知识结构与识别

第一章 知识网络 3
  1.1 网络科学概述 3
  1.2 知识网络研究 20
  1.3 引文网络分析理论 27

第二章 期刊网络分析 49
  2.1 期刊互引网络结构分析 51
  2.2 期刊网络核心–边缘结构分析 61
  2.3 期刊的"位置"与"角色"分析 83

第三章 文献网络分析 97
  3.1 文献共被引网络结构分析 97
  3.2 文献共被引网络凝聚子群分析 102
  3.3 文献引用网络分析 110

第四章 作者网络分析 126
  4.1 作者群分布特征 127
  4.2 科学共同体测度 129
  4.3 作者的核心性 138

第五章 知识结构分析框架 141
  5.1 分析工具的类型 141
  5.2 分析方法的选择 147
  5.3 分析视角的融合 154

下篇　创新测度与评价

第六章　知识创新扩散过程 ………………………………… 161
　6.1　创新扩散理论与方法 ……………………………………… 162
　6.2　理论创新与创新扩散 ……………………………………… 165
　6.3　指数创新扩散与再创新 …………………………………… 177

第七章　科研创新评价指标 …………………………………… 188
　7.1　科研创新评价概述 ………………………………………… 188
　7.2　成果创新力指标设计 ……………………………………… 190
　7.3　成果创新力指数 …………………………………………… 194

第八章　创新潜力评价指标 …………………………………… 206
　8.1　创新潜力评价概述 ………………………………………… 206
　8.2　基于结构洞的创新潜力指标 ……………………………… 207
　8.3　基于媒介角色的创新潜力指标 …………………………… 212
　8.4　创新潜力指标的特性与使用 ……………………………… 217

第九章　科研评价维度 ………………………………………… 220
　9.1　科研评价基本维度 ………………………………………… 220
　9.2　科研成果多维评价 ………………………………………… 225
　9.3　基于多维评价的科研项目评价 …………………………… 234

第十章　迭代创新过程 ………………………………………… 243
　10.1　科研领域的迭代创新 ……………………………………… 243
　10.2　迭代创新的发展阶段 ……………………………………… 244
　10.3　迭代创新的类型 …………………………………………… 250
　10.4　科研领域迭代创新特征 …………………………………… 255

参考文献 ………………………………………………………… 261

上篇 ▼

知识结构与识别

第一章 知识网络

1.1 网络科学概述

1.1.1 网络科学的源起与发展

美国社会心理学家斯坦利·米尔格兰姆（Stanley Milgram）于 1967 年通过社会网络人际关系的"六度分离"（six degrees of separation）试验而发现著名的"小世界"（small world）现象，逐渐引起数学家、物理学家、社会学家和计算机学家对复杂网络结构与机制研究的兴趣。伴随互联网络时代的到来，20 世纪 90 年代中期，美国康奈尔大学社会学博士生邓肯·瓦茨（Duncan J. Watts）同他的导师、数学家史蒂夫·斯托加茨（Steven H. Strogatz），建立起基于小世界理论的复杂网络（complex network）模型。斯托加茨还力图对所有科学中无所不在的复杂网络的拓扑结构和非线性动力学，给以数学的描述。这就把复杂网络系统的理论与应用研究，推向自然科学和社会科学大交叉的学术前沿。

20 世纪 30 年代，美国社会计量分析人员雅各布·莫雷诺（Jacob Moreno）在调查幸福感与社会生活结构之间的关系时构想出把人作为点、把与其他人的联系作为线的关系网络图。英国人类学家拉德克利夫－布朗（Alfred Reginald Radcliffe－Brown）在研究工厂和社会生活问题时采用了类似的方法。英国曼彻斯特的一个考古学家小组借鉴了拉德克利夫－布朗的成果。社会网络分析遂因该小组成员约翰·巴恩斯（John A. Barnes）于 1954 年创造的"社会网络"（social networks）这一特别术语而兴起，又因美国社会学家马克·格兰诺维特（Mark Granovetter）于 1974 年提出的社会网络"弱连接优势"（the strength of weak ties）理论而引起其他相关理论的发展。其后，哈佛社会学家哈里逊·怀特（Harrison C. White）和伯曼（Scott A. Boorman）、费里曼（Freeman L. C.），以及贝克曼（Berkman L. F.）和柯恩（Cohen S.）等学者分别对社会网络分析的理论综合、数学模型建构和实证进行了研究，为社会网络分析的广泛应用奠定了基础。1994 年，美国学者魏斯曼（Stanley Wasserman）和范斯特（Katherine Faust）所著的《社会网络分析：方法与应用》进一步扩大了社会网络分析在社会科学界的影响与应用。进入 21 世纪，社会网络分析的探索与应用向纵深发展，其研究风靡世界。

因此，当前盛大的网络科学研究，起源于 20 世纪中期在众多学科中孕育、兴起的独立而相关的研究。其中，复杂网络和社会网络的概念均源自对社会科学领域问题的研究，且都得益于数学家的描述，而数学家和社会学家联合论证了小世界网络，这一成果引爆了物理学界对复杂网络系统的研究，而从此，物理学界另起炉灶，在复杂网络领域开疆拓土。21 世纪，计算机科学迅猛发展，正在重构社会科学领域的研究方法与视角，"计算社会科学"（computational social science）的萌生正在为同根同源而又分道扬镳的复杂网络理论和社会网络分析研究提供再次融合的契机。

1.1.2 复杂网络理论基础

复杂网络主要是指具有复杂拓扑结构和动力学行为的大规模网络，它是由大量的节点通过边的相互连接而构成的图。复杂网络作为现实社会现象的抽象形态，用于描述人与人之间的社会关系、组织之间的联系、计算机之间的网络连接、科研论文的引用关系，以及科学家之间的合作研究关系等。大量实证研究发现，现实中许多真实网络都具有复杂网络的一些共同的特征，如小世界属性和无标度特征。因此，对复杂网络结构和动力学特征的研究已成为正确认识复杂网络，并促进复杂网络理论发展与应用的首要工作。目前，复杂网络正以极大的魅力吸引着世界上众多专家、学者进行深入研究，并已经渗透到化学、信息学、生物学、医学、管理学、社会学及经济学等不同的领域。对复杂网络的定性特征与定量规律的深入探索、科学理解及可能的应用，已成为当前学术界的一个前沿课题。

邓肯·瓦茨和斯托加茨 1998 年在 *Nature* 上的文章描述了从完全规则网络到完全随机网络的转变，说明小世界网络既具有与规则网络类似的较高的聚集系数，又具有与随机网络类似的较小的平均路径长度。

1999 年圣母大学的巴拉巴西（Barabási A. L.）和艾伯特（Albert R.）在 *Science* 上发表文章，指出许多实际复杂网络的连接度分布具有幂律形式。由于幂律分布没有明显的特征值,该类网络又被称为无标度(scale-free)网络。至此,已研究网络在结构上主要包括4种类型:规则网络、随机网络、小世界网络和无标度网络,见图1.1。

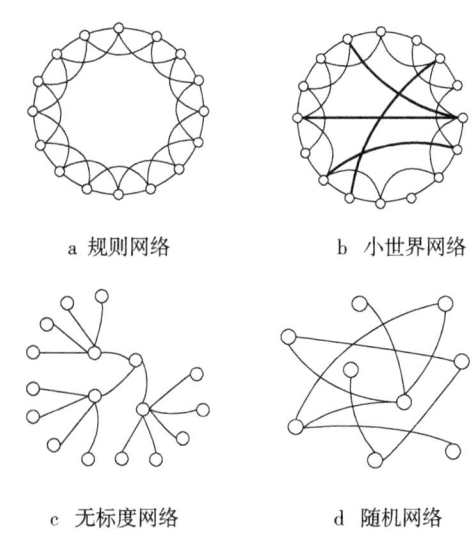

图1.1 4种典型网络示意

复杂网络研究之所以自世纪之交取得迅速发展,有以下几条原因:首先,随着各领域电算化的发展,出现了各种关于现实复杂网络拓扑结构的大型数据库;其次,计算能力的不断提高,使人们能够对包含数以千万计节点的网络进行研究,这在以前是无法实现的;最后,人们迫切需要从整体、宏观的角度去认识整个系统,因此对系统各个部分之间的相互作用的拓扑性认识就显得尤为重要。

研究这些复杂网络所使用的主要方法是数学上的图论、物理学中的统计物理学方法和社会学中的社会网络分析方法。

目前对复杂网络研究的内容主要包括:网络几何性质、网络形成机制、网络演化的统计规律、网络模型性质,以及网络结构稳定性、网络演化动力学机制等问题。其中在自然科学领域,网络研究的基本测度包括:度(degree)及其分布特征,度的相关性、集聚程度及其分布特征,最短距离及其分布特征,介数(betweenness)及其分布特征,连通集团的规模分布等。

复杂网络结构稳定性的研究一般从平均最短距离、平均集聚程度、最大簇的相对大小及簇的规模分布模式这4个方面进行讨论。复杂网络的稳定性通常是针对网络的脆弱性的研究展开的,如对一般网络的攻击对象可以选择取点与取边两种方式,从攻击的方式上分为随机攻击和选择性攻击两种类型。网络结构稳定性理论研究表明,对于规则网络与随机网络,随机攻击与选择性攻击的效果相当;小世界网络对于长程连接攻击非常敏感;无标度网络对于随机攻击具有很强的鲁棒性,但是对基于度值或介数的有目的攻击具有脆弱性。

对复杂网络动力学性质的基本研究对象是动力学模型在不同网络上的性质与相应网络的静态统计性质的联系,包括已知和未知的静态几何量。若某模型在某一网络上有特殊表现,则可以认为是受该网络的某种静态特征所影响。

1.1.2.1 复杂网络基本特征

以下3种概念在复杂网络的研究中占有重要地位。

第一,小世界。它以简单的措辞描述了大多数网络尽管规模很大但是任意两个节点间却有一条相当短的路径的事实。例如,在社会网络中,人与人相互认识的关系很少,但是却可以找到很远的无关系的其他人。正如马歇尔·麦克卢汉(Marshall McLuhan)所说,地球变得越来越小,变成一个地球村,也就是说,变成一个小世界。

第二,集聚程度。它是指网络集团化的程度,是一种网络的内聚倾向。例如,社会网络中总是存在熟人圈或朋友圈,其中每个成员都认识其他成员。另外,还可以通过连通集团来反映在一个大网络中各集聚的小网络分布和相互联系的状况。例如,它可以反映这个朋友圈与另一个朋友圈的相互关系。

第三,幂律的度分布。度指的是网络中节点所连边的数量,对有向网络分入度和出度两类。度的相关性是指顶点之间关系的联系紧密性。

大量现实网络都同时具有小的最短路径和高平均集聚程度的特征,即小世界和高集聚特征,而无标度网络的度分布又具有幂律分布特征。高平均集聚程度反映了事物在小世界的环境下自发走向有序的态势;小的最短路径反映了系统演化速度快的特征。系统低层次的因素之间的局部交互作用会更密集、更频繁,在系统层次会涌现出更多的性质。

对复杂网络研究的已有成果中,科学家发现绝大多数实际的复杂网络都具有以下几个基本特征。

①网络行为的统计性:网络节点数可以有成百上千万,甚至更多,从而使得大规模网络行为具有统计性特征。

②节点动力学行为的复杂性：各个节点本身可以是非线性系统，具有分岔和混沌等非线性动力学行为。

③网络连接的稀疏性：N个节点的具有全局耦合结构的网络的连接数目为$O(N^2)$，而实际大型网络的连接数目通常为$O(N)$。

④网络节点间连接的多样性：复杂网络由活性节点构成，各个节点具有不同的特性，并按非线性方式进行状态转化；同时，节点之间的连接内容是多样化的，连接结构是立体动态的。

⑤网络的时空演化复杂性：复杂网络具有空间和时间的演化复杂性，展示出丰富的复杂行为，特别是网络节点之间的不同类型的同步化运动，包括出现周期、非周期混沌和同步行为等运动。复杂网络中的局部互动关联性，涌现出网络整体上的动态演化行为模式，并进而导致网络结构的不断变化与更替。

⑥网络之间的交互影响性：各种各样的复杂网络相互连接起来，以复杂的耦合方式进行互动并影响各自的行为模式。

以上6个特征反映了实际网络的复杂性。一方面，它具有无序演化的特征；另一方面，它也具有增加有序程度的演化特征。它不仅具有分形、混沌及自组织演化的特征，而且还具有形成序参量的特征。因此，复杂网络研究可能会综合以往的各种自组织理论、非线性和复杂性理论研究的成果，从而成为最新兴的复杂性研究理论。

1.1.2.2 复杂网络基本概念

从统计物理学的角度来看，网络是一个包含了大量个体及个体之间相互作用的系统，是把某种现象或某类关系抽象为个体（顶点）及个体之间相互作用（边）而形成的用来描述这一现象或关系的图。统计物理学是从微观到宏观的桥梁，研究网络中顶点与边的度值与权值等微观性质与网络的几何性质、效率与稳定性等宏观性质之间的关系，是复杂网络研究的核心内容。

（1）复杂网络（complex network）

复杂网络是一个包含了大量个体及个体之间相互作用的系统，通常把个体视为网络的节点，把个体间的相互作用视为网络节点与节点之间的连接，这样由大量的节点及节点间的连接所构成的复杂系统，就称为复杂网络。

网络中的节点是网络最基本、也是最重要的组成元素。根据所研究网络的不同，节点含义不同。例如，在细胞网络中，它的节点就是细胞，而其连接方式是化学反应；在 Internet 中，节点是路由器（或者是子网络），它们的连接方式是某种物理连接（如光纤、双绞线等）；WWW 是由文本文档（如网页）所组成的复杂网络，它们之间的连接方式是网页之间的超链接；而在社会网络中，其节点可以是个体、组织，甚至是国家，在这个网络中，彼此之间通过社会相互作用进行连接。总之，关于复杂网络的例子不胜枚举。因为复杂网络的拓扑性是由其机制决定的，因此这将促使人们对其机制进行研究。然而，人们要想更好地认识这些混杂的复杂系统面临很大的挑战。

（2）网络（network）

一个具体网络可抽象为一个由点集 V 和边集 E 组成的图 $G = (V, E)$。节点数记为 $N = |V|$，边数记为 $M = |E|$。E 中每条边都有 V 中一对点与之相对应。如果任意点对 (i, j) 与 (j, i) 对应同一条边，则该网络称为无向网络（undirected network），否则称为有向网络（directed network）。如果给每条边都赋予相应的权值，那么该网络就称为加权网络（weighted network）或赋值网络，否则称为无权网络（unweighted network）或二值网络。

另外，网络是连通性和稀疏性的统一。没有连通性的图不是网络，连通性差的网络不是好网络。没有稀疏性的图也不是网络，如交通线不能太稠密，它在系统所属空间中只能占据很小的份额。现实的复杂网络既有很高的连通性，又有足够的稀疏性。

（3）度（degree）

设 N 是一个网络，$V(N)$ 是所有顶点的集合，$E(N)$ 是所有边的集合。顶点 v 的度 $d_v(v \in V)$ 是指与此顶点连接的边的数量，即：

$$d_v = \sum_{l \in E} \delta_l^v$$

其中，当边 l 包含顶点 v 时，δ_l^v 记号取值为 1；否则为 0，即：

$$\delta_l^v = \begin{cases} 1, & v \in l \\ 0, & v \notin l \end{cases}$$

度分布 $p(k)$ 表示从网络中随机地选择一个节点，它的度为 k 的概率：

$$p(k) = \frac{1}{N} \sum_{i=1}^{N} \delta(k - k_i)$$

度值的分布特征是网络的重要几何性质。对于规则网络中各节点的度值相同，因而符合 δ 分布；随机网络中各节点的度值符合泊松分布；无标度网络存在幂律形式的度分布。

出度（outdegree）：对于有向网络 N，从顶点 v_i 出发的有向边的数量 d_{v_i} 称

为点 v_i 的出度。入度（indegree）：对于有向网络 N，指向顶点 v_i 的有向边的数量 d_{v_i} 称为点 v_i 的入度。

网络中边的入度和出度分布满足某些特定的规律。实证研究表明，有向网络中存在入度和出度的双向幂律分布，如 WWW 网络、细胞内化学反应网络，但是也存在只有入度幂律分布的网络，如引文网络，以及符合指数衰减的网络，如电力网络与神经网络。

（4）聚集系数（clustering coefficient）

聚集系数是衡量网络节点的成团特性的参数。顶点 v 的聚集系数被定义为它所有相邻节点之间连边的数目占可能的最大连边数目的比例，即：

$$C_N(v) = \frac{2\varepsilon\ (N[A(v)])}{d(v)\ (d(v)-1)}$$

网络 N 的聚集系数则被定义为所有顶点聚集系数的平均值：

$$C(N) = \frac{1}{V(N)} \sum_{v \in V} C_N(v)$$

很明显，$0 \leq C(N) \leq 1$。$C(N) = 0$ 当且仅当所有的节点均为孤立点，即没有任何连接边；$C(N) = 1$ 当且仅当网络是全局耦合的，即网络中任意两个节点都直接相连。许多大规模的实际网络都具有明显的聚类效应。例如，社会关系网络中，你朋友的朋友同时也是你的朋友的概率会随着网络规模的增加而趋向于某个非零常数。

（5）最短路径和平均路径长度

网络 $N = (V, E)$ 中，任意两个节点 i 和 j 之间的所有通路中，连通这两个节点的最少边数，称为这两个节点 i 和 j 之间的最短路径，记为 d_{ij}。

网络的直径指网络中所有顶点对之间的最短距离的最大值，记为 D：

$$D = max\{d_{ij}\},\ i,\ j = 1,\ 2,\ \cdots,\ N\ (i \neq j)$$

网络的平均路径长度（average path length）L 定义为任意两个节点间的最短路径的平均值：

$$L = \frac{\sum_{i,j} d_{ij}}{N(N-1)}$$

许多实际的复杂网络的节点数巨大，网络的平均路径长度却小得惊人。具体地说，一个网络称为是具有小世界效应的，如果对于固定的网络节点平均度 $\langle k \rangle$，平均路径长度 L 的增加速度至多与网络规模 N 的对数成正比。

（6）介数（betweenness）

介数或称中间数，是网络中所有的最短路径之中，经过顶点 v，$v \in V(N)$

的数量称为顶点 v 的介数，用来反映顶点 v 的影响力。

记顶点 i 和 j 间最短路径的集合为 S_{ij}，则顶点 v 的介数为：

$$B_v = \sum_{i,j} \frac{\sum_{l \in S_{ij}} \delta_l^v}{|S_{ij}|}$$

一般认为，在不包含群落结构的无标度网络中，节点的介数与节点的度成正比，即节点的度越大，该节点的介数越大，但是对于包含群落结构的网络来说，介数大的节点两侧的节点对越多。

1.1.2.3 复杂网络基本模型

基于复杂网络的特征，可利用一定的数学模型，分析复杂网络的统计特性、稳定性、弹性及演化动力学特征等。最重要的模型主要有：规则网络、随机网络、小世界网络和无标度网络模型。

（1）规则网络

规则网络（regular network）是一个规则的有迹可循的晶格点阵，可用直线尺寸来计量，网络中各顶点的连接度相同。一般把一维链、二维正方晶格等称为规则网络。规则网络的聚集系数 C 值较大，平均最短路径 L 也较大。如果是 20 个节点 40 条边的周期晶格，则这个简单的规则网络的平均最短路径长 $L=2.32$，平均节点度 $K=4$。

常见的规则网络有完全网络、最近邻耦合网络和星形网络等。在一个完全网络中，每一个节点与其他所有节点都相连。完全网络的平均最短距离 $L=1$，簇系数 $C=1$，度分布为以 $N-1$ 为中心的 δ 函数。

（2）随机网络

Erdös 和 Rényi 于 1956 年开始突破传统图论，用随机图描绘了复杂网络拓扑结构。在由 N 个顶点构成的图中，可以存在 C_N^2 条边，对于 C_N^2 中任何一个可能连接，以概率 P 进行连接而构成的网络称为随机网络（random network）。

随机网络的结构如图 1.2 所示，其中图 1.2a 是一个标准的 20 个节点、40 条边的随机图。图 1.2b 与图 1.2a 相似，但是它的每个节点有度 $k=4$ 的限制。其他参数可以计算得到，其中，图 1.2a 平均最短路径长 $L=2.17$（忽略了没有连接的节点），平均度 $K=5$ 平均簇系数 $c=0.134$。图 1.2b 平均最短路径长 $L=2.22$，平均度 $K=4$，平均簇系数 $c=0.15$。

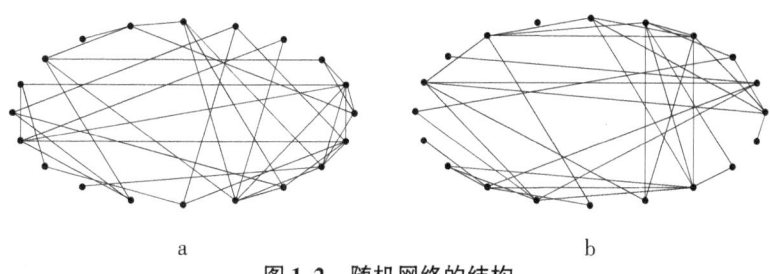

图 1.2 随机网络的结构

规则网络与随机网络的典型几何性质包括度分布、平均集聚程度与平均最短路径。对比规则网络与随机网络可发现，平均聚集程度与平均最短距离这两个静态几何量能够很好地反映规则网络与随机网络的性质及差异。规则网络的特征是平均聚集程度高而平均最短路径大，随机网络的特征是平均聚集程度低而平均最短路径小。

（3）小世界网络

复杂网络拓扑结构的不确定性是复杂网络研究的基本问题。研究发现，很多实际的复杂网络既不完全规则也不完全随机，而是介于完全规则和完全随机之间，既具有类似规则网络的较大集聚系数，又具有类似于随机网络的较小平均路径长度，此即小世界网络。网络节点数 N 变化时，任意两节点间的最短平均距离变化相对缓慢，随节点数的增加呈对数增长，且网络具有较高的聚集系数特征的现象称为小世界效应。

小世界网络拓扑结构为从规则网络的底层网络出发，在底层网络的任意两个选定的节点之间添加连接（即添加两节点连通的捷径），使之向随机网络过渡。当捷径增加到一定程度时，即产生了小世界网络的形态。对于有 N 个节点，每个节点有 K 条边的环形规则网络，以概率 P 重连，显然，当 $P=0$ 时，相当于各边均未动，仍是规则网络，当 $P=1$ 时，就变成了随机网络。当 $0<P<1$ 时，存在一个很大的 P 的区域同时拥有较大的聚集程度和较小的最短路径，则此时的网络性质为小世界网络。

一个 20 个顶点、40 条边的网络，如果（a）是规则的一维晶格网络（规则网络），它的节点和下一个最近的相邻点被边所连。（b）是通过在（a）的基础上进行断键重连，按照一定的概率 $P=0.1$ 随机选择进行重新连接以形成小世界网络。（c）同样是在（a）的基础上，以 $P=1.0$ 的概率进行断键重连之后形成的随机网络。则网络（a）、（b）、（c）的平均最短路径分别为 $L=2.89$、2.35、2.21；平均聚集系数 $C=0.5$、0.40、0.23。

（4）无标度网络

过去 40 多年中，科学家一般将所有复杂网络看作随机网络。随机网络中绝大部分节点的连接数目会大致相同，节点的分布方式遵循"钟"形分布。但 1998 年一个描绘万维网的项目表明：基本上，万维网是由少数高连接性的页面串联起来的，80% 以上页面的链接数不到 4 个，然而只占节点总数不到万分之一的极少数节点却有高达上百万乃至几十亿个链接。这恰恰与"Internet 是随机网络"的预期相背离，研究者把这种包含重要集散节点的网络称为"无标度网络"（scale-free networks）。

无标度网络指的是网络度分布的无标度性，即其函数性质不依赖于测量单位，具有标度变换下的不变性。幂律（power-law）指任何节点与其他 k 个节点相连接的概率正比于 $k^{-\gamma}$（$P(k) \sim k^{-\gamma}$）。幂律定律不像钟形曲线那样具有一个峰值，而是由连续递减函数来描述的。在无标度网络中有少数节点（集散节点）具有很大的连接度，而大部分节点则拥有很少的连接度。

Barabasi 和 Albert 进一步分析了无标度网络遵循幂律的原因，分析了为什么随机网络理论不能解释集散节点的存在。他们认为随机模型（如 ER 模型）未能反映现实网络的两个重要特征：第一，增长性（growth），即现实网络是由持续不断地向网络加入新的节点演化而成，而随机网络模型假设在安置连接之前能够得到所有节点的清单，节点数在网络的整个形成过程中是固定不变的；第二，优先连接性（preferential attachment），随机模型都假设在增添新边时的概率是均匀的，然而许多系统并非如此，如万维网，并非所有的节点都是平等的。这种"优先连接"的过程，也发生在其他网络。

目前普遍认为，"优先连接"（preferential attachment）是一个很好地形成无标度网络的机制。1999 年，Barabasi 和 Albert 提出第一个无标度网络模型（BA 无标度模型），其算法如下。

(1) 增长

从小量的 m_0 个节点开始，每一时步，增加一个有 m（$\leq m_0$）条边的新节点，与网络中已有的 m 个不同的节点相连。

(2) 优先连接

新节点与第 i 个节点的连接概率正比于该节点的度 k_i：

$$\prod(k_i) = \frac{k_i}{\sum_j k_j}$$

经过 t 时步以后，该模型产生一个具有 $N = m_0 + t$ 个节点 mt 条边的网络。

数值模拟结果表明,该网络会演化到一个尺度不变的状态:度指数 $\gamma_{BA}=3$ 的幂律度分布。度指数与模型中唯一的参数 m 无关。BA 网络的平均最短距离为:$\mathrm{lln}(N) / \mathrm{lnln}(N)$。

BA 网络的聚集系数随着 N 的增大而减小,近似为幂律 $C \sim N^{-0.75}$,虽然比随机网络的 $C = \langle k \rangle N^{-1}$ 衰减得要慢一些,但是仍然不同于小世界网络的 C 与 N 无关。即一个节点的连接度越大,越能吸引新的节点与之连接,随时间的推移,这些节点就会拥有比其他节点更多的连接数目成为集散节点,呈现出"富者越富,贫者越贫"的现象。此即社会学中常常提到的"马太效应"或"名人效应"。

1.1.3 社会网络分析基础

"社会网络"指的是社会行动者(social actor)及其间关系的集合。换言之,一个社会网络是由多个点(社会行动者)和各点之间的连线(行动者间关系)组成的集合。用点和线来表达网络,是社会网络的形式化界定。社会网络中,每个行动者都与其他行动者有或多或少的关系,社会网络分析(social network analysis)就是要建立关系模型,力图描述群体关系结构,研究这种结构对群体功能或者群体内部个体的影响。

社会网络分析首次出现于 20 世纪 30 年代末,是一种全新的社会结构研究方法和社会科学研究范式。社会网络分析概念由英国著名人类学家 R. 布朗提出,但其研究重点在于文化如何规定有界群体(如部落、乡村等)内部成员的行为,而没有考虑群体间人际交往行为的复杂关系。因此,为了深入理解布朗提出的"社会结构"概念,从 20 世纪 30 年代到 60 年代,在心理学、社会学、人类学及数学、统计学、概率论等研究领域,越来越多的学者开始认真研究社会生活的网络结构,各种网络概念,如中心性、密度、结构平衡性等纷纷被提出,"社会网络"一词渐渐步入学术殿堂。随后,社会网络分析的理论、方法和技术日益深入,成为一种重要的社会结构研究范式。

1978 年,国际网络分析网(INSNA,http://www.insna.org)组织宣告成立,同时有两种杂志面世:《社会网络》(*Social Networks*)季刊和不定期出版的《联络》(*Connections*),这标志着网络分析范式的正式诞生。此后,网络分析学者一方面更加关注网络的形式化语言,从而进一步深化网络分析的一些关键概念,如中心性、结构对等性等;另一方面又应用网络分析技术研究各种社会现象。2000 年,INSNA 主办了在线刊物《社会结构杂志》(*Jour-*

nal of Social Structure），该杂志主要从社会网络的观点研究社会结构。

社会网络研究基本上坚持以下重要观点：

①世界是由网络而不是由群体或个体组成的；

②网络结构环境影响或制约个体行动，社会结构决定二元关系（dyads）的运作；

③行动者及其行动是互依的单位，而非独立自主的实体；

④行动者之间的关系是资源流动的渠道；

⑤用网络模型把各种社会的、经济的、政治的结构进行操作化，以便研究行动者之间的持续性关系模式；

⑥规范产生于社会关系系统之中的各个位置（positions）；

⑦从社会关系角度入手进行的社会学解释要比单纯从个体或者群体属性角度给出的解释更有说服力；

⑧结构方法将补充并超越个体主义方法，社会网络分析最终将超越传统社会学中的二元对立。

经过近70年的发展，社会网络分析方法在国外社会科学领域得到广泛应用。目前主要的社会网络分析理论有：格兰诺维特（Granovetter）、怀特（H·White）和林南（Lin Nan）等人的网络结构理论，认为"关系"会对主体的行为产生影响；怀特的市场网络理论，认为市场是从社会网络发展而来的；格兰诺维特（Granovetter）的"弱关系的强度"假设认为，弱关系在群体、组织之间建立纽带关系，而强关系维系着组织的内部关系；林南（Lin Nan）提出的社会资本理论认为，资源不但被个人占有，而且嵌入社会网络中，通过关系网络可以获取；伯特（Ronald Burt）的结构洞理论认为，关系强弱与社会资源的多少无必然联系。

1.1.3.1 社会网络分析视角

社会网络分析分为两种基本视角：关系取向（relational approach）和位置取向（positional approach）。关系取向关注行动者之间的社会性黏着关系，通过社会连接（social connectivity）本身——如密度、强度、对称性、规模等来说明特定的行为和过程。按此观点，那些强联系且相对孤立的社会网络可以促进集体认同感和亚文化的形成。而位置取向则关注存在于行动者间、在结构上处于相等地位社会关系的模式（patterning），主要研究两个或两个以上的行动者和第三方之间的关系所折射出来的社会结构，强调用"结构等效"（structural equivalence）来理解人类行为。

（1）关系取向的视角

社会网络分析以网络中的关系或通过关系流动的信息、资源等为主要研究对象，因此，其分析内容大多集中在网络关系方面。

1) 规模（range）

社会网络的行动者间必然存在各种关系，规模测量的是某行动者与其他行动者之间关系的数量。某一特定行动者（或节点）上凝聚的关系数量称为该行动者的中心性（centrality），一般说来，中心性越高，其在网络中的重要性越高。当然，网络中心性并不是行动者重要性的唯一指标，有时行动者在网络中所处的位置比集中性更重要。尤其当行动者的位置处于网络边缘时，数量的多少就远不如桥梁性位置来得重要。

2) 强度（strength）

测量关系强度的变量包括关系时间量（频度和持续时间）、情感紧密性、熟识程度（相互信任）及互惠服务等。如果花在关系上的时间越多、情感越紧密、相互间的信任和服务越多，这种关系就越强，反之则越弱。

3) 密度（density）

网络中一组行动者之间关系的实际数量与其最大可能数量之比称为密度。实际的关系数量越接近于网络中所有可能关系的总量，网络的整体密度就越大，反之则越小。网络密度用来表示网络中关系的稠密程度，测量的是联系（ties）本身。

4) 内容（content）

所谓网络关系的内容，主要是指网络中各行动者之间联系的特定性质或类型。任何可能将行动者联系起来的东西都能使行动者之间产生关系（relation），因此内容的表现形式也是多种多样的，交换关系、亲属关系、信息交流关系、感情关系、引用关系、权力关系等都可以成为具体的内容。

5) 不对称关系（asymmetry）与对称关系（symmetry）

在不对称关系中，相关行动者的关系在规模、强度、密度和内容方面是不同的，而在对称关系中，行动者的关系在这些方面的表现都是相同的。例如，当信息只从行动者 A 流向行动者 B，而行动者 B 不向行动者 A 提供信息时，两者之间的关系就是不对称关系。

6) 直接性（direct）与间接性（indirect）

直接性指行动者之间直接发生的关系，间接性则指必须通过第三者才能发生的关系。一般的，直接关系连接的是相同或相似的行动者，他们价值观相同，彼此更容易认同，因此通常为强联系；而间接关系中由于有中间人的存在，行动者之间关系的强度受距离（中间人数量）影响较大，经历的中间人越多，关系越弱。

（2）位置取向的视角

位置取向强调的是网络中位置的结构性特征，以结构相似性为基点，以关系相似性为基本特征。位置取向认为，位置所反映出来的结构性特征更加稳定、持久，更具普遍性，因而对现实也更有解释力。其主要内容有以下几方面。

1）结构等效（structural equivalence）

当两组或两组以上的行动者（他们之间不一定具有关系）与第三个行动者具有相同关系时，即为结构等效。在同一社会网络中，所谓的等效点必须与同一个点保持相同的关系。网络中等效点的数量和质量对网络驱动力的影响巨大。

2）位置（position）

作为位置取向的核心概念，位置是指在结构上处于相同地位的一组行动者或节点，是社会网络的结构性特征，哪个行动者处在这个位置上并不重要，重要的是这个位置在网络本身中的处境。

3）角色（role）

角色与位置密切相关，是在结构上处于相同地位的行动者表现出来的相对固定的行为模式。相同社会角色者往往在社会网络结构或地位网络结构中处于相同的位置，因此，角色在某种程度上规定了位置的行为规范。

1.1.3.2 社会网络分析基本概念

社会网络概念可以分为三类：微观层次的个体网络概念（个体网络、密度、强度、中心性）、中观层次概念（二人组、三人组、块）和宏观层次的整体网络概念（结构对等性、派系、块模型、群体中心性等）。

（1）微观层次概念

1）点与关系

社会网络由特定集合的行动者（点）及行动者之间的关系（线）组成。具体来说，在社会网络研究领域，任何一个社会单位或社会实体都可以看成点或行动者（actor），当然也包括网上虚拟社群的成员或社群本身。行动者具有各种属性（attributes）特征。属性指作为行动者的人、客体或者事件的内在特性，如年龄、性别、地位、收入、GNP、态度等。

关系（ties）代表行动者之间具体的实质性联系。每个行动者通过各种关系联系在一起，各个点及点之间的联系构成"网络结构"，这种结构会对行动者的行为、思想和态度产生重要影响。当然，关系还与个体的属性密切相关。在社会网络分析中，一些得到广泛研究的关系有以下几方面。

①个人间的评价关系：喜欢、尊重等。
②物质资本的传递：商业往来、物资交流。
③非物质资源的转换关系：行动者之间的交往、信息交换等。
④隶属关系：属于某一个组织。
⑤行为上的互动关系：行动者之间的自然交往，如谈话、拜访等。
⑥正式关系（权威关系）：教师/学生、医生/患者、老板/职员关系等。
⑦生物意义上的关系：遗传关系、亲属关系及继承关系等。
⑧社会网络分析还重点关注行动者之间的"多元关系"：例如，两个学生之间可能同时存在同学关系、友谊关系、恋爱关系等。

按关系的强弱可以分为强关系和弱关系。行动者与其较为紧密、经常联络的社会关系之间形成的是强关系；个人与其不紧密联络或是间接联络的社会关系之间形成的则是弱关系。但是在传递资源、信息、知识过程中，格兰诺维特（Granovetter）认为弱关系更具重要性。强关系之间由于彼此很了解，知识结构、经验、背景等相似之处颇多，并不能带来新资源信息和知识；而弱关系所提供的资源信息或知识会比较有差异，可带来信息的多样性。

在具体社会网络研究中，关系的分析层次有：简单的个体网络分析（egocentric）；二人关系（dyads）分析；三人关系（triads）分析；块模型（block-model）分析及完备网络（complete network）分析。一种社会关系既可以是有方向的或无方向（对称）的，也可能是多值关系。

2）路径

对于有 n 个点的图来说，若所有点之间都有线相连，即有 $n(n-1)$ 条线，则称该图为完备图（complete graph）。如果一条线直接把两点连在一起，则称该两点相邻（adjacent）。有方向的线称为有向线（directed lines），由有向线构成的图称为有向图（directed graph），其中两点之间的线有3种类型：对称线（mutual，双箭头或无箭头）、不对称线（asymmetric，单箭头）、虚无线（即两点之间不存在关系）。

使两点连在一起的一系列线称为路径（path），路径中包含的边数叫作路径的长度。两点之间的距离则指最短路径长度，称为捷径（geodesic）。一个图一般包含长短不一的多条捷径。图的直径指的是最长捷径的长度。如果 x 和 y 之间存在路径，则称 y 与 x 是可达的（reachable）。有方向的线称为有向路径（directed paths），封闭路径称为环（cycle）。

3）中心性（centrality）

个体的中心性测量个体处于网络中心的程度，反映了该点在网络中的重要程度。而整个网络的集中趋势称为中心势（centralization），刻画的是网络中各个点中心性的差异程度。常见的中心性指标有 4 个：点度中心性（degree centrality）、中介中心性（betweenness centrality）、接近中心性（closeness centrality）和特征向量中心性。网络的中心势指标也有对应的 4 种测度：点度中心势、中介中心势、接近中心势及特征向量中心势。具体原理将在第三章和第五章介绍。

（2）中观层次概念

在网络分析中，行动者的子群及子群内各成员之间的关系是研究的重点。例如，所谓二人组（dyad）是指一对行动者及其可能存在的关系。由行动者 i 和 j 构成的二人组标记为 $D_{ij} = (X_{ij}, X_{ji})$，$i \neq j$。在由 g 个行动者构成的网络中，存在 $g(g-1)/2$ 个无序二人组，$g(g-1)$ 个有序二人组。

二人组可能有 3 种同构类型：虚无对 $D_{ij} = (0, 0)$，即两个行动者之间没有任何关系；不对称对 $D_{ij} = (1, 0)$ 或者 $D_{ij} = (0, 1)$，即行动者之间只存在单向的关系；互惠对 $D_{ij} = (1, 1)$，即两个行动者之间相互选择。

二人组是一个 2 – 子图（2 – subgraph）。所谓子图（subgraph）指从总图 N 中拿出一个点集及该子集中所有点之间的关系。在 $g(g-1)/2$ 个二人组中，将其中的互惠对、不对称对及虚无对的数量标记为 M（mutual dyad）、A（asymmetric dyad）、N（null dyad），由于 $M + A + N = g(g-1)/2$，亦即 M、A、N 包含了所有可能的二人对，因此，将 (M, A, N) 称为二人谱（dyads census），它包含了网络中可能存在的所有二人关系。

（3）宏观层次概念

在探讨整体系统中的结构时，"位置"（positions）概念是研究重点，它描述关系模式网络中的一个子群，其中的行动者占据这些位置，与其他行动者建立联系。在确定位置时标准有二：一是社会凝聚性（social cohesion）标准，例如，若所有行动者相互之间有直接交往，由此确定的位置叫作派系

(cliques)，若交往不是非常频繁，则称为社会圈（social circles）；二是结构对等性（structural equivalence）标准，即行动者与系统其他外部行动者之间具有相同的交往关系。

1）凝聚子群（cohesive subgroup）分析

社会网络分析的目的之一是找出网络中那些联系紧密、可作为独立整体的子群。分析网络的整体性质，应首先分析凝聚子群的存在，然后解释子群个体之间相互认同的原因。

"凝聚子群"可从多个角度进行界定，以派系和n-派系为例。在网络中，若存在一个行动者子集合，其中的任何两点之间都存在直接关系，且若再加入一个点就会打破这个性质，则称此集合为派系。派系当然是一种子群，并且各个派系之间可以交叉和重叠。

若某子群中任何两点之间都存在关联，则为完备子群（complete subgroup）。显然，派系实际上也是最大的完备子群，即该子群中的点数目已经达到最大。派系概念还可以进一步放松，得到n-派系的凝聚子群概念。

2）结构对等性（structural equivalence）

"结构对等性"研究带来了三人关系分析及后来网络模型研究的重大突破。纳德尔（Nadel）认为，社会角色是社会网络分析的核心要素，他提出的"平衡"（balance）概念，后来发展为"结构对等性"思想，即当两人与相同的他者都具有直接关系时，其关系类型很可能相同。例如，虽然两位父亲的孩子不同，但他们对待孩子都表现出相同的父爱，即此两人间是"结构对等"的，他们占据相同的社会位置（父亲）。因此，对"父亲"角色进行社会学分析时，不同的"父亲"角色可以互换。"结构对等"这个概念背后的思想为社会位置的行动一致性，一旦确定了社会位置，就可以探讨各个位置之间的关系网络。

劳瑞和怀特（Lorrain & White）正式讨论了结构对等性问题，认为结构对等的行动者在网络中具有相同角色，或者与其他位置的占据者保持相同联系，因此这些行动者之间可以互换。结构对等性转换方法为：把各个点集中到更大的点集中，这样，各点集间的系统内在结构要比大量孤立点之间的具体关系更加明晰。集合中的成员如果具有结构对等性，说明他们之间的关系是相互等同的，但这种强意义上的结构对等性在现实中很少见。因此，现实网络研究中，一般把那些足够相似的行动者视为在结构上等同，即采取模糊衡量标准，确定一个临界值，此值之上的行动者被看成是充分相似的，因而可以相互替代。

1.2 知识网络研究

1.2.1 知识网络的形态

纽曼（M. E. J. Newman）在 2003 年的一篇关于复杂网络研究的综述论文中，将现实世界的网络分为 4 个类型，它们是社会网络、信息网络、技术网络和生物网络。其中的信息网络也通常被称为知识网络，即知识项以某种方式连接在一起形成的网络，如万维网、电子邮件通信网络、博客网络、点对点（P2P）文件共享网络、商品或技术推荐网络、Facebook 或 LinkedIn 等社交网络。

其中，人人皆知的故事是万维网的快速崛起。万维网的结构可以通过网络爬虫获得。由于万维网基于超文本标识语言技术（HTML）和超文本传输协议（HTTP）而免费开放，因此，爬虫程序可以从任意给定的初始页面，通过统一资源定位地址符（URL）不断地从万维网上以迭代的方式下载网页，从而获得万维网上相当数量的网页。在此基础上，可以建立以搜索为目的的网页目录，提供人们搜索网络信息，这就是搜索引擎。

万维网最为关键的设计思想是通过超文本方式组织网络信息。基于这种方法，图 1.3a 中的一系列可能保存在世界任何地方的网页被组织成信息网络，并且网页之间的链接使得万维网构成了一个有向图。最开始，超文本技术只在小范围技术领域内被热捧，随着万维网的普及，超文本的概念被全球化，其应用规模迅速扩大，成为信息社会形成的基础之一。而超文本技术的雏形可以追溯到学术论著的引用，见图 1.3b。实际上，在关于万维网的学术研究中，有时会将超链接称为"引文"，这一术语习惯最直接地反映了二者的密切关系。

知识网络中研究较早和更典型的例子就是学术论文间的引文网络。大多数论文都会引用前人的与之相关的工作成果，这样就形成了一个有向的引文网络。而引文网络的结构就能反映出在这些论文中知识（信息）的存储情况，以及知识（信息）在这些论文中的流动、传播情况。

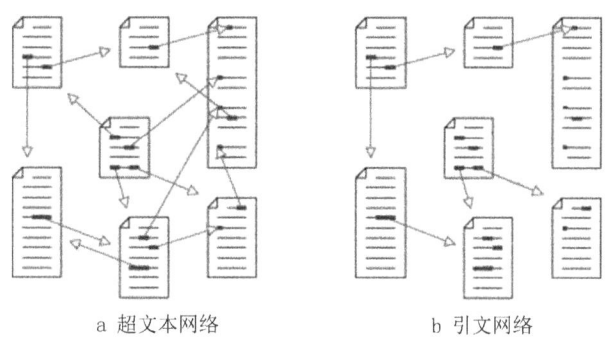

a 超文本网络　　　　　b 引文网络

图 1.3　超文本网络和引文网络示意

引文网络在很多方面都与万维网相似。与万维网中的网页类似，引文网络中的节点以文本或图片形式存储信息，论文间的引用关系相当于网页之间的链接关系，被引用和被链接次数的多少一样显示了节点的影响力。读者可以通过论著间的引用关系在引文网络中"冲浪"，就像计算机用户在万维网中所做的那样。然而，引文网络与万维网在网络结构上存在一个很重要的差别在于引文网络具有严格的时间流向特征。由于著作、论文、专利等学术成果都是在某个特定时间点完成的，因此指向其他网络节点的有向边都严格地指向之前存在的节点，即引文网络是非循环（acyclic）网络，网络中不存在由有向边构成的闭环，而万维网则不是。在万维网中经常会遇到从一个网页出发，经过一系列超链接，最终回到初始网页的情况。而且万维网网页中的链接会不断被更新，因此尽管万维网中的链接是有向的，但是并不存在时间流特征。

另外，由于引文存在不同的动机，这也在一定程度上反映出了一种社会关系，引文网络也具有了一定的社会网络的特征。这一点从社会网络分析的几个"元认识论"观点中也可以看出来：

①行动者及其行动是互相依赖的单位，而非独立自主的实体；

②行动者之间的关系是资源（物质的或者非物质的）传递或者流动的"渠道"；

③个体网络模型认为，网络结构环境可以为个体的行动提供机会，也可能限制其行动；

④网络模型把结构（社会结构、经济结构等）概念化为各个行动者之间的关系模型。

我们可以将社会网络中的"行动者"转换为引文网络中的文献、作者、期刊或单位等，其"行动"即"引用"行为，"关系"即"引用"与"被引"或"共被引"等关系，传递的"资源"即科学知识信息，"网络结构环境"即"引文环境"。这样一来，可以发现在社会网络分析中对社会网络本质的认识一样也适用于引文网络。引文网络是一种具备了一定社会网络特征的知识网络。

1.2.2 科学发展的网络映射

科学文献之间的引证关系自然就形成了引文网络，引文网络标识了近代以来科学发展的脉络。作为典型的知识网络，引文网络的生成过程如下：如果论文 R 将论文 C 作为参考文献（reference），则论文 R 就有了一篇参考文献 C，而论文 C 则有了一篇引用文献（引文，citation）R。如果以射线箭头指向被引文献，而箭尾指向引用文献，就可以清楚地表现出科学文献之间纵向继承和横向联系的交流态势，通常将这种相互引证的关系结构称为引文网络（citation network），见图1.4。引文网络图包含丰富的有关文献交流、学科联系，以及科学发展的信息，通过对这些信息数据的统计和分析，可以追溯科学发展的历史，评价科学发展的规模和趋势。

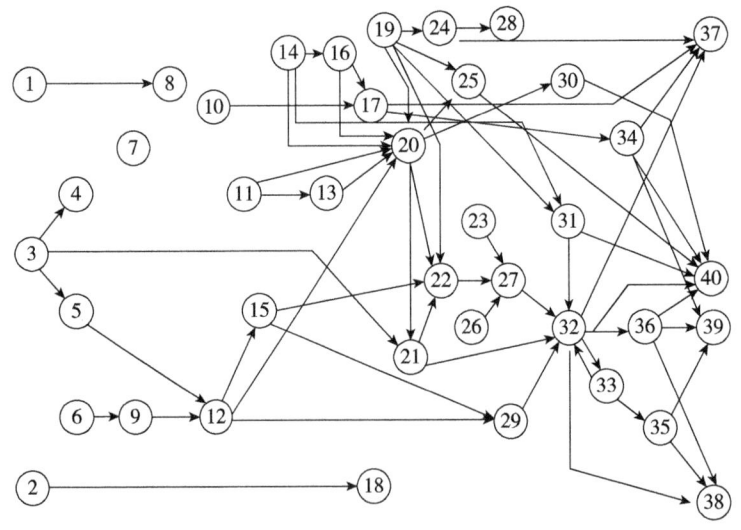

图 1.4　引文网络示意

如果仔细观察引文网络图就不难发现，在文献的引用关系中，除了文献间单一的互相引用关系之外，还存在两篇或两篇以上文献同时引用同一篇文献的"文献耦合"关系，或两篇文献同时被别的文献被引用的"文献共被引"关系等多种复杂各异的网络关系。以文献之间的联系程度作为计量单位的引文分析构成了文献聚类、学科聚类分析的理论基础。以此为基础，引文网络可以演绎成以下3种类型。

（1）引用网络

在一组重要的、有代表性的引文中，每篇论文（或著者、期刊）都是科学进展中的一个重要问题，以此作为节点，把它们按时间先后标以序位。连接这些节点并以引用次数或其概率值为权值，就构成了引文时序网络图。时序网络图实际上是一种引用过程，能够展示出某个研究主题的论文源流、最初著者及该主题发展的来龙去脉，从中可以探讨科学技术的历史发展和研究规律。时序网络为有向非循环网络。这是由于时序网络中的引用是有固定时间的，即文献 A 引用文献 B 的固定时间正好是文献 A 的发表时间，隐含的顺序就是文献 A 的发表时间必然在文献 B 之后。

（2）耦合网络

"文献耦合"（bibliographic coupling）这一术语是由麻省理工学院的开斯勒（M. M. Kessler）教授于 1963 年首次提出的。如果两篇论文共同引用了一篇或多篇论文，则称这两篇论文具有耦合关系。若多篇论文之间、多个著者（或学科、期刊）之间具有耦合关系，则构成一个网络。如果两篇论文共有 n 篇被引文献，则称这两篇论文的耦合强度为 n。

（3）共被引网络

苏联情报学家依林娜·马沙科娃（Irina Marshakova）和美国情报学家亨利·斯莫尔（Henry Small）于 1973 年分别提出了共被引（co-citation）这一概念，并建议把文献的共被引作为测度文献之间关系的一种方法。当两篇以上论文共同被后来的一篇或多篇文献所引用时，则称这两篇论文为共被引。因此，有共被引关系的一对文献又分别可以与其他论文有共被引关系，这就形成了一个共被引网络，其权值为共被引强度或共被引频率，类型为无向赋值网络。共被引研究的对象可以是论文、作者、学科、期刊等，也即共被引网络中的节点可以是论文、作者、学科、期刊等。无论其中任何一种节点，最终都是以论文共被引为数据基础。国外的共被引分析研究，最多的是作者共被引分析和期刊共被引分析。利用共被引关系进行分析研究，可以展示和预测科学情报交流、传递的结果，同时也是文献检索的一种有效方法。

论文共被引的分析对象是论文。它主要体现了具有共被引关系的参考文献之间的结构关系。对应的论文共被引网络的节点代表论文，节点之间的边和权重表示的就是由节点所代表的论文的共被引强度。论文共被引在理论上可以作为一种客观的为科学的真实结构建立模型的参考。定期考察共被引模型的变化,还可以提供一个学科专业发展的来龙去脉。

作者共被引的分析对象是作者。一个作者可能发表多篇论文,一篇论文可能由多个作者来共同完成,所以作者之间的共被引强度需要根据论文共被引情况来具体分析和统计,不能简单地判为相等。对应的作者共被引网络的节点代表的是作者,而不再是论文,边代表的是两个作者同时被其他作者所引用的次数。作者共被引分析使得无外部联系的作者客观地被关联,从而揭示了一种学科人员在结构组成上的错综复杂的关系。作者共被引可以用来了解一个专题研究的同行作者,为研究学科的兴衰、分化、渗透等趋势提供依据。

学科共被引的分析对象是学科(专业)。它是指两个学科的文献被别的学科文献同时引用,别的学科数量则是学科共被引的强度。对应的学科共被引网络的节点代表的是学科,边的强度表示的是学科之间的共被引强度。学科共被引用来了解和研究学科之间的交叉和依赖关系,揭示整个学科体系中各学科间的错综复杂关系。

期刊共被引的分析对象是期刊。它是指两种期刊的文献被别的期刊同时引用,别的期刊种数为期刊共被引强度。对应的期刊共被引网络的节点代表的是期刊,边的权重代表的是期刊之间的共被引强度。期刊共被引把众多无外部联系的各种期刊有机地联系起来,揭示期刊之间的相互依赖和交叉等关系。利用期刊共被引关系可以判断某些期刊的专业限制,帮助确定学科的核心期刊。

1.2.3 引文与引文分析法

埃格赫(L. Egghe)指出,至少从 19 世纪以来,西方科学界开始形成严格的科学传统,要求科学家在撰写论文时,必须参照前人所写的与之有关的论文。这就使得一篇完整的科学论文通常都要包括参考文献部分。人们认为这些参考文献反映了作者在构思自己的论文时吸收或利用早期研究者的概念、方法、技术设别等。温斯托克(M. Weinstock)将各种引用动机归纳为 15 种基本功能:

①对前人表示敬意;
②对有关著作给予荣誉;

③对方法、设备的说明；
④提供参考资料；
⑤修改自己以前的著作；
⑥修改他人的著作；
⑦批评他人的著作；
⑧为自己的论点寻找依据；
⑨向学界通报未来的工作；
⑩提供很少传播、很少标引或未被引用的著作的线索；
⑪验证数据、事实及各类理化常数；
⑫核查原始出版物中曾经讨论过的观点和概念；
⑬核查原始出版物中起因人物的某个概念及时间、人名、地点等；
⑭否定他人的著作或观点；
⑮对他人的优先权提出质疑。

因此，科学文献的相互引用是科学发展规律的表现，它体现了科学知识的累积性、连续性和继承性，任何新的学科或新的技术都是在原有学科或技术的基础上分化、衍生出来的，都是对原有学科或技术的发展。同时，由于科学的统一性原则，现有的各个学科之间又都是彼此联系、相互交叉、渗透的。这样，在科学文献体系中，文献之间并不是孤立的，而是相互联系的。这种相互联系突出表现在科学文献的相互引证方面，形成科学思想交流、借鉴的媒介和轨迹。引文分析就是研究这种引证关系的一种文献计量方法。综合庞景安、罗式胜和邱均平对引文分析的定义，所谓引文分析就是运用数学和逻辑学等方法对期刊、论文、著者等各种分析对象的引用与被引用现象进行分析，以揭示其数量特征、内在规律或对象之间关系的一种文献计量分析方法。

引文分析最早被应用于法律界。1873年，美国出版了一种供律师和法学家查阅法律判例的检索工具，被称为"谢泼德引文"（Shepard's Citation）。该工具收录各种判例，揭示判例的被引用情况。在使用时，律师首先要找出与当前自己在的案例有关的原来的判决，需要查阅一些摘要，摘要将提供给律师任何给定判决的案例号。这样，律师只要在"谢泼德引文"中找到案例号，就会找到所有引用的案例。

引文分析被应用于统计评价始于20世纪20年代。1927年，Gross统计化学专业期刊论文的参考文献并进行了分析，得出了化学教育方面的核心期刊表。这是文献学史上第一次引文分析。由于各个学科、各个地区和各个时期的科学论文之间的引证现象往往有其自己的特征和规律，因此用于揭示这些规律的引文分析方法就得到广泛的重视和应用，发挥越来越大的作用。科学计量学家冲德（Zunde）在1971年曾指出，引文分析主要应用于3个领域：

①对科学家、科学出版物和科学机构的工作状况，学术作用、地位进行定性和定量的评价；

②追溯科学技术的发展历史；

③用于文献情报的查找和检索。

马费成1992年撰文认为引文分析法在文献计量学中有着其他许多方法不可比拟的优越性和独到之处，可应用于以下几个方面：

①通过文献之间的相互引证建立科学论文和科学期刊的学科联系，进行科学文献结构和科学结构的研究；

②通过文献中引证事项的时间序列及联系，揭示科学发展史及其规律；

③通过引证次数多少评价科研成果及科研人才；

④通过引用习惯和引用方式研究情报用户的构成及行为。

邱均平认为引文分析理论和方法可以用于测定学科的影响和重要性、研究学科情报源分布、确定核心期刊、研究科学交流和情报传递规律、研究文献老化和情报利用规律、研究情报用户的需求特点、进行科学水平和人才的评价等。

描述引文分析的应用领域应该首先确定引文分析的基本功能。引文分析的基本功能应该是揭示科学和学科结构，这是由引文的实质决定的。在此基础上可将引文分析主要应用于以下几个领域：

①描述科学、学科发展，判断科学、学科的运动、变化和革命，识别新的发展趋势，为科研管理、学科建设服务；

②追溯科技发展史，跟踪学科发展轨迹，为考察研究传统、学术传承，揭示科学发展规律服务；

③为信息检索和文献情报服务提供检索点、检索途径和可视化界面；

④为学科分类、期刊分类、文献分类和学术共同体的划分等服务；

⑤为科研评价、学科评价、期刊评价、人才评价等提供参考。

在这5个应用领域中，前4个是直接由引文分析的基本功能——揭示科学和学科结构——直接得到的，引文分析在其中起到的重要作用无可争议。而第五个领域是在引文分析基本功能上的延伸，应该明确引文分析在这个领域应用的局限性及分析结果的参考性。将引文分析用于评价，由于涉及特定个体的切身利益，应该尤为慎重。这涉及两个方面的问题：一是在评价中如何运用引文分析的结果，避免误用、滥用和过渡使用引文数据的问题；二是如何使引文分析更加科学可靠，改进引文分析方法，增强其在评价中的适用性问题。目前，这两个方面的问题都需要更为深入的研究和可行的举措。

1.3 引文网络分析理论

引文分析中有两类分析单位，其一是将引文款目作为独立计量单位进行统计分析；其二是通过款目之间的联系程度作为计量单位进行更深入的网络聚类分析。在第一种分析方法中，常用的引文分析方法包括引文量分析，引文按文献类型、语种、时间、作者的分布及文献的各种自引分析等；主要的评价期刊的指标有期刊载文量、期刊引用率、期刊被引率、平均引文率、影响因子、即年指标、期刊自引率、期刊自被引率等。对于第二种方法，实际上就是对各种引文网络的分析。相应地，引文分析研究经历了两次重大突破。第一次是研究对象的转变，从引文条目要素分析到引文网络结构分析，主要推动力是大型引文索引数据库的诞生；第二次是研究方法的转变，从统计分析到网络分析，主要推动力是社会网络分析方法的不断渗透、复杂网络理论的兴起和可视化技术的进步。目前，伴随着第二次突破的顺利展开，引文网络分析理论已逐渐成形。

1.3.1 引文网络分析的发展

虽然引文网络分析是随着网络科学的风行而逐渐成为文献计量学及科学学领域的研究热点的，但是对于引文网络的研究由来已久，可以追溯到1955年加菲尔德博士在 *Science* 上发表的论文 "Citation Indexes for Science – New Dimension in Documentation Through Association of Ideas"。该文开创性地提出了利用论文间的相互引用关系来探讨和分析科学活动及科学文献。随后加菲尔德博士创立了科学引文索引 SCI。

1.3.1.1 引文网络幂律度分布

在探索引文网络幂律分布之前，相关的研究是1926年洛特卡关于科学生产力规律的研究。该研究阐述了科学家发表论文的分布服从幂律分布：发表

k 篇论文的科学家数量与 k^{-a} 成正比,这里的 $a=2$。这就是说,发表 n 篇论文的作者的数量与 n^2 的值成反比。这个关系还可以扩展到艺术和人文科学科。

1965 年,普赖斯在 Science 上发表的文章 "Networks of Scientific Papers" 使用的就是 SCI 数据库最早的版本。普赖斯利用其中数据构建了引文网络,这一成果也是已知的最早发现"幂律度分布"的研究。其中,普赖斯最早将社会网络分析中的有关无标度网络概念引入科学论文引文网络分析,第一次同时提出了入度(indegree)和出度(outdegree)的概念,指数的值介于2.5-3。几年之后,普赖斯在另一篇文章中给出了现在广为接受的度分布的幂律规律的解释。"富者越富"(the rich get richer)的观点是19世纪50年代经济学家西蒙(H. Simon)提出的,他认为财富增加的数量取决于已经拥有的财富数量,当"富者越富"的现象出现时,幂律分布也就会随之出现。在社会学领域中这种现象被称为"马太效应"(Matthew effect)。普赖斯的解释就是基于西蒙的"富者越富"学说,普赖斯称之为"累积优势"(cumulative advantage)。普赖斯的重大贡献就是他将西蒙的观点与网络发展的应用结合起来。普赖斯是第一个专门探讨在网络环境下,而且是引文网络中的"累积优势"的学者。

另外比较有影响的还有瑞德纳(S. Redner)和赛格林(P. O. Seglen)的研究。瑞德纳曾对美国信息科学研究所(ISI)的数据库中1981年的论文引文网(783 339 篇论文)和物理学回顾D(Physical Review D)第11卷到50卷(24 296 篇论文)的引文网络进行过研究。这两个数据库中的引文分布都部分(后半段)服从幂律分布 $N(x) \approx x-a$,其中 $a \approx 3$。赛格林对SCI中3600个科学领域中最重要的期刊中的文献的引文和被引用情况进行了研究,发现不同期刊的引文分布十分相像。例如,3 个影响因子分别为6.4、3.8和2.4的生物化学期刊,对它们的被引频次进行标准化后,发现期刊的影响因子对引文分布没有影响。进一步分析得出了文献的老化对引文分布几乎没有任何影响的结论。赛格林的研究从另一个角度对引文网络的形成机制进行了探讨,即期刊引文网络的度分布与期刊的影响因子无关,老化情况也不会对引文分布产生很大影响。

1.3.1.2 引文网络可视化方法

（1）引文编年图法

SCI 创始人 Garfield 博士提出利用"引文编年图法"分析引文网络。Gordon Allen 博士手工绘制的表示 15 位研究着色核酸的科学家的引文关系的网络图，是以可视化方式展示引文网络的开山之作。该图按编年次序纵向排列的圆表示论文，用箭头表示论文之间的参考关系。该图不仅通过论文及其相互间的引证关系表现出了核酸染色方法从 20 世纪 40 年代至 60 年代的发展过程，同时也清楚地指出了文献的相对重要性。例如该图清楚地展示出文献 2（Michaelis，1974）是该领域中最重要的一篇文献，因为它曾多次被不同时期的文献所引用。

而引文编年图法正是 Garfield 受到 Gordon Allen 手工绘制的引文网络图的启发，制定的一种易于理解的概述科学发展史的方法。首个被命名为"编年图"的引文网络图是 Garfield 于 1968 年以 Isaac Asimov 博士的《遗传密码》为基线绘制的。图中节点是 Asimov 确定的与 DNA 理论发展有关的事件，联系节点的箭头是由节点论文中的参考文献确定的。其中实线代表强联系，即事件间是以参考文献或转引的方式连接的，虚线表示较弱的联系，包括致谢等情况。

2001 年，加菲尔德和他的同事们推出了一套比较完整的引文编年可视化系统 HistCite。HistCite 的主要工作流程是对由 SCI、SSCI 或 A&HCI 检索中得到的含有全部的引文信息的检索结果所储存成的文件进行处理，得到一系列表格来直观反映某一专题方面的文献之间的引用关系并突出显现被引用频次较多的文献，最后把用户设定的被引用频次作为一个阈值，截取被引用频次在该阈值以上的文献按年代顺序生成引文编年图，从引文编年图中可以直观地看到那些重要的文献及它们之间的引用关系。

在一副关于"小世界"这一专题在 1967—2002 年的重要文献的引文编年图中，椭圆形的大小代表文献被引频次的多寡，以带箭头的连线代表文献节点之间的引用关系，箭头指向的文献是被引用的文献，椭圆图形内所标数字指明该节点文献在文献集合中的序号。为了使这种图形显示更加形象化，系统对所生成的编年图还可以另一种动态的形式在计算机显示屏上显示，生成的图形以不同颜色的方块和连线代表文献节点及它们之间的引用关系，当鼠标指针停留在图中某一方块上面时，如果该文献节点既引用了图中其他文献节点，又同时被图中其他文献节点所引用，那么该方块将变成高亮度的具有红色粗框内部为白色的方块，同时，被该文献直接引用的文献节点方块和它们与该文献之间的连线将变成绿色，而直接引用该文献的节点方块将变成蓝色。通过以上介绍可以看出，借助于 HistCite 生成的引文编年图可以对有关某一专题研究的关键文献之间的引用继承关系有一个直接的感性认识，再结合该系统输出的一系列列表，分析其中的文献所代表的事件及它们之间的关系，可以对该专题研究的发展历史有一个大致的印象。

（2）多元统计分析法

在《信息计量学导论》中，埃格赫详细介绍了多元统计分析的概念及其在引文分析中的应用。多元统计分析是对若干（可能）相关的随机变量观测值的分析。降维技术是多元统计分析的一个特征，其中包括因子分析（主成分分析）、多维尺度分析和聚类分析。在几何学上，这一简化过程是将高维空间中的目标投影到低维空间（通常是二维）。这些方法将在关系矩阵上运算。具体方法如下。

相关分析是研究变量之间密切程度的一种统计方法，包括双变量相关分析、偏相关分析和距离相关分析，使用距离相关分析将原始共被引矩阵转化为相关矩阵是较为常用的。距离相关分析用于计算变量之间的相似性测度。

因子分析的基本目的就是用少数几个因子来描述许多指标或因素之间的联系，即将比较密切的几个变量归在同一类中，每一类变量就成为一个因子，以较少的几个因子来反映原资料的大部分信息。其中的主成分分析法把给定的一组变量通过先行变换，转换为一组不相关的变量，在变换的过程中，保持变量的总方差不变，同时使第一主成分具有最大方差，以此类推。埃格赫认为，将主成分分析与科学计量学分析相结合，就可以确定研究人员群体（无形学院）或是一个国家内不同学科领域的分布状况。

多维尺度分析（MDS）通过低维空间（通常是二维空间）展示作者（文献）之间的联系，并利用平面距离来反映作者（文献）之间的相似程度，即在较低维空间中直观地看到一些高维样本点相互关系的近似图像。共被引分析中最常使用的是克拉斯卡尔的非度量（non-metric）多维尺度技术。该技术已经成为 SPSS 中一个分析模块。在多维尺度图中，作者（文献）的位置显示了他们之间的相似性，有高度相似性的作者（文献）聚集在一起，形成科学共同体。并且处于中间位置的作者（文献）与其他作者的联系越多，在学科里的位置也越核心；反之，则越孤立，越处于外围。因此通过多维尺度分析，某研究领域、思想流派或其他学术共同体在学科里的位置就很容易判断。同因子分析相比，多维尺度图的显示结果更加直观、形象，但在确定各个学术群体的边界和数目时，多维尺度分析则无法与因子分析抗衡，因此通常都需要同时借助因子分析的结果，进行共被引知识图谱的绘制。

聚类分析是最常用的多元统计分析方法之一，它的研究起点也是原始数据的矩阵，目标同样是获得点的二维图。因此，聚类分析属于降低维度技术的范畴。不过，聚类分析主要与聚合的识别有关。聚类分析的过程是先将 n 维共被引矩阵转换成 n 维相似矩阵，根据一定的聚类算法把分析对象分成类群。相似性测度方法和聚类算法的选择至关重要。聚类分析一般是与多维尺度分析、因子分析或主成分分析等结合使用的。

（3）自组织映射技术

自组织映射技术是复杂网络建模的一种方法。它是由 T. Kohonen 依据大脑对信号处理的特点提出的一种神经网络模型——自组织映射模型（self-organizing feature map，SOFM）。该模型是一种无监督学习的分类方法。SOFM 能将高维空间映射到低维空间，同时在低维空间中还保持原数据间的关系。与 MDS 一样，输入的是分析对象之间的共被引矩阵，但是需要将共被引矩阵转换成相似矩阵。陈定权以二维空间和作者共被引分析为例说明其过程：在二维空间中，是一个 8×8 的网格，输入 25 位作者（高维），每个输出节点代表了一个矢量（权重）。最初输出节点的矢量是随机分配的。给定一个作者及与之具有高共被引强度的 24 个作者。这 25 个作者之间的共被引关系生成一个稀疏的共被引矩阵。这 25 维的共被引矩阵就是 SOFM 的高维输入数据。随机从共被引矩阵中挑选一行，然后与所有的输出节点进行比较（8×8），找出相关度最大的输出节点，并修改它的权重（及邻域内的神经元），以便下一次进行比较的时候再次选中它。上面的学习过程需要重复很多次才能够到达某种稳定状态。最后的学习结果是相似度越大的著者在二维空间的距离就越小。

（4）寻径网络技术

寻径网络（pathfinder network，PFNET）技术起源于 1990 年美国心理学家斯克沃斯兹恩巴克（R. W. Schvaneveldt）对认知心理学语义关系的研究。是根据经验性的数据，对不同概念或实体间联系的相似或差异程度做出评估，然后应用图论中的一些基本概念和原理生成的一类特殊的网状模型。它对不同概念或实体间形成的语义网络进行表达，从一定程度上模拟了人脑的记忆模型和联想式思维方式。PFNET 应用了比最小生成树法更加复杂的连接删除算法，经过模型运算删除网络中大部分的连接，而只保留其中最重要的连接，其目的在于将一个复杂网络进行最大程度的简化。它与社会网络分析具有共同的数学模型。将 PFNET 引入作者共被引分析（ACA）的同时，也就将认知心理学语义分析、社会网络分析方法和可视化软件的优势借鉴到 ACA 方法中来，为传统 ACA 方法注入了活力。

PFNET 有两个重要参数 r 和 q。q 是指路径的最大长度，r 参数是闵可夫斯基度规则（Minkowski Metric），即是计算路径长度的一个参数。距离计算公式是 $d(a, b) = r\sqrt{a^r + b^r}$。$r=1$ 时，等于两个距离之和；$r=2$ 时，等于欧氏距离；$r=\infty$ 时，等于 max(a, b)。$q=2$ 时，表示的是三角形不等规则（两边之和大于等于第三边）；$q=3$ 时，表示的是四边形不等规则（三边之和大于等于第四条边）。在一般研究论文中，取 r 为无穷大，q 为节点总数减 1，对应的网络表示为 PFNET (r, q)。PFNET 的工作过程是：依次检查每条边，看是否有比该边长度更短的路径。如果有，则将该条边删掉。长为 q 的路径长度等于 q 条边的最大值。

PFNET 算法与多维尺度和最小生成树等算法相比，具有能获得更精确局部结构的能力。PFNET 算法在绘制知识图谱过程中，将文献、主题词、作者等研究者要分析的信息视为节点，并假设节点间由加权的路径相连，权值为分析对象的共被引频次，仅显示节点间最短路径。在图谱中，关键节点控制着学科领域研究的走向。其余节点以关键点为核心形成不同的研究范式，进而构成学科结构全景。如果某学科领域缺乏关键的节点，图谱中的节点则呈现出相对松散的状态。当大量节点都与某关键节点具有较高的共被引强度时，学科分支领域自动形成，无须单独的聚类程序。因而比起采用皮尔逊系数的传统 ACA 方法，利用原始共被引频次的 PFNET 算法使结果更为丰富，并且减少了传统 ACA 模式的复杂性，结果更为可靠，因而在现今 ACA 分析中备受推崇。

1.3.2 网络理论重构引文分析

1.3.2.1 引文网络复杂性的形成

综观汉语、英语和拉丁语的解释，"复杂"（complex）的词义内容包括两个方面：本体论方面，它指事物的组成多且杂；认识论方面，它指难于理解和解释，不容易处理，不清楚。"复杂性"（complexity）就是指"复杂"的性质或状态。由上文可知，完全确定的系统不复杂，经典科学足以处理；完全随机的系统也不复杂，概率统计方法足以处理，介于秩序和混沌之间的事物才是真正复杂的。然而，造成复杂性的规律不一定复杂，而是适应造就复杂性。即使组成系统的行动者标志是简单的，行动所遵循的规律是简单的，但由于相互适应，加上跟环境适应，不断预测、试探、学习、积累经验、自我改进等，这种适应性过程导致从简单性中产生出复杂性。例如，一个棋局，象棋中的马走日、象走田等是一个个简单的规律，但它们之间相互作用之后，就成为非常复杂的结局。引文网络也是如此，文献间单一的互相引用关系，文献耦合关系及文献共被引关系等交织在一起，通过自组织逐渐形成了庞大的复杂网络。

引文网络不仅具备复杂网络的3个基本特性，可以利用复杂网络中的很多指标来分析不同类型、不同时间引文网络的拓扑结构，而且BA无标度网络模型和适应度模型很适合用来对引文网络进行动态分析。BA模型考虑了网络的增长特性和优先连接特性。引文网络正是一个规模在不断扩大的复杂网络，每个月都会有大量的新的科研文章发表，而且新发表的文章更倾向于引用一些已被广泛引用的重要文献。适应度模型与BA无标度模型的区别在于，在适应度模型中的优先连接概率与节点的度和适应度之积成正比，而不是仅与节点的度成正比。这样，如果一个年轻的节点具有较高的适应度，那么该节点就有可能在随后的网络演化过程中获取更多的边。这一模型算法的前提假设很符合一些高质量的科研论文在较短时间内就可以获得大量引用的情况。目前，无论是BA无标度网络模型还是适应度模型都还处于利用引文网络数据进行测试、改进的阶段。不过，我们仍然可以尝试运用这些模型对引文网络的演化趋势进行预测，为引文分析提供参考。表1.1总结了引文网络无标度特征的形成机制。

表1.1　引文网络无标度特征的形成机制

无标度特征	引文网络
节点数量 N 不确定	新的文献不断发表
节点连接概率不同	①经常被引用的文献会有更大的可能性被再次引用 ②一些高质量的文献在较短时间内就可能获得大量引用

1.3.2.2 网络理论在引文分析中的应用

网络理论在引文分析中的初创研究之一是加特雷尔（Gattrell）以社会网络分析的视角对地理学期刊文献的引文时序网络和共被引网络的阐释与分析。加特雷尔搜索出在1960—1978年发表的地理学论文，并把它们看成是在空间模型文献方面的关键元素，从其参考文献和注释中建构了引文时序网络，由于该网络矩阵的行和列是按照发表论文的时间排列的，因而很容易评价引用模式方面的任何明显的转变。随后加特雷尔又对文献共被引网络做出描述"总的图景是……一小群被高度引用的论文，其他论文以较低的多元度与这些论文相关联。一个小的论文成分关注出现的等级扩张，其他论文由于被某些引用原创性论文的文献所引用，因而也加入到这个核心之中"。（这里的"多元度"就是共被引频次）在约翰·斯科特（John Scott）的《社会网络分析法》中就将共被引形成的"引文圈"作为理解"成分（最大关联子图）"的例子。他认为："对成分及其核心的分析允许人们探究科学研究中的权势结构，这种探究说明，科学派系和圈在促进特定的科学观念和研究的增长方面扮演重要角色。对引用模式中嵌套成分的分析突显出那些'明星式的'被引论文，以及它们的星级在多大程度上达成共识。"

1985年，道瑞安（P. Doreian）和法瓦诺（T. J. Fararo）利用社会网络分析法，采用一些技术手段，从3个时间段对期刊群的引文数据进行了研究。研究结果表明各期刊群在引文关系网络中的位置和结构层次与期刊群的学科类别相互对应。当时分析结果主要是以文字和矩阵的形式呈现的。此后几年，在与引文分析相近的合著网络研究中出现了一批利用社会网络分析法的文献。例如，Evelien Otte和Ronald Rousseau的研究涉及133位合作作者，其中57位构成了一个核心网络（核心簇）。再如，Logan和Pao通过社会网络分析寻找特定领域的核心作者和知识网络结构。

专门运用社会网络分析方法对引文时序网络进行研究的成果不多。该领域最重要的研究是社会网络学家哈蒙（Norman P. Hummon）在1989年对DNA引文网络的研究。与通常在引文分析中依据文献耦合寻求论文相似程度的聚类分析方法不同，该文另辟蹊径，引入社会网络分析的路径概念。他指出一个学科的发展可以看作一系列重要事件按照时间序列的发展过程，新的发现要依赖于早期的研究成果，因此他假设引文网络是一个"定向非循环网络"（directed acyclic graphs, DAG）。根据路径概念，提出了引文网络中关键路径的搜索算法，即：从网络中的最初的一个节点出发，搜索所有可能的路径，并计算出任一连接可能被遍历的次数，这样被遍历次数最多的连接就被认为是信息流动中起到最关键作用的连接，由此形成了引文网络中的关键路径算法。哈蒙应用此算法对在DNA的发展过程中具有重要意义的40篇文章的发展脉络进行了研究。该文以加菲尔德关于DNA发展的引文网络数据为基础，却又是在方法上对加菲尔德引文网络思路的突破，为用新的关键路径算法研究、绘制引文网络奠定了基础。

网络理论在引文分析领域的突破性进展源于作者共被引分析（ACA）中寻径网络（pathfinder network，PFNET）技术的引入。美国费城德瑞克赛大学（Drexel University）的Howard D. White在1981年发表文章，把共被引的分析对象由文献扩展到了著者。White等认为，在某一个学科领域内，把论文作者按照其研究范围的远近进行分组也可以从中考察该学科领域研究的面貌，能满足研究者对该领域内各研究团体进行了解的需求。1990年，Mccain将ACA的程序归整为选择作者、检索共被引频次、构成共被引矩阵、转化为皮尔逊相关系数矩阵、多元分析和解释结构等几个步骤，人们称其为传统ACA或冠之以德瑞克赛模式。1998年，Howard D. White和K. W. Mccain以SPSS为工具，采用聚类分析、多维尺度分析和因子分析通过对1972—1995年世界情报学文献作者的共被引分析，以图示的方式描述了情报科学的结构。情报科学大致被分为两大阵营，即文献计量（包括引文分析）和情报检索，在数量上，检索学家占据优势，图中没有出现对学科发展起导向作用的核心作者或核心作者集团。

1999年，Chaomei Chen把寻径网络技术引入作者共被引分析，并生成了有关超文本研究的共被引图。寻径网络分析方式的引入为作者共被引分析的可视化揭开了新纪元。该方式采用原始共被引频次，将作者视为节点，节点间的路径代表作者与作者之间的共被引强度，当许多作者与某个核心作者共被引强度很高时，专业分支自动形成，无须单独的聚类程序。它与传统的作者共被引分析技术最大的不同在于在计算作者相似性时直接采用共被引频次，而后者则把共被引频次经过转换计算皮尔逊相关系数度量作者相关性，这两者的不同体现在可视化图上，影响力大的文献作者在用前者（直接采用原始共被引频次）生成的图中位于每个分支的中心节点位置，而在用后者（采用皮尔逊相关系数）生成的图中其中心位置不明显。因此，2003年Howard D. White采用PFNET算法对1998年的同一数据进行了分析。

White 首先采用 KNOT 软件将 121 位作者所产生的 $121 \times 120 \div 2 = 7260$ 个组合缩减到较为重要的 126 个。由于 KNOT 的可视性较差,所以采用用于大型网络分析、可视性较强的 Pajek 软件,用大小不同的点代表不同的作者,以突出作者在学科中不同的影响力及其重要程度。此次得出了与 1998 年不太相同的结论,即:在情报学领域中有 4 位领袖人物,分别是 Cz. Salton、E. Garfield、F. W. Lancaste 和 D. Price。Lancaste 作为核心的情报学家,是连接以 Salton 为领军人物的检索学家集团和以 Garfield 为领袖人物的文献计量集团的纽带。这次的分析结果无疑更加符合情报科学的认知结构,显然优于 1998 年的分析结果。

Chaomei Chen 和同事继 1999 年发表那篇关于应用寻径网络技术对作者共被引进行可视化分析后,又陆续发表多篇文章介绍利用该技术进行作者共被引分析生成学科知识图,对知识领域进行可视化显示(knowledge domain visualization),揭示某一领域的理论的动态沿革,鉴别其中的发展动向和转折点,预测发展趋势,发现正在形成的新的专业学科。他用该方式生成的可视化图是一种三维空间彩色图,以小球代表文献节点,以小球之间的连线长短代表共被引强度,以垂直于小球的立柱高度代表文献的被引频率,用不同的色彩、动画展示其中的突出点。例如,在 2003 年发表的文章中,他和 J. Kuljis 探索利用该方法进行共被引分析是否能够反映出物理学超粒子(super string)研究过程中 1984 年和 1995 年分别发生的两次理论革命。结果发现,从可视化图中可以鉴别出 Green、Schwarz 及 Witten 在 1984 年发表的代表第一次革命的文献和 Polchinski 在 1995 年发表的代表第二次革命的文献。每次理论革命都以标志性文献为起点,带动了大量相关引用文献簇的出现,形成了共被引文献核心簇。

此后,复杂网络理论在引文分析中的应用研究迎来了一个前所未有的高峰,标志性的事件是荷兰阿姆斯特丹大学的雷蒂斯托夫(Loet Leydesdorff)对于期刊间引用关系的研究。雷蒂斯托夫通过对期刊间引用频次的可视化分析,图示它们的网络关系。2004 年,雷蒂斯托夫基于 JCR 2001 中得到的期刊引文矩阵(5748×5748),通过双边连接成分分析(bi-connected component analysis)等方法,对 5748 种期刊的引文关系进行了分析,计算期刊间的皮尔逊系数,对期刊进行聚类,然后导入可视化软件 Pajek 中进行图示。当阈值 $r \geq 0.8$ 时,整个引用网络中保留了 3991 种期刊,根据期刊间关系的紧密程度可被归为 222 个部分,其中最大的一个部分包含像 *Nature* 和 *Science*

这样的期刊，一共有1417种。如果把阈值提高到 $r \geqslant 0.9$，则这部分期刊就剩下了991种。这些期刊中的776种可以被聚到51个类簇中，18个较大的类簇每个含有10种以上的期刊。以这种方式一级级对期刊类簇进行可视化，可以清晰地鉴别出联系比较紧密的期刊，更容易确定期刊的载文专业范围和期刊所属专业学科。Loet Leydesdorff的方法揭示了JCR收录的期刊之间的远近关系，但是对于科学结构的揭示却不够清晰。美国的Kevin W. Boyack等利用从SCI和SSCI套录的数据，通过计算2000年7349种期刊的引用和被引用频次，利用VXOrd作为可视化软件，构造了期刊引用和共被引关系可视化图，借以展示大的学科结构。

2007年，雷蒂斯托夫利用社会网络分析中的中心性测量方法考察了期刊的引文网络，计算了期刊的中介中心性（betweenness centrality）和接近中心性（closeness centrality），并以图谱的方式将期刊之间的关系直观地展现出来。2008年，雷蒂斯托夫利用JCR的数据，以3种期刊（*Cognitive Science*，*Social Networks*，*Nanotechnology*）为"种子"，分别绘制引用这3种期刊的期刊引用网络，认为在向量空间中，中介中心性可以作为衡量期刊多学科特性（interdisciplinarity）的指标。

2007—2008年，雷蒂斯托夫还利用JCR中期刊名称含有"纳米（nano）"的12种期刊为种子期刊，通过引用和被引用关系又找到了142种纳米领域的相关期刊，在引文环境下形成了一个较大的与12种纳米期刊群（nano-group）有近缘关系（nano-relevant）的期刊集合，并用可视化图谱展示了被12种纳米期刊引用的79种期刊的中介中心性。

2009年，雷蒂斯托夫采用因子分析的方法，利用Pajek软件绘制了基于ISI主题分类的科学全景图（2006年的数据），包括14个因子，172个类目和6164种期刊。他认为因子分析可以简化数据的复杂性，得到的科学图谱虽然对于期刊归类不十分精确但是易于理解，而且分析结果在宏观层面来说也比较可靠。分析结果展示了ISI类目间的引用网络，以节点大小代表各刊在其所属类目中的引用比例，以颜色代表其所属因子。

在国内，复杂网络理论和社会网络引文分析理论是先后分别从国外引进的。前者经由统计物理学对科研合作网络的研究被引入图情领域，如武汉大学数字与统计学院的刘杰、陆君安在他们的论文《一个小型科研合作复杂网络及其分析》中，对1998年1月至2004年6月发表于《物理学报》和 *Chinese Physics* 上混沌科学方面的科学研究论文作者合作研究所形成的小型网络进行了初步研究，结论表明在大的连通组群内显示出小世界性和幂律。后者最早由社会学和心理学领域引入，尤其是对计算机网络支持的社会网络 CSSN 的研究。最早是包昌火、谢新洲和申宁在 2003 年《情报学报》上发表《人际网络分析》一文，利用社会网络分析方法分析了个人中心网络（Egocentric networks，EN）。随后相继出现了基于结构洞理论的个人人际网络分析系统研究、小世界理论在组织结构和组织管理中的应用，同时在团队建设和企业集群中也有部分文献涉及。而该理论在引文分析领域的渗透稍晚一些。

国内最早提到运用复杂网络理论研究引文的是裴雷、马费成于 2006 年发表的一篇将社会网络分析理论引入到情报学研究的综述性论文。该文提到根据国外的研究成果，"在引用的分析中，也能够通过社会网络分析找出有影响力的或者核心文章……寻找特定领域的核心作者和知识网络结构"，并认为社会网络分析在信息科学中涉及网络链接、引用标引、学术交流和检索等不同的应用领域。无独有偶，2007 年发表的名为《复杂网络理论的情报学应用研究》是将复杂网络的研究方法引入情报学研究领域的综述性文章，该文提到应将复杂网络研究中的引文网络研究与情报学联系起来。另外，2007 年和 2008 年还各有一篇介绍有代表性的网络分析软件的文章，包括软件类型和部分功能。

在与引文分析有关的应用研究中，国内最初的研究论文有以下几篇。

2005 年，金碧辉和 Leydesdorff 等以 SCI 的中国论文为数据源，构建国际和国内引证网络和被引网络，利用大型网络分析和可视化软件 Pajek 进行可视化，观察到中国科技期刊在国际引证网络中的"主群"和"孤岛"现象，分析了中文科技期刊与中国出版的英文科技期刊在不共被引网络中的不同作用。

2006 年，尹丽春、刘则渊"用复杂网络理论和引文分析的方法"，应用 Ucinet 软件对 Scientometrics 期刊形成的引文网络进行构建和分析，发现与其他已经被研究过的复杂网络一样，该引文网络也表现出了小世界和无标度的特性。

2007 年，种艳秋、张晗等利用 WOS 中某医学主题的数据对社会网络分析法和聚类分析法在文献分群中的应用做了比较，认为前者更直观、深入、全面，不但可以进行学科类目的划分，还可以找出整个网络的中心。

2008 年，南京大学的徐媛媛、朱庆华以参考咨询领域的 32 名高被引作者为研究对象，运用社会网络分析法，利用 Ucinet 软件分析了作者之间的引文关系，包括个体之间的互引频度，点度中心度确定的核心研究者，中间中心度揭示的在知识传播过程中承上启下的人物和凝聚子群分析找出的研究小团体。在栾春娟、王续琨、刘则渊等发表的一篇论文中对 Scientometrics 中有关专利计量研究的论文运用社会网络分析、聚类分析和因子分析法绘制了作者共被引网络、关键词共现网络和合作网络。岳洪江、刘思峰采用社会网络分析法对管理学期刊共被引网络进行分析，将期刊分类，并分析了 k 核及核心－边缘结构。岳洪江还在研究管理科学知识扩散网络的一篇论文中运用社会网络分析法证明了期刊间引证存在"无形学院"，各共同体中有核心成员的情况。

直接以复杂网络理论研究引文网络的学位论文是青岛大学系统理论专业的研究生王镇岭的硕士论文——《复杂系统、科学引文网的研究》（2006），他的导师是的青岛大学复杂性科学研究所的张嗣瀛院士。该文主要是理论介绍。仅在第五章利用主题为小世界的研究论文的引文数据验证了"优先连接"生长网络模型的有效性。

综合运用复杂网络和社会网络分析理论研究引文网络的是一篇博士论文，题名为《科学学引文网络的结构研究》（2006），作者尹丽春是大连理工大学科学学与科学技术管理专业的学生。该文选择了六种国外科学学的著名期刊，对它们形成的引文网络进行了统计、测度，证明该网络符合复杂网络的特征，并采用社会网络分析方法对科学学引文网络中的小团体进行了分析，最后结合关键词共现分析对国外科学学研究的现状和流派进行了研究。

可借鉴的应用还有对合作网络、共词网络的研究成果。在我国文献计量领域，复杂网络理论最先在合作网络得到了应用，这可能与合作发文网络是研究人员通过共同发表文章而建立的真实关系网络有关。这是由于，在社会学中发展起来的社会网络分析法最初也是研究真实关系网络的。因此该领域的文献稍微多一些，涉及地区分布、合作度、合作网络模型、合作网络可视化及合作网络中心性对科研绩效的影响等主题。另外，个别关于主题共词网络的论文也用到了社会网络分析法。例如，刘则渊、尹丽春采用可视化手段对国际科学学与科学计量学领域中的 6 种核心期刊的高频关键词的共词网络进行分析，对该网络进行聚类，并在此基础上对科学学研究的若干热点、未来研究的方向进行预测。这些在与引文分析相近的研究领域所发表的相关论文都可以借鉴。

综上，对于网络理论在引文分析中的应用研究，国外开始于 20 世纪 80

年代。当时有个别研究开始利用社会网络分析的理论及方法解释和分析文献、期刊构成的引文网络，但是没有形成研究热点。这个时期属于该研究的初创阶段。2000 年以后，信息可视化技术的发展带动了复杂网络理论向引文分析领域的渗透。文献计量学、科学计量学的学者开始采用基于图论的寻径网络技术和大型网络分析及可视化软件 Pajek 或者 VXOrd 和 visone 来生动地展示隐藏在各种引文网络中的知识结构。此后，对于社会网络分析中的中介中心性、接近中心性和双边连接成分都有了更深入的讨论，开始研究一些网络静态指标是否可以作为衡量多学科期刊（综合性期刊）的标准。有些研究还将引文网络的相关性分析、因子分析的结果导入到 Pajek 软件中，以便得到更清晰、更全面的可视化效果。更让人振奋的进展是基于复杂网络分析的 CiteSpace 应用软件的问世，标志着复杂网络理论在引文分析中的应用已经开始步入实用阶段。而国内开始重视复杂网络理论在引文分析领域中的应用是从 2006 年开始的。最初的研究成果虽然不多，但研究角度比较广泛，涉及对网络分析可视化软件的介绍和运用，对某学科引文网络的小世界和无标度特性的验证，对某主题期刊、文献分群和核心作者的分析。

1.3.2.3 引文网络分析的实现路径

关系是网络分析理论的基础。随着复杂网络和社会网络研究的深入，学者们渐渐对网络分析的一些原则达成共识。正是这些原则使得网络分析不同于其他研究范式。也正是网络分析的独特之处使得引文分析在理论和方法上能够得到补充和扩展。

由于计算机技术与一系列网络分析软件技术的发展，为复杂网络系统和社会网络分析在引文网络研究中的结合与应用创造了条件。实际上，文献计量学关于引文网络的研究，同复杂网络、社会网络的研究差不多同时起步；并且运用统计分析的方法揭示引文网络结构的复杂特征与形成规律，在绘制引文网络的知识图谱方面已经取得了不少有价值的成果。文献计量学的三大定律洛特卡（A. J. Lotka）定律、齐普夫（G. K. Zipf）定律和帕累托（V. Pareto）定律，在数学形式上都呈负幂律分布的特征，这些统计规律的形成在复杂网络理论中都可以归因为"优先连接"机制。一些大型的引文网络也已经被证明是一种复杂网络，具有无标度、高集聚的特征。这些都为在网络理论的视野中研究引文提供了可靠的前提性基础。

社会网络分析方法与复杂网络分析方法研究问题的侧重角度不同。社会网络分析研究的对象通常是社会问题，网络中的节点是"社会行动者"。社会网络分析取得重要成果的主要领域有职业流动、城市化对个体幸福的影响、世界政治和经济体系、国际贸易等。由于社会网络分析经常采用问卷调查的方法搜集数据，这样就导致样本很难取得很大，因此社会网络分析的数据就具有小样本的特性，一般不会超过100个节点。因此社会网络分析方法主要是应用在一些小型网络中，擅长于研究网络的微观结构和中观结构。复杂网络研究的主要领域有Internet、WWW、新陈代谢网络、生态链、科学合作、文献引用等。这些网络中的节点数少则几万，多则数十亿。由于这些网络数据仅仅是在近年才得以获取，因此这些大型网络的结构研究吸引了无数科学家的兴趣。复杂网络分析方法通常是利用统计方法研究网络的整体结构特性，并探讨这些网络结构的形成机制。因此复杂网络分析方法更适宜研究网络的整体结构。

综上，可以利用复杂网络的分析方法研究引文网络的宏观结构，以社会网络分析的方法分析引文网络的中观和微观的结构。以目前的技术水平、软件功能，完全可以将大型引文网络分解或缩减为小型网络，再利用社会网络分析方法进行细致的分析。

1.3.3 引文网络分析理论的哲学基础

1.3.3.1 网络理论对引文网络研究的本体论支持

网络理论与经典的实证科学一样，在原则上接受客观论的可能性，坚持一种实在论的本体论。它不仅认为个体或群体是真实存在的，而且认为它们之间的关系（网络结构）也是真实的存在。以社会网络分析为例，尽管"关系"不能脱离行动者而存在，但是在各个行动者之间真实存在的关系可以作为"外在物"对行动者产生作用；社会网络分析提供的就是对这种结构的分析，利用量化的语言对网络数据的结构进行描述。因此，网络理论为引文分析从基于个体的引文条目分析转向基于关系的引文网络研究提供了本体论支持，而基于引文网络分析的引文评价方法也必然产生。

1.3.3.2 网络理论对引文分析的认识论革新

在认识论上，网络理论使我们认识到世界是由网络而不是个体（或群体、组织等）组成的。如果仅仅对边界个体进行描述，就会使复杂的网络结构过于简单化，如对学术期刊仅仅区分核心区、非核心区，就把每种刊物在学术研究中起到的多元作用单一化了。从网络而不是个体出发，可以把节点之间的关系看成是知识信息流动的渠道，从而可以通过分析发现复杂的信息流动网络，而不是简单的核心、非核心二元结构。

这样，我们就可以根据节点之间的关系模式来理解节点所具有的属性特征，在这里，关系居于首要地位，而节点属性居于次要地位。既然世界是由网络而不是由个体组成的，我们就不能从个体的角度出发看待问题。这个原则反对任何试图根据个体的属性特征来解释其行为或过程；或者说，我们决不能简单地利用诸如工作单位、职称、社会地位、专业等属性特征来解释作者为什么有如其所是的引用行为。

1.3.3.3　网络理论对引文分析的方法论超越

这里首先需要说明的是，我们常常把"超越"理解为抛弃，也就是把原来的东西扔掉，完全采用新的东西。然而，在哲学中，超越（transcend）的意思是对原来的东西做出某种限制，是"经过它又超越它"。本书也采用此意，网络分析法不排斥统计分析法，而且还要更好地、适当地利用统计分析法。

从方法论角度说，社会网络分析的重要之处在于：分析单位主要不是行动者（如个体、群体、组织等），而是行动者之间的关系。网络分析遵循如下独具特色的方法论原则。

第一，从关系视角进行的解释要比单纯从个体（或者群体、组织）属性视角进行的解释更有说服力。即，网络理论把解释建立在关系模式之上，而分类分析把个体归为具有相同属性的类，因此没有考虑到个体所处的关系结构。例如，在文献引用的研究中，一般统计方法的前提假设是某文献的引用行为不影响其他文献的引用行为。然而网络分析恰恰关注这个前提假设。可想而知，一篇文献的引用行为往往受到其他文献的影响。例如，受到相关论文引用行为的影响，或者受到权威论文引用行为的影响，又或者受到作者自引行为的影响等。所以，从个体或群体所处的网络关系的视角进行解释和研究是比较优越的，它能够从引文现象的成因，引用机制等角度做出解释。当然，网络研究并不排斥"属性"研究的正当性。

第二，网络结构方法将补充甚至取代个体主义方法。大多数统计方法把个体看作独立的单位。关于统计依赖性的假定本身使得这些方法非常适用于对属性数据的分析，它将个体和所处环境分离，迫使分析者将个体看成一群互不联系的大众的组成部分。网络分析认为，个体（或群体）之间是相互依赖，而不相互独立，因而应该把"关系"看成是分析单位，把结构看成是个体（或群体）之间的关系模式，分析个体（或群体）之间的关系（而不是根据内在属性对各个单位进行分类），这样就可以深入地分析现象的关系本质。因此，社会网络分析研究的一个重要问题是，各个体（或群体）之间的关系模式怎样影响及在多大程度上影响网络成员的行为。这种研究方法可以有效地补充各个学科中普遍存在的个体主义的分析方法。因为，个体主义视角很少关注网络结构。

第三，网络分析方法直接针对网络结构的模式化的关系本质，从而可以补充甚至超越主流的统计方法。"各种传统的统计方法不能分析关系数据，特别是不能分析整体网络数据的特征，至少不能用来进行网络变量（network variables）的统计推断研究。"这是由于关系数据不满足常规统计学意义上的"变量的独立性假设"，因此通常意义上的各种多元统计方法多数不能用来分析关系数据。网络分析者用图论工具、代数模型技术描述关系模式，并且探究这些模式对结构中成员的行为有哪些影响。例如，在引文分析中，运用网络分析方法可以揭示出引文系统中的"核心－边缘"结构，这些结构是由存在于具体实体之间的关系模式规则形成的。

1.3.4　引文网络分析的方法论优势

1.3.4.1　更好地揭示引文网络的群落结构

现实世界网络的研究发现，无论是社会网络还是其他类型的网络都表现出群落结构（community structure）。群落结构是指节点组中有密集的关联边，而组与组之间的关联边的密集程度则要低得多。这些结构在实际中有重要意义。例如，可以将引文网络分割为若干子群，分别代表特定的研究兴趣领域，此现象的研究对分析哪些学科是同一个研究集团格外重要。

许多学者提出了识别网络群落结构的算法，传统的识别方法主要是层次聚类，然而基于图论的算法更具优势。从各种凝聚子群的算法原理可知，网络分析法是在网络的"关节处"切割网络，其得到的子群比聚类分析的结果更符合网络的实际存在状态。因此，如果想要了解有哪些不同学科和不同研究主题，以及它们之间是如何相互作用的，基于网络理论的引文分析法更有助于揭示其群落结构及追究不同学科及主题间相互联系的原因。对于研究学术共同体的构成和研究热点的形成等也同样如此，还可以为学科分类、期刊分类等提供定量数据。

1.3.4.2 更先进的引文网络可视化

引文分析面临科学文献急剧增长的挑战，试图借助信息可视化技术加以应对，却囿于传统的计量工具与方法。目前的引文网络可视化大多限于简单的图形处理与绘制，主要通过多元降维的算法和缩减数据来实现，属于单一、静态的可视化技术。具体来说存在的问题有：引文网络中往往存在大量而错综复杂的连接，如何在其可视化研究中有选择地控制连接的密度，即精简网络以使网络的主要结构更加清晰、明显是一个有挑战性的问题；而且，对于大型引文网络，既需要能展现其宏观图景的可视化技术，也需要能精确绘制其局部结构的方法；另外，在引文网络可视化中应该考虑时间维度。

多维尺度的空间构型无法清晰表示连接，而寻径网络技术和哈蒙（Hummon）的关键路径搜索算法可以有效地简化网络，还可以根据研究需要在不同程度上精简网络，而且展现的是引文网络关键路径的动态演化过程。社会网络分析的其他方法同样善于根据不同的考虑解析引文网络，分析网络的局部结构或主要构架，另外 Pajek 等社会网络软件具备对大型引文网络进行缩减，提取子群，显示网络结构、嵌套结构和等级结构及关键节点的功能。因此融合了网络理论和先进的可视化技术的引文分析将把引文网络的可视化和科学知识图谱的绘制提高到一个新的水平。

1.3.4.3 更精确地概述科学发展史

在利用引文分析技术概述科学发展史方面，首推 Garfield 的引文编年可视化系统 HistCite。借助于 HistCite 生成的引文编年图和该系统输出的一系列列表，可以对某专题研究的发展历史有一个大致的印象。然而，HistCite 的最大缺陷就是缺乏精细的定量描述。在这方面，关键路径搜索算法可以借鉴。

关键路径搜索算法可以计算给定文献时序网络中每一篇文献和每一条引用路径的遍历权值（traversal weight）。并提取出拥有高遍历权值的路径作为关键路径（main path）或者关键路径成分（main path component）。这样就可以准确地得到网络中传递文献信息流的"主干道"。关键路径搜索算法可以弥补 HistCite 利用被引用频次作为阈值的缺陷，使引文分析对科学发展史的概述更为精确。

1.3.4.4　对引文评价方法与指标的补充和改进

就目前多数引文分析研究来说，研究人员大多关注于文献的被引次数，忽略了文献相互引用所产生的知识的流动与传播效应。随着科学知识在短时间的急剧增长，科学文献已经形成了一个超大规模的网络。在这个网络中，仅仅依赖同行评议和单纯地分析个体文献很难真实地反映整个科学系统及嵌入在系统中的节点的状态。运用网络理论与方法能够对引文网络的结构进行分析，利用节点之间的引用关系确定权重方案，从而区分不共被引用的重要程度，辅助人们在复杂的网络环境中对节点做出正确的价值判断，在很大程度上弥补传统引文分析的局限性。

（1）自动生成被引权重

以核心期刊作为评价手段一直受到学者们的质疑，其中一个很重要的原因就是认为引文评价指标不能正确地反映期刊或论文的质量。各个文献的区别不仅在于内容的不同，还在于文献的质量的不同，因此仅以被引频次的多少衡量文献的质量不够充分，还应该考虑到是否被重要的文献所引用。传统的引文计量指标由于不加区分地给所有引文赋予同样的权值，而低估了一些具有潜在重要性的研究成果。网络分析法则提供了根据引用节点的重要程度自动生成被引权重的算法。例如，特征向量中心性的算法原理即为一个节点的地位是与之相关的其他节点的地位的一个线性函数。这样就通过迭代算法区分了不共被引用的重要程度，在计算引文网络中每个节点的重要性时考虑了所有引用该节点的节点重要性，而不是仅考虑引用该节点的节点个数。

（2）消除自引对评价的影响

网络分析法能够自由控制分析中是否包含节点自引。很多情况下，在被引次数中剔除自引次数，能够使引文评价在更大程度上接近客观事实。网络分析主要关注通过节点之间的关系所体现出来的节点特性，对于节点自引可以通过简单的设置消除其影响。当然也可以方便地对包含自引和不包含自引的分析结果进行比较，从而考察自引对引文网络及其中节点的影响。

（3）基于等级结构的分层评价

严建新和王续琨曾提到同一学科领域或研究方向的核心期刊往往不止一种，其学术水平也同样存在着的差异。事实上，在学术共同体内，不同的机构或个人按学术水平高低对核心期刊所进行的排序，其结果通常是大同小异的。这表明，同一研究领域的核心期刊还存在着亚层结构，即通常所说的"权威"核心期刊和"一般"核心期刊。由于没有相应的分层标志，亚层的边界是模糊的。同样，非核心期刊也存在亚层结构，其边界更为模糊。

期刊有优良中差，其分层是客观存在的，对期刊进行分层也是科研管理、评奖制度的需要，但是目前的核心期刊评价体系并不能完全满足期刊分层的要求。由上述可知，一是分层过于简单，一般除了核心期刊（来源期刊）以外，就是非核心期刊（非来源期刊），不符合期刊分层所呈现的复杂情况。二是确定层次边界较随意，一般遵循二八法则（文献集中分散定律），但也有的核心期刊表其核心期刊的确定人为因素过大，核心期刊数量与其基数比例失调。相比之下，网络分析法能够勘测期刊群的多层结构（即等级结构），并且根据相应的算法自动确定层次边界或者根据分层特点划分边界。例如，核心-边缘结构模型能够测度期刊引文网络的权威结构，根据其结构特点将期刊划分为从核心到边缘的不同区域。例如，本书将34种经济学期刊分为"超级核心区""亚核心区""半边缘区""边缘区""孤立区"5个区域。在具体分析中，究竟分为多少个层次或区域，以及每个层次或区域的命名都根据引文网络结构的具体情况确定。再如，角色分析能将在各学科子群中充当权威知识源、中转站和储备库等不同角色的期刊抽离出来，这种方法考察的是关系模式的相似性而不是数量的相似性，因此可对包含多学科、主题的引文网络进行分层评价。

另外，对于任何一个学科来说，无论是核心期刊数量、种类，还是期刊的位序都是在不断变化中的，也就是说期刊存在着层际流动现象。与此相对应，核心期刊的周期性遴选所产生的排名变动和期刊是否入选可以在一定程度上反映这种情况。而如果利用核心-边缘结构模型进行分析，除此以外还可以体现孤立区的出现，半边缘区的扩大等整体网络结构的变化情况，借此可以根据节点相对地位的变动更好地评价期刊。

（4）基于知识流通的评价指标

在引文网络中处于不同位置的节点，对知识传播的作用不同。传统的引文指标基本是用来区分节点影响力的。但是除了在引文网络中具有重大影响力的节点外，还有一些节点对知识的快速流动起到重要作用。另外，对于不同研究领域的知识流通起到枢纽作用的节点也应该在评价体系中有所突现，因为新的知识生长点往往存在于研究领域或学科交汇之处。从对知识流动产生的作用角度评价节点，能够弥补引文评价功能单一的缺陷。

拟增加的基于知识流通的评价指标有中介中心度、结构洞约束系数和媒介角色系数，可称它们为中介性指标。首先是中介中心度指标。我们知道，节点的入度是该节点的被引次数，出度是该节点的引用数量。点度中心度指标就是传统的引文评价所采用的方法。然而，节点的中介中心度计算的是某节点占据其他两个节点之间最短路径上的能力，即衡量一个节点作为媒介，传播信息的能力。从理论上说，中介中心度高的节点在引文网络小世界特性的形成过程中起到了重要作用；从实践上说，中介中心度高的节点在学术交流与发展中起到的积极作用不可忽视，因此应该对节点的中介中心性给予相应的评价。并且，节点的影响力与该节点的中介作用应该分别评价，因为一个具有相对较小的点度中心度的节点可能在网络中起到重要的汇集、传递知识信息的作用。例如，经过测量，在图书馆学情报学常用的16种期刊中，《图书情报工作》虽然在点度中心度中排名第三，但是其中介中心度最高，而且与其他期刊相比，该刊的中介作用非常突出。而在点度中心度排名中位次最高的《中国图书馆学报》，在中介中心度中仅列第11位。

其次，结构洞约束系数来自结构洞理论，它是衡量节点控制信息资源能力的指标。拥有越低的结构洞约束系数的节点，越具有获取多样化知识的能力，是潜在的创新节点。该指标与中介中心度在使用时的重要区别在于，中介中心度只能分析二值网络中的节点，而结构洞约束系数可以分析赋值网络。这两种指标在算法上各有所长，可以根据具体情况选择使用。

最后是媒介角色系数，它独具特色的地方是可以识别在子群内或子群之间起到不同媒介作用的节点，其中包括对边界跨越者所做贡献的测度。那些从自己所在的子群连接到别的子群的节点往往在整个网络中发挥重要作用，这类节点被称为边界跨越者。边界跨越者通常是具有创造性的节点。因为他们能够从不同的群体中获得多方面的信息，因此能够综合不同的知识或思路形成新的创意。媒介角色系数与结构洞约束系数一样都是对节点创新潜力的评价，不同的是媒介角色系数能够区分创新节点的创新类型进行评价。

总之，这些从知识流通角度对节点进行评价的结构性指针为引文评价工作另辟一条蹊径。

（5）促进分类评价

合理的评价基于合理的分类。上文已经阐述过网络分析法在学科或研究领域分群中的优势。因此，在分类评价的过程中，可以首先利用凝聚子群分析、位置分析等方法将研究对象分群。反过来说，我们也可以改变分类评价的视角,即不是先将研究对象进行重新分类,而是利用分析结果评价各节点在指定的某一学科或主题领域统摄下所发挥的作用。提出该观点的原因是:如果引文分析所测度的只是给定的学科或领域的期刊,则对属于不同学科层次的期刊(如综合性期刊和小学科期刊)和跨学科期刊的分析很难奏效。这种分类评价的另一个好处是即可以得出对某学科、主题最有贡献的期刊或文献,也可以在边缘区域获得对该学科、主题贡献较大的其他学科的期刊或文献。实际上,一个学科中的核心期刊往往是相关学科中的边缘期刊。

以这种分类评价的视角,在研究对象足够多且其学科分布交错的情况下也可以进行评价。以期刊评价为例,可以通过绘制整个期刊互引网络的图谱,选取一个或几个需要评价的学科或主题,根据期刊在各学科或主题中所处的网络位置(通过核心-边缘分布、角色分析等确定)进行评价、排序。对于综合性期刊"淹没"小学科期刊的现象及一篇高被引文献淹没其他文献的情况,还可以通过在网络中摘除影响过大的节点的办法进一步分析小学科期刊和一般文献的作用。对于跨学科期刊或新兴研究领域的期刊,由于与其在研究内容上近似的期刊较少,单独列类进行比较意义不大,而且也不宜于归入某一相关学科进行评价,因此只有将其放置在所有相关学科期刊构成的引文网络中,才能正确地评价它们在科学发展中起到的作用。这类期刊在科学研究中的地位和作用比一般的期刊变化要大,需要进行持续的跟踪评价。

这里需要说明的是,评价不仅仅指排序,排序只是展示评价结果的方式之一。有些评价适合在定量分析的基础上采取定性描述的方式来表达。例如,对于归属明确的期刊采用分类排名的方法公布评价结果,而对于小学科期刊、跨学科期刊等可采取描述其在引文网络结构中的位置,在引文网络知识流通中起到的作用及在相关学科中扮演的"角色"等来代替排名。

第二章　期刊网络分析

传统的学术期刊在科学活动中起着非常重要的作用。它以传播周期短、容量大等特点逐渐演化为科学交流的一种正式的、公开的和有秩序的媒体。科研工作者一般将研究中获得的新发现、探索到的新规律、创立的新学说和创造的新方法等首先发表在学术期刊上。据统计，科技期刊在科学文献中占有非常突出的地位，提供科学家和专家们所需全部科技情报的70%以上，被誉为"整个科学史上最成功的无处不在的科学情报载体"。

伴随着日新月异的网络时代的到来，当前的学术期刊出版正在经历重大变革，新的学术期刊出版方式正在形成，学术期刊在成果传播和学术评价中扮演更为重要的角色。首先，出版方式数字化与出版流程网络化大大加快了学术期刊出版效率。根据《乌利希期刊指南》的收录，2007年纯网络出版期刊的增长速度和数量超过了纯印本期刊；2012年纯网络出版期刊数量超过了印本加网络出版期刊。2013年，旨在塑造学术和专业出版未来的全球学术与专业出版者协会（association of learned and professional society publishers，ALPSP）的调查显示，大多数出版商已有90%以上的内容可以在线获取。至此，数字出版已经成为学术出版的主流模式。此外，在线写作工具、排版工具、在线投稿系统、期刊选择工具、出版费用管理工具等的出现极大提高了学术出版的编辑出版质量、效率和服务能力。

其次，学术期刊传播、获取方式的多样化、精确化大大提高了学术期刊交流效率。云计算、大数据、人工智能改变了人们查找、获取信息的方式，科研人员越来越多地以搜索引擎、社交媒体跟踪最新研究成果和领域动态。Springer对Google的搜索排序算法进行研究，以优化其信息呈现，截至2014年已有超过50%的访问量来自Google。此外，移动出版帮助期刊实现内容传播泛在化，*Elsevier*、*Springer*、*Wiley*、*Science*、*Nature*、*Cell*等纷纷开发推出移动终端应用程序App。出版业巨头Elsevier先后完成对Mendeley在线学术社交平台、Ariadne Genomics 公司、Newsflo 学术信息平台、Infer Med 科技公司等的并购，并通过机器学习技术实现论文主题提取，研究目的、假设、方法、结果、项目资助信息提取及图像分类，允许用户搜索图像和文本。另外，科学数据的出版可提供科研过程中的相关资源与阶段性研究成果，使论文传播更加翔实有效。例如，*PLoS ONE*、*Biodiversity Data Journal*（*BDJ*）等期刊将数据集作为补充进行存储，F1000 Research 允许数据与论文一起或单独发表等。

再次，出版模式开放化促进学术期刊的开放与共享。开放科学（open science）时代已然来临。越来越多的国家和机构制定开放出版政策，推动开放出版进程，寻求科研机构、出版机构、资助机构、作者、读者等多方利益相关者的平衡，解决开放出版中经费、平台、知识产权等问题。2016 年，全球约发表 50 万篇 OA 论文，占论文总数的 20%。2017 年以后，OA 市场以 17% 以上的速度增长。据统计，Elsevier 旗下拥有 170 种 OA 期刊，1850 种混合 OA 期刊，所有期刊都为作者提供自存储选项；Springer 拥有 200 多种完全 OA 期刊，Springer Open Choice 的复合出版模式几乎适用其所有期刊；Wiley 85% 以上的期刊支持复合开放出版；Taylor & Francis 旗下所有期刊都支持绿色 OA，并有 2300 种期刊可提供 OA。

最后，评审过程透明化增强了学术期刊的评价功能。2013 年以来，全世界学术期刊撤稿数量呈上升趋势，同行评议造假或同行评议欺诈等学术不端行为与事件频出。学界和学术出版界对同行评议方式也在不断探索，在单盲评审和双盲评审之后开始出现开放评议和出版后评议等新的同行评议方式，旨在增强评议方式的开放性、评议过程的透明性和评议结果的可靠性。2017 年，国际同行评议周（peer review week）的主题即是评议"透明度"（transparency），探讨了透明对审稿流程中利益相关者的意义。F1000 Research 是出版后开放评议的典型，其过程是作者找到合适的审稿人，之后由期刊代表作者邀请这些审稿人审稿，评议过程完全开放。*PLoS ONE* 提供文章出版后的评议功能。PeerJ 在征求审稿人同意后可以对作者公开审稿人姓名，并且在作者同意后评审意见可与论文一起出版。开放评议等新的同行评议方式体现了学界对于同行评议过程公平性、时效性、互动性的追求，开放评议的快速发展保证了在学术成果加速增长的环境下，学术期刊刊载论文的学术水准，并且为学术评价提供了更为具体、翔实的评议资料，而不仅仅是指标排行。

学术期刊对于知识结构的揭示在于，期刊报道大量的学术论文及其参考文献,而且时限短,内容新,可以比较全面地反映科技发展与文献交流的现状与趋势,因而借助学术期刊的研究探讨学科结构及其演化是引文分析及文献计量研究的一个重要领域。另外,鉴于学术期刊在科学研究中的重要地位与影响,科研管理部门、出版部门常常需要对期刊在科学活动和文献交流中所起的作用及其质量的优劣做出客观、全面的评价,以得到改进和完善的方向和途径。引文分析法是达到这一目的的最有效的方式之一,它通过各种计量指标,对学术期刊进行客观的评价。但是,目前的期刊评价定量指标主要是以被引量为基础的统计指标,忽视了利用引用关系,从嵌入引文网络中的个体的视角对期刊进行评价。

2.1 期刊互引网络结构分析

W. M. Shaw 认为研究一个期刊对另一个期刊所施加的影响,以及探寻一个期刊在引文网络中是如何交流(communicative)和生产(productive)的,最有效的办法就是研究期刊间的引用和被引用方式。本节即建立期刊的引用与被引网络,其中期刊是网络节点,引用及被引关系是弧,弧的方向是从引用期刊指向被引用期刊,期刊间的引用次数为弧的权值。因此,期刊互引网络为有向赋值网络。

2.1.1 期刊互引网络的建立

选取中文社会科学引文索引(CSSCI)数据库历年均收录的 16 种图书馆学、情报学来源期刊为数据源。为了排除单年数据的特殊性,下载这些期刊 2006 和 2007 两年刊载论文的所有参考文献,并统计出期刊间相互引用的次数,得到期刊互引矩阵,见表 2.1。矩阵的"行"为引用期刊,"列"为被引期刊。例如,《图书馆》引用了《中国图书馆学报》185 次,并被《中国图书馆学报》(以下简称《中图学报》)引用了 58 次。

表 2.1 2006—2007 年 16 种图书情报学期刊互引矩阵

期刊名称		中国图书馆学报	情报学报	大学图书馆学报	图书情报工作	现代图书情报技术	情报资料工作	情报理论与实践	图书馆	图书情报知识	图书馆杂志	图书与情报	图书馆论理与实践	情报科学	图书馆论坛	图书馆工作与研究	情报杂志
引用期刊	中国图书馆学报	172	49	35	56	25	22	28	58	22	22	14	23	25	32	10	21
	情报学报	24	208	17	54	32	14	75	3	13	6	3	4	50	10	3	29
	大学图书馆学报	99	16	115	44	18	12	14	41	28	33	23	22	16	31	25	20
	图书情报工作	220	173	151	328	90	69	135	65	91	88	31	45	134	92	40	132
	现代图书情报技术	21	85	26	43	142	3	32	4	9	8	0	3	32	12	2	34
	情报资料工作	128	86	88	156	38	83	71	59	61	60	26	22	76	62	34	71
	情报理论与实践	90	107	63	85	58	32	126	17	39	23	15	20	86	31	15	72
	图书馆	185	19	83	85	16	29	17	720	50	68	46	42	27	138	48	49
	图书情报知识	88	51	36	76	22	18	36	48	47	24	11	28	42	38	22	40
	图书馆杂志	78	15	77	76	32	22	18	53	37	79	13	27	26	47	31	27
	图书与情报	76	24	71	66	22	19	16	35	30	36	53	26	40	47	17	41
	图书馆理论与实践	185	44	103	122	30	41	33	104	61	59	40	186	45	81	35	52
	情报科学	92	219	76	148	82	70	152	37	49	30	27	33	252	54	23	158
	图书馆论坛	234	41	150	164	70	59	71	138	103	120	57	93	61	653	105	88
	图书馆工作与研究	61	16	78	65	29	33	24	53	31	41	16	37	28	103	86	41
	情报杂志	156	202	134	183	108	60	150	40	63	48	22	65	229	96	36	610

由于二值矩阵在分析某些网络结构特征时更加适用，因此通过以下过程得到该互引矩阵的二值矩阵：256个单元格共发生引用（被引用）17 456次，期刊平均引用（被引）率为 17 456÷256≈68.19，设定引用（被引）次数大于等于68时为1，小于68时为0。期刊二值矩阵的可视化结果见图2.1。

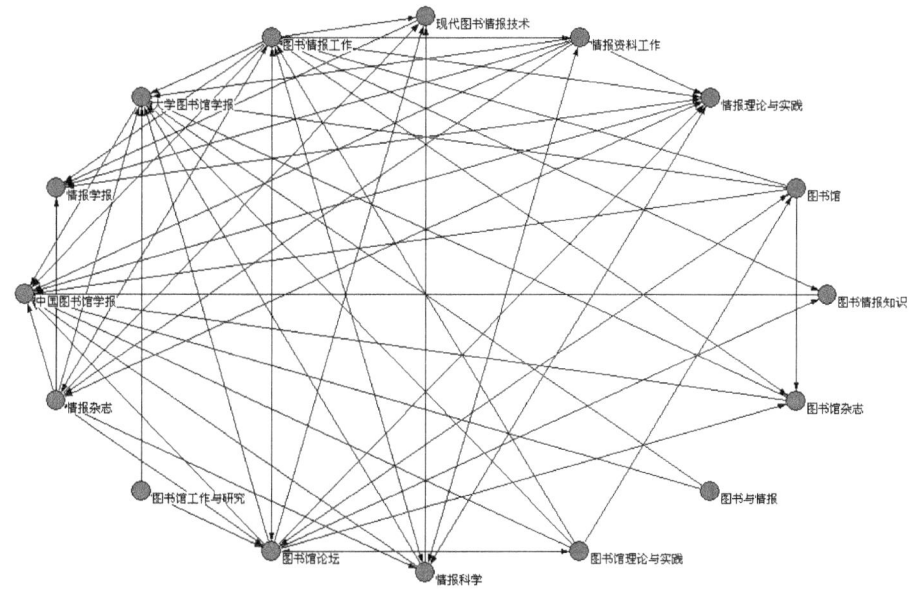

图 2.1　期刊互引网络（二值矩阵）

2.1.2　期刊互引网络整体特征

网络整体特征包括网络的密度、凝聚力、点之间的距离、可达性等，描述整个网络的规模和紧凑程度。首先，计算期刊互引网络的密度。密度指的是一个图中各个点之间联络的紧密程度，为网络中实际存在的关系数目与可能存在的最多关系数之比。若密度为1，意味着每个点都与所有其他点相连，密度为0意味着任何点都不相连。对于有 n 个点的图来说，若所有点之间都有线相连，即有 $n(n-1)/2$ 条线，密度为 $2L/n(n-1)$，L 为网络中实际存在的线数。在有向图中需要考虑线的方向，则密度为 $L/n(n-1)$。在不考虑引用次数多少的情况下，由于在16种期刊可能产生的256种引用与被引关系中，实际存在的有255种（《现代图书情报》对《图书与情报》的引用为0），因此期刊互引网络的密度高达0.99。过高的密度值，不具有揭示网络特征的作用，转而考察期刊二值网络，其密度为0.33，属于较高的网络密度。

其次，计算任意两种期刊之间的平均距离。在图论中距离指两点之间的最短途径，要计算的距离实际上是计算出任意两点之间的距离，并对所有成员之间的距离之和取平均，这样就可以得到整体网络成员之间的平均距离。与密度相同，选择期刊二值网络进行计算。期刊之间的平均距离为1.90，也就是说，任意两种期刊平均只要不到两步就可到达。另外，同时计算出来的还有建立在"距离"基础上的凝聚力指数（compactness），该指数在0~1，数值越大表明该整体网络越具有凝聚力，二值网络的该指数为0.50，是一个凝聚力较强的网络。

综合密度、平均距离和凝聚力指数，该期刊网是一个比较紧凑的网络，连通性也比较好，其网络结构对其中的成员会产生重要影响。以上是对网络静态指标的分析，下面重点分析网络结构。

2.1.3 期刊互引局部网络分析

局部网络分析是建立在"距离"或"度"等概念上的中心性分析。度数（nodal degree）为一个点 n_i 的邻点的个数，记作 $d(n_i)$。实际上，一个点的度数也是与该点相连的边的条数。在有向图中，必须考察线的方向，一个点的度数包括两类：点入度（indegree）和点出度（outdegree）。前者指的是直接指向该点的点的总数，后者是该点所直接指向的点的总数。在期刊网络中，各刊的出度就是各刊所有引用次数，为表2.1中的"行总和"；入度就是所有被引次数，为表2.1中的"列总和"。在二值矩阵中，每种期刊的出度即表示有几种刊物被该刊引用达到了平均被引率之上；入度即表示有几种刊物引用该刊在平均引用率之上。

中心性是社会网络分析中重要的节点结构位置指标，评价一个节点重要与否，衡量其地位优越性及其声望等常用这一指标。以下是3种中心性指标。

（1）点度中心性（degree centrality）

若一点与许多其他点直接相连，则称该点具有较高的点度中心性。有理由相信该点居于局部网的中心地位。点出度是一个节点的对外关系数量的总和，公式为：$C_{DO}(n_i) = d_o(n_i) = \sum X_{ij}$；点入度是其他节点对某一节点有关系的数量总和，公式为：$C_{DI}(n_i) = d_I(n_i) = X_{ji}$。

（2）中介中心性（betweeness centrality）

若一点处于许多交往路径上，则可认为该点居于重要位置，该指标测量的是对各点间建立关系起桥梁作用的点。中介中心度为0意味着没有任何点是其他点的桥。中介中心性的公式为：$C_B(n_i) = \sum_{j<k}(n_i)/g_{jk}$。其中，$g_{jk}$ 是节点 i 达到节点 k 的捷径（geodesic）数。

（3）接近中心性（closeness centrality）

接近中心性以距离为概念来计算一个节点的中心度，与其他点距离越近则中心性越高，公式为：$C_c(n_i) = [\sum_{j=1}^{g} d(n_i, n_j)]^{-1}$。其中，$d(n_i, n_j)$ 代表 n_i 与 n_j 的距离。接近中心性的值越大，越说明该点越不是网络的核心点。因此，用"–1"次幂表示其意义，$C_c(n_i)$ 越小则 n_i 越处于边缘地位，反之亦然。

各中心性计算结果及排序见表2.2。在期刊互引局部网络中，《中图学报》《大学图书馆学报》《图书情报工作》3种期刊的入度明显大于其他期刊，是周边期刊引用的主要对象，而《图书情报工作》和《图书馆论坛》在引用其他期刊方面也十分积极，出度均为最大值11，它们也正是中介中心性最突出的两种期刊。另外，入度中心性（indegree）和内接近性（incloseness）的前4位是一样的，出度中心性和外接近性的前3位相同，二者其他期刊的序列排名也相差不大，这符合社会网络分析理论中关于点度中心性与接近中心性高度相关的论述，又由于接近中心性的计算要求必须是完全连通图，比较严格，因此，一般情况下，只计算点度中心性即可。

《中图学报》是期刊被引网络中接近中心性最高的期刊，即所有其他期刊在引用该刊时路径最短。采用 Pajek 的 k – neighbours 命令将其他期刊到《中国学报》的引用路径绘制出来，以揭示该刊的中心作用。如图2.2所示，大部分期刊（黑色节点）都直接引用《中图学报》；以灰色节点显示的《情报学报》和《图书馆工作与研究》通过一个中介期刊间接引用《中图学报》；而《现代图书情报技术》（白色节点）与《中图学报》的距离最远，需要三步到达。为了清晰地展示两者的引用关系，利用 Paths between 2 vertices 命令找出从《现代图书情报技术》到《中图学报》的所有最短路径。如图2.3所示，《现代图书情报技术》通过《情报学报》《情报理论与实践》间接吸收《中图学报》中的知识信息，而且这是唯一的一条最短路径。过长或单一的路径会导致知识信息在传播过程中的散失和失真。可以推知：《现代图书情报技术》很少参考《中图学报》中刊载的论文，只较多地引用了《情报学报》中的文章，这与该刊的专业偏向和技术偏向有关。

表 2.2 期刊中心性序列

期刊序列	indegree	outdegree	期刊序列	incloseness	outcloseness	期刊序列	betweenness
中国图书馆学报	12	0	中国图书馆学报	78.947	6.250	图书情报工作	61.700
大学图书馆学报	10	1	大学图书馆学报	40.541	6.667	图书馆论坛	46.833
图书情报工作	9	11	图书情报工作	23.438	45.455	情报理论与实践	26.367
情报理论与实践	6	5	情报理论与实践	22.727	35.714	情报杂志	13.367
图书馆论坛	5	11	情报学报	22.059	27.273	情报学报	13.000
情报杂志	5	8	情报杂志	22.059	41.667	情报科学	4.000
情报学报	5	1	现代图书情报技术	21.739	22.727	现代图书情报技术	0.700
情报科学	4	7	图书馆论坛	21.429	45.455	大学图书馆学报	0.500
现代图书情报技术	4	1	情报科学	21.429	37.500	图书馆	0.333
图书馆杂志	3	3	图书馆杂志	20.833	34.091	情报资料工作	0.200
情报资料工作	2	7	图书情报知识	20.548	33.333	中国图书馆学报	0.000
图书馆	2	5	情报资料工作	20.270	37.500	图书与情报	0.000
图书情报知识	2	2	图书馆	18.750	38.462	图书情报知识	0.000
图书馆理论与实践	1	5	图书馆工作与研究	18.519	33.333	图书馆杂志	0.000
图书馆工作与研究	1	2	图书馆理论与实践	18.519	38.462	图书馆工作与研究	0.000
图书与情报	0	2	图书与情报	6.250	7.143	图书馆理论与实践	0.000

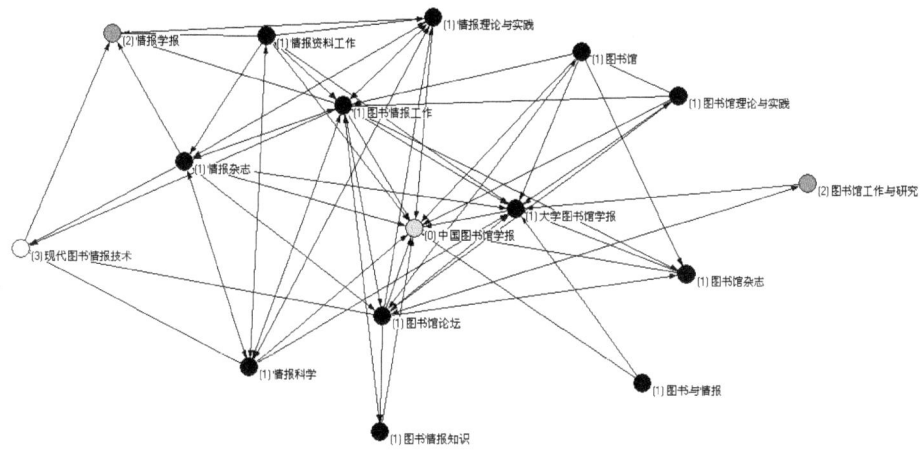

图 2.2　其他期刊引用《中图学报》的路径

图 2.3　《现代图书情报技术》引用《中图学报》的路径

需要注意的是，对于点度中心度的测量，并不涉及整个网络有没有"核心点"的问题。如果一点处于某点链的一侧，则其中心度完全是局部现象，即使有很高的度数也不是整个网络的中心。因此，点的度数仅仅表达了点在其局部环境中与其他点的关系。要想考察整个网络的核心及核心与边缘的关系还需借助整体网络分析。

2.1.4　期刊互引整体网络分析

探讨整体网络结构时，"位置（positions）"概念是研究重点，它描述关系模式网络中的一个子群，其中的行动者占据这些位置，与其他行动者建立联系。确定位置的标准有两个：一是社会凝聚性（social cohesion）标准。若所有节点相互之间有直接交往，由此确定的位置叫作"派系"（cliques），若包括部分间接交往，则称为"社会圈"（social circles）；二是结构对等性（structural equivalence）标准，即节点与系统其他外部节点之间具有相同的交往关系。与凝聚性分析截然不同，结构对等性研究的目的是把相似的行动者分到互斥的派别中，每一派内部的行动者是互相对等的，拥有类似的结构特征。本例对期刊互引网络整体结构的分析，关注的就是各个期刊在结构上的对等性，运用的是块模型分析法。

块模型（block models）分析是一种研究网络位置模型的方法，是基于结构对等性的社会角色描述性代数分析。其定义如下：一个块模型是将网络 N 中的行动者分区为各个位置 B_1，B_2，…，B_B，并且存在对应法则 φ，若行动者 i 处于位置 B_K 之中，则有 $\varphi(i) = B_K$。以 b_{klr} 表示位置 B_K 和 B_L 在关系 X_r 上是否存在联系，则 $b_{klr} = 1$，否则为 0。简单来说，一个块模型由如下两项组成：一是把一个网络中的各个行动者按照一定标准分成几个离散子集，称这些子集为"子群""位置""块"；二是考察每个位置之间是否存在关系。如此，块模型就是一种关于多元关系网络的假设。它提供关于各个位置或者各个子群之间关系的信息，研究网络的总体特征。

构建块模型分两步：①行动者分区，即把各个行动者分到各个位置之中。采用 CONCOR 方法；②根据一些标准确定各个块的取值，即各个块是 1 - 块，还是 0 - 块。不同性质的关系采用标准不同。采用 α - 密度指标，其中 α 是临界密度，指整个网络的平均密度值。CONCOR 是一种迭代相关收敛法（convergent correlations）。该程序首先计算矩阵的各个行或列之间的相关系数，得到一个相关系数矩阵 C1。然后将 C1 作为输入矩阵，继续计算此矩阵的各个行或列之间的相关系数，得到一个新的系数矩阵 C2。接着继续计算 C3，C4，C5，…。这样，经过多次迭代后，最后矩阵中的相关系数值不是 1 就是 -1。另外，可对该矩阵的各个行或列同时进行置换。这样就对相应行动者实现了分区，从而简化了数据。最后，CONCOR 以树形图的形式表达各个位置之间的结构对等性程度。

以下就采用 Ucinet 中的 CONCOR 程序对期刊互引网络进行分析。由于研究的是期刊间的引用、被引关系形成的结构对等性，因此忽略期刊自引，即计算过程中不包含对角线数值。运行 CONCOR，计算皮尔森相关系数，迭代后图书情报学 16 种期刊可分为 4 个子群，各个子群内部成员基本上可视为结构对等。如图 2.4、表 2.3 所示，各组成员如下。

第一子群：中国图书馆学报、图书馆杂志、大学图书馆学报、图书情报知识。

第二子群：图书馆理论与实践、情报资料工作、图书馆工作与研究、图书馆、图书与情报、图书馆论坛。

第三子群：现代图书情报技术、情报学报、情报理论与实践。

第四子群：图书情报工作、情报科学、情报杂志。

上篇　知识结构与识别

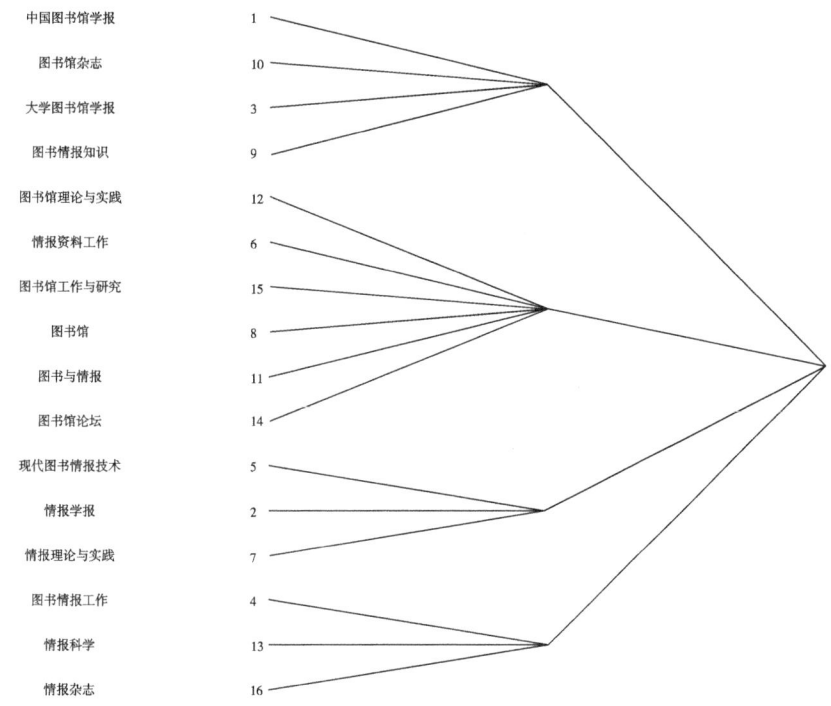

图 2.4　期刊子群树形

表 2.3　期刊分群矩阵

```
Diagonal:          Ignore
Max partitions:    2
Blocked Matrix
```

		1	10	3	9	12	6	15	8	11	14	5	2	7	4	13	16
1	中国图书馆学报	172	22	35	22	23	22	10	58	14	32	25	49	28	56	25	21
10	图书馆杂志	78	79	77	37	27	22	31	53	13	47	32	15	18	76	26	27
3	大学图书馆学报	99	33	115	28	22	12	25	41	23	31	18	16	14	44	16	20
9	图书情报知识	88	24	36	47	28	18	22	48	11	38	22	51	36	76	42	40
12	图书馆理论与实践	185	59	103	61	186	41	35	104	40	81	30	44	33	122	45	52
6	情报资料工作	128	60	88	61	22	83	34	59	26	62	38	86	71	156	76	71
15	图书馆工作与研究	61	41	78	31	37	33	86	53	16	103	29	16	24	65	28	41
8	图书馆	185	68	83	50	42	29	48	720	46	138	16	19	17	85	27	49
11	图书与情报	76	36	71	30	26	19	17	35	53	47	22	24	16	66	40	41
14	图书馆论坛	234	120	150	103	93	59	105	138	57	653	70	41	71	164	61	88
5	现代图书情报技术	21	8	26	9	3	3	2	4	3	12	142	85	32	43	32	34
2	情报学报	24	14	17	13	4	14	3	3	3	10	32	208	75	54	50	29
7	情报理论与实践	90	23	63	39	20	32	15	17	15	31	58	107	126	85	86	72
4	图书情报工作	220	88	151	91	45	69	40	65	31	92	90	173	135	328	134	152
13	情报科学	92	30	76	49	33	70	23	37	27	54	82	219	152	148	252	158
16	情报杂志	156	48	134	63	65	60	36	40	22	96	108	202	150	183	229	610

表 2.4　期刊子群密度矩阵

Density Matrix

	1	2	3	4
1	48.250	27.958	27.000	39.083
2	90.083	54.833	37.056	70.944
3	28.250	10.611	64.833	53.889
4	99.833	50.278	145.667	164.000

根据表 2.4 的子群密度矩阵，采用 α 标准构建期刊互引矩阵的像矩阵。由于期刊互引网络（不算自引）的密度为 56.65（赋值矩阵的密度会大于 1），把密度表中的各个系数与其相比，大于该数的值替换为 1，小于该数的值替换为 0，得到如表 2.5 所示的像矩阵。

表 2.5　期刊互引矩阵的像矩阵

	1	2	3	4
1	0	0	0	0
2	1	0	0	1
3	0	0	1	0
4	1	0	1	1

观察分群情况发现，期刊按专业方向和引用关系两个维度进行了分群。第一子群和第二子群主要是图书馆学期刊，第三子群和第四子群主要是情报学期刊。其中，双栖刊物（从刊名上看）《图书情报知识》和《图书与情报》与图书馆学的联系更加密切，而《现代图书情报技术》和《图书情报工作》更偏向于情报学的内容。《情报资料工作》刊登了很多关于图书馆和图书馆学的论文，与部分图书馆学期刊分在一群。

结合密度矩阵和像矩阵发现，第一子群和第三子群引用其他子群的情况较少，但被其他子群引用的次数较多。可以认为，它们在引用网络中处于"知识权威"的地位。第四子群经常引用除了第二子群之外的期刊文献，而经常被本子群和第二子群所引用。这说明第四子群在引用网络中充当"中转站"的角色，吸收第一、第三和本子群的知识信息，向第二和本子群输出信息。第二子群经常引用第一和第四子群的期刊文献，而很少被其他子群所引用，它是信息输入的"储备库"，较少充当"知识源"的角色。

为了形象地展示各期刊子群间的关系，进一步简化像矩阵。把各个子群集合看成各个点，把各个"像"看成一系列邻接关系，可以得到如图 2.5 所示的简化图。该图清楚地表明：整个期刊互引网络是个紧密联系的整体，不存在孤立子群；各子群不存在互惠（即相互频繁引用）情况，有明显的等级结构。各子群的学科、"角色"已在图中标出。比对中心性分析的结果，在局部引用网络中，各中心性居前的期刊，即是整体引用网络中起到重要的信息输入、输出或中介桥梁作用的期刊。这说明在一个紧凑的小规模网络中，网络局部结构特征和网络整体结构特征高度相关，分析结果能够较好地相互印证、补充。

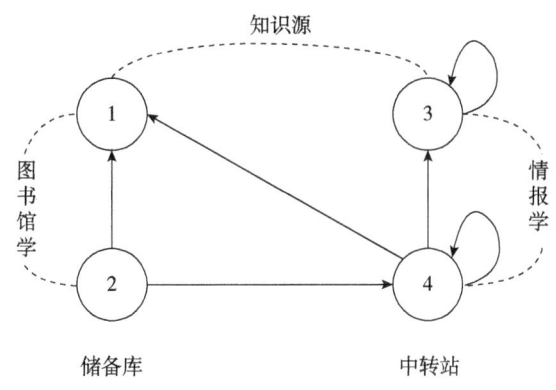

图 2.5 像矩阵的简化

2.2 期刊网络核心－边缘结构分析

选取人文社会科学引文索引 CSSCI 数据库的经济学来源期刊为统计源。由于 CSSCI 每次评选的来源期刊会随时间波动，为了保证分析数据的连续性，选取从 1998 年到 2007 年十年中均被选为来源期刊的 34 种经济学期刊为统计源。这样同时也保证了统计样本是经济学刊物中学术质量非常稳定，从定量、定性两方面得到了充分认可的期刊。虽然《国际经济合作》和《国际贸易》也符合上述要求，但是由于它们的参考文献数量非常少，因此不在 34 种之列。

鉴于各刊普遍于 2001 年左右开始逐步规范参考文献的著录，而不规范的参考文献会使引文分析丧失其基础，得出的结果会产生误导作用，因此选取 2002—2007 年的参考文献进行分析。将 34 种经济学期刊 6 年中刊载的参考文献按被引年代建库。为了更好地反映研究重点及热点，在下载时排除了非学术论文的参考文献，如会议纪要、通知、报告、书评、评论、综述等。通过统计期刊相互引用的次数得到期刊互引矩阵，该矩阵片断见表 2.6。矩阵的"行"为引用期刊，"列"为被引期刊。例如，《金融研究》引用了《财经研究》56 次，并被《财经研究》引用了 147 次。

表 2.6 期刊互引矩阵片断

期刊名称	财经科学	财经问题研究	财经研究	财贸经济	财政研究	当代财经	当代经济科学	国际金融研究	会计研究	金融研究	经济科学	经济理论与经济管理	经济评论	经济社会体制比较	经济问题	经济动态
财经科学	52	14	31	35	12	20	13	49	61	143	37	14	27	24	6	49
财经问题研究	17	67	34	42	37	17	9	40	95	92	29	15	19	24	4	56
财经研究	16	15	109	38	11	20	17	49	99	147	60	15	19	25	7	41
财贸经济	18	32	22	178	47	15	26	36	37	111	25	29	20	15	6	50
财政研究	3	0	0	11	37	5	1	2	6	0	2	1	1	3	0	3
当代财经	16	27	51	63	50	120	28	28	280	103	39	35	32	37	14	67
当代经济科学	13	15	19	21	7	21	39	29	56	122	36	11	20	24	5	28
国际金融研究	8	3	8	12	2	5	4	138	6	114	21	5	3	17	0	12
会计研究	9	8	34	3	7	26	16	6	1065	23	33	12	5	5	2	9
金融研究	24	27	56	38	3	20	16	63	45	582	67	16	21	20	3	37
经济科学	80	4	25	9	2	3	13	14	36	89	80	7	8	18	1	15
经济理论与经济管理	4	3	17	24	13	7	6	11	10	23	22	48	7	11	3	20
经济评论	10	6	17	21	3	26	9	33	17	82	35	19	162	36	4	99
经济社会体制比较	1	0	0	4	1	4	1	1	2	11	6	4	2	49	1	12
经济问题	19	11	25	32	14	17	9	10	65	56	10	22	16	11	68	40
经济动态	4	10	13	28	10	13	7	20	9	73	14	15	13	19	8	168

由于二值矩阵在分析某些网络结构特征时更加适用,因此通过以下过程得到该互引矩阵的二值矩阵:期刊互引矩阵共发生引用(被引) $\sum_{i=1,j=1}^{34} y_{i,j}$ = 25 170 次,排除互引次数为零的单元格后,有非零单元格 1156 − 149 = 1007 个,则 34 种期刊的平均引用(被引)率为 25 170 ÷ 1007 ≈ 25.00。取互引次数大于等于该值时为 1,小于该值时为 0。期刊二值矩阵的可视化结果见图 2.6。

另外,由于考察的是期刊之间的关系及其形成的网络结构,因此在以下的分析中均忽略期刊自引的情况。也就是,在运算时忽略期刊互引矩阵中的对角线数值。

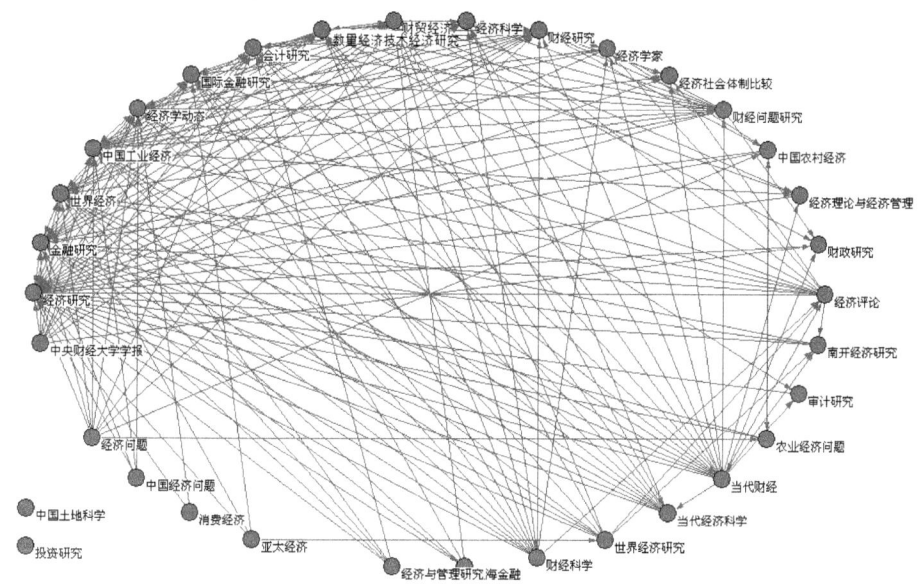

图 2.6　期刊互引网络（二值矩阵）

2.2.1　期刊网络基本特征

考察 2002—2007 年累积形成的经济学期刊互引网络的基本静态指标,包括网络的密度（density）、凝聚力（compactness）、节点间的平均距离（average distance）、节点间的可达性（reachability）等,用于描述整个网络的紧凑程度。

2.2.1.1 网络密度

密度指的是一个图中各个点之间联络的紧密程度，为网络中实际存在的关系数目与可能存在的最多关系数之比。首先，计算期刊互引初始矩阵的密度（表2.6），结果为22.4332。这里出现了密度大于1的情况，原因是初始矩阵为赋值矩阵，而上述的密度计算公式仅适用于二值矩阵。因此，该计算结果仅能在比较相同规模的同类网络密度大小时参考使用，不能给出可理解该网络的密度值。

鉴于上述原因，计算期刊互引二值矩阵的密度。经考虑，有两种将初始矩阵二值化的方式。一是反映期刊间有无互引关系，不考虑互引关系多寡的矩阵。即只要两种期刊之间存在引用或被引关系，该值就为1，不存在即为0。该二值矩阵的密度为0.8975。它反映在期刊互引网络中，有89.75%的期刊两两之间存在互相引用（双向）、引用或被引（单向）的关系。二是反映存在强引用（被引）关系的矩阵，即上文中以平均引用（被引）率为阈值转化的二值矩阵（图2.1）。该矩阵密度为0.2023。它反映了在期刊互引网络中，有20.23%的期刊之间存在高于平均引用（被引）率的引用关系。一般来说，密度大于0.3就属于密度较高的网络，该二值网络的密度属于中等。

最后，比较以上三个密度算法，认为在引用频繁发生的某专业期刊互引网络中，采用平均引用（被引）率转换的二值矩阵能够突出反映期刊间引用的强弱关系，所以最后一种算法最为适宜。下文中出现的二值矩阵，均是以该方法转化的二值矩阵。

2.2.1.2 平均距离与凝聚力

在图论中距离指两点之间的最短途径，要计算的距离实际上是计算出任意两点之间的距离，并对所有成员之间的距离之和取平均，这样就可以得到整个网络成员之间的平均距离。在具体计算时，将排除不可达的期刊节点，仅计算连通期刊之间的距离。与密度相同，选择期刊二值矩阵计算。期刊之间的平均距离为2.053，也就是说，任意两种存在引用关系的期刊，平均大约只要两步就可到达。另外，同时计算出来的还有建立在"距离"基础上的凝聚力指数，为0.411，是一个凝聚力较强的网络。

表 2.7 期刊互引网络可达性矩阵

刊名标识	1 经济研究	2 金融研究	3 世界经济	4 中国工业经济	5 经济学动态	6 国际金融研究	7 会计研究	8 数量经济技术经济研究	9 财贸经济	10 经济科学	11 财经研究	12 经济学家	13 经济社会体制比较	14 财经问题研究	15 中国农村经济	16 经济理论与农村经济管理	17 财政研究	18 经济评论	19 南开经济研究	20 审计研究	21 农业经济问题	22 当代财经	23 当代经济科学	24 财经科学	25 上海金融	26 世界经济研究	27 经济与管理研究	28 投资研究	29 亚太经济	30 消费经济	31 中国经济问题	32 经济问题	33 中国土地科学	34 中央财经大学学报
1	0	1	1	1	1	1	1	1	1	1	1	1	1	1	1	1	1	1	1	1	1	1	1	1	1	0	0	0	0	0	0	0	0	0
2	0	0	1	1	1	1	1	1	1	1	1	1	1	1	1	1	1	1	1	1	1	1	1	1	1	0	0	0	0	0	0	0	0	0
3	1	1	0	1	1	1	1	1	1	1	1	1	1	1	1	1	1	1	1	1	1	1	1	1	1	0	0	0	0	0	0	0	0	0
4	1	1	0	0	1	1	1	1	1	1	1	1	1	1	1	1	1	1	1	1	1	1	1	1	1	0	0	0	0	0	0	0	0	0
5	1	1	1	1	0	1	1	1	1	1	1	1	1	1	1	1	1	1	1	1	1	1	1	1	1	0	0	0	0	0	0	0	0	0
6	1	1	1	1	1	0	1	1	1	1	1	1	1	1	1	1	1	1	1	1	1	1	1	1	1	0	0	0	0	0	0	0	0	0
7	1	1	1	1	1	1	0	1	1	1	1	1	1	1	1	1	1	1	1	1	1	1	1	1	1	0	0	0	0	0	0	0	0	0
8	1	1	1	1	1	1	1	0	1	1	1	1	1	1	1	1	1	1	1	1	1	1	1	1	1	0	0	0	0	0	0	0	0	0
9	1	1	1	1	1	1	1	1	0	1	1	1	1	1	1	1	1	1	1	1	1	1	1	1	1	0	0	0	0	0	0	0	0	0
10	1	1	1	1	1	1	1	1	1	0	1	1	1	1	1	1	1	1	1	1	1	1	1	1	1	0	0	0	0	0	0	0	0	0
11	1	1	1	1	1	1	1	1	1	1	0	1	1	1	1	1	1	1	1	1	1	1	1	1	1	0	0	0	0	0	0	0	0	0
12	1	1	1	1	1	1	1	1	1	1	1	0	1	1	1	1	1	1	1	1	1	1	1	1	1	0	0	0	0	0	0	0	0	0
13	1	1	1	1	1	1	1	1	1	1	1	1	0	1	1	1	1	1	1	1	1	1	1	1	1	0	0	0	0	0	0	0	0	0
14	1	1	1	1	1	1	1	1	1	1	1	1	1	0	1	1	1	1	1	1	1	1	1	1	1	0	0	0	0	0	0	0	0	0
15	1	1	1	1	1	1	1	1	1	1	1	1	1	1	0	1	1	1	1	1	1	1	1	1	1	0	0	0	0	0	0	0	0	0
16	1	1	1	1	1	1	1	1	1	1	1	1	1	1	1	0	1	1	1	1	1	1	1	1	1	0	0	0	0	0	0	0	0	0
17	1	1	1	1	1	1	1	1	1	1	1	1	1	1	1	1	0	1	1	1	1	1	1	1	1	0	0	0	0	0	0	0	0	0
18	1	1	1	1	1	1	1	1	1	1	1	1	1	1	1	1	1	0	1	1	1	1	1	1	1	0	0	0	0	0	0	0	0	0
19	1	1	1	1	1	1	1	1	1	1	1	1	1	1	1	1	1	1	0	1	1	1	1	1	1	0	0	0	0	0	0	0	0	0
20	1	1	1	1	1	1	1	1	1	1	1	1	1	1	1	1	1	1	1	0	1	1	1	1	1	0	0	0	0	0	0	0	0	0
21	1	1	1	1	1	1	1	1	1	1	1	1	1	1	1	1	1	1	1	1	0	1	1	1	1	0	0	0	0	0	0	0	0	0
22	1	1	1	1	1	1	1	1	1	1	1	1	1	1	1	1	1	1	1	1	1	0	1	1	1	0	0	0	0	0	0	0	0	0

续表

刊名标识	1 经济研究	2 金融研究	3 世界经济	4 中国工业经济	5 经济学动态	6 国际金融研究	7 会计研究	8 数量经济技术经济研究	9 财贸经济	10 经济科学	11 财经研究	12 经济学家	13 经济社会体制比较	14 财经问题研究	15 中国农村经济	16 经济理论与经济管理	17 财政研究	18 经济评论	19 南开经济研究	20 审计研究	21 农业经济问题	22 当代财经	23 当代经济科学	24 财经科学	25 上海金融	26 世界经济研究	27 经济与管理研究	28 投资研究	29 亚太经济	30 消费经济	31 中国经济问题	32 经济经济问题	33 中国土地科学	34 中央财经大学学报
23	1	1	1	1	1	1	1	1	1	1	1	1	1	1	1	1	1	1	1	1	1	1	0	1	1	0	0	0	0	0	0	0	0	0
24	1	1	1	1	1	1	1	1	1	1	1	1	1	1	1	1	1	1	1	1	1	1	1	0	1	0	0	0	0	0	0	0	0	0
25	1	1	1	1	1	1	1	1	1	1	1	1	1	1	1	1	1	1	1	1	1	1	1	1	0	0	0	0	0	0	0	0	0	0
26	1	1	1	1	1	1	1	1	1	1	1	1	1	1	0	1	1	1	1	1	1	1	1	1	1	0	0	0	0	0	0	0	0	0
27	0	1	0	1	0	0	0	0	1	1	1	0	0	0	0	0	0	0	0	0	0	1	0	0	0	1	0	0	0	0	0	0	0	0
28	1	1	1	1	1	1	1	1	1	1	1	1	1	1	1	1	1	1	1	1	1	1	1	1	1	0	0	0	0	0	0	0	0	0
29	1	1	1	1	1	1	1	1	1	1	1	1	1	1	1	1	1	1	1	1	1	1	1	1	1	0	0	0	0	0	0	0	0	0
30	1	1	1	1	1	1	1	1	1	1	1	1	1	1	1	1	1	1	1	1	1	1	1	1	1	0	0	0	0	0	0	0	0	0
31	1	1	1	1	1	1	1	1	1	1	1	1	1	1	1	1	1	1	1	1	1	1	1	1	1	0	0	0	0	0	0	0	0	0
32	1	1	1	1	1	1	1	1	1	1	1	1	1	1	1	1	1	1	1	1	1	1	1	1	0	0	0	0	0	0	0	0	0	0
33	0	0	0	0	0	0	0	0	0	0	0	0	0	0	0	0	0	0	0	0	0	0	0	0	0	0	0	0	0	0	0	0	0	0

2.2.1.3 可达性

高可达性的网络比低可达性的网络更有效率，因为在前一种网络中，通过同样数量的节点，知识和信息可以传递给更多的节点，而且具有更低的扭曲度。另外，考察网络可达性可以观察到计算平均距离时被忽略的不连通的节点情况。它的计算方法是找出每对节点间是否存在一条任意长度的路径将它们相连，如果存在用数值 1 表示，不存则用 0 表示。表 2.7 是期刊间的可达性矩阵，数值为 0 的深色单元格代表不可达。《世界经济研究》《经济与管理研究》《投资研究》《亚太经济》《消费经济》《中国经济问题》《经济问题》《中国土地科学》《中央财经大学学报》9 种期刊在二值矩阵中的 "被引可达性"为 0，即它们较少被其他期刊所引用。（除了《亚太经济》会经常引用《世界经济研究》外）而其中《投资研究》和《中国土地科学》的"引用可达性"也为 0，即它们不但较少被其他期刊引用，而且也较少引用网络中的其他期刊，在期刊互引网络中处于孤立状态。

该期刊互引网络的密度中等，并且存在一小部分可达性较差的点。在排除不可达的节点后，平均距离和凝聚力指数又较高。由此，可初步推知该网络存在"集中 – 分散"的趋势，网络中大部分期刊之间联系比较密切，但有几种期刊与网络主体部分的联系松散。网络结构具有一定复杂性，需要进一步深入分析。

2.2.2 期刊网络中心性分析

中心性是社会网络分析中重要的节点结构位置指标，评价一个节点重要与否，衡量其地位优越性及其声望等常用这一指标。本节将测量经济学期刊互引网络的各种节点中心度和网络中心势。其中，"中心度"（centrality）即点的中心度（point centrality），而"中心势"（centralization of graph）特指一个作为整体的图的中心度（graph centrality）。因此，"中心势"指的并不是点的相对重要性，而是图的总体整合度或者一致性。例如，网络图可以或多或少地围绕某些特殊点达到一定的中心势。

所依据的标准不同，用以刻画中心性的指标也不同。本章鉴于期刊互引网络的性质，选取以下三种中心性指标进行分析。

2.2.2.1 点度中心性

点度中心度是一个最简单、最具有直观性的指数。若一点与许多其他点直接相连，则称该点具有较高的点度中心性，在这种思路的指导下测量一个点的中心度，可以仅仅根据与该点有直接关系的点的数目。在无向图中是点的度数，在有向图中是点入度和点出度。在中心性分析中，前者称为外中心度（outdegree），后者称为内中心度（indegree）。以下其他中心度的命名规则与此相同。点度中心度又可以分为以下两种具体表达方式：

（1）绝对点度中心度

点度中心度的概念来自于社会计量学的"明星"（star）这个概念。"明星"是一种处在一系列关系的"核心"位置的点，该点与其他点有众多的直接联系。因此，对点 A 的点度中心度的最简单的测量就是计算与点 A 直接相连的其他点的个数。如果用 x 代表绝对点度中心度，那么一个点 x 的绝对点度中心度的表达式为 $C_{AD}(x)$。如果某点具有最高的度数，则称该点居于中心。

（2）相对点度中心度

用绝对中心度测量一个点的中心度存在着一个主要局限，即中心度数的比较仅仅在同一个网络的成员之间或者在同等规模的网络之间进行才有意义。除此之外，一个点的度数还依赖于网络的规模。当网络的规模不同的时候，不同网络中点的局部中心度不可比较。换句话说，这种测度反映的仅仅是局部的中心度，没有考虑到网络的结构特点。也正因如此，仅仅利用点的度数比较中心度就可能带来误解。例如，在一个有 100 个点的网络中，度数为 25 的核心点就不如在一个有 30 个点的网络中的度数为 25 的点那样居于核心地位。而这两个点都不能轻易地与规模为 10 的网络中度数为 6 的点作比较。

为了弥补这一缺陷，弗里曼 1979 年提出了对局部中心度的相对测度，它指的是点的绝对中心度（实际度数）与网络中点的最大可能的度数之比。在一个规模为 n 的网络中，任何一点的最大可能的度数是 $n-1$。因此，在一个有 10 个点的图中，度数为 6 就意味着相对中心度为 6/（10 - 1）= 0.66。上述其他两个网络中两个点的相对中心度（relative centrality）分别为 0.25（25/99）和 0.86（25/29）。

相对中心度是一个对绝对中心度测量的标准化的量度。它可用来对同一类型网络中点的中心度进行比较，当然也可用于比较同一网络中的点的中心度。在有向网络中,点 x 的相对点度中心度(记作 RD)的表达式为:$C'RD(x)=(x$ 的点入度 $+x$ 的点出度$)/(2n-2)$,其中,n 是网络的规模。在无向网络中,上述公式可进一步简化为:$C'RD(x)=(x$ 的度$)/(n-1)$。如果 $C'RD(x)=0$,点 x 就是一个孤立点;反之,如果 $C'RD(x)=1$,点 x 就是网络的核心点之一,例如,可能是"星形网络"的核心点。

(3) 点度中心势指数

以上分析的是点的中心度,而在研究不同网络是否具有不同的中心趋势的时候,就需要用到中心势的概念。例如,在星形网络中,"核心点"的点度中心度最大,其他点的点度中心度都是1。由此可见,这种网络中点的点度中心度差异很大,正是在这个意义上,我们说该网络具有较大的中心势。又如,在包含 n 个点的完备网络中,任何点的度数都一样,都等于 $n-1$。也就是说,在这种网络中,不存在点度中心度最大的点,任何点的点度中心度都相同,没有差异,没有"中心点",看不出该网络的中心趋势。这时,我们说该网络的中心势为零。一个中心势程度不高的网络与一个中心势程度高的网络在信息传播的路径与方式上是有很大不同的。

中心势指数的思想是:首先找到网络中的最大中心度数值;然后计算该值与任何其他点的中心度的差,从而得到多个"差值";再计算这些"差值"的总和;最后用这个总和除以各个差值总和的最大可能值。用公式表示如下:

$$C = \frac{\sum_{i=1}^{n}(C_{max} - C_i)}{\max[\sum_{i=1}^{n}(C_{max} - C_i)]}$$

在具体计算的时候,既可以利用点 i 的绝对中心度(记为 C_{ADi}),也可以利用其相对中心度(记为 C_{RDi})。

在期刊互引网络的点度中心性分析中,内中心度(indegree)即为期刊总被引量,外中心度(indegree)即为期刊的总引用量。由于期刊被引在一定程度上能够代表期刊的影响力和权威性,因此表2.8以期刊的内中心度降序排列,期刊相对内中心度分布如图2.7所示。NrmInDeg 和 NrmOutDeg 分别是相对内中心度和相对外中心度。

该网络的内中心势 Network Centralization (indegree) 计算结果为 75.941%,外中心势 Network Centralization (outdegree) 为 41.598%。可见该网络的内中心趋势很强,存在显著的网络核心;外中心势相对弱势,没有内中心趋势明显。可以解释为有几种高被引期刊非常突出,它们是内中心度极高的《经济研究》和次高的《金融研究》《世界经济》《中国工业经济》。它们有可能是整体网络的核心，也有可能是局部网络的核心。外中心势是由以《当代财经》为代表的向其他期刊发出引用关系较多的几种期刊形成的。

表 2.8　期刊点度中心性序列（按 indegree 降序排列）

序号	期刊序列	indegree	outdegree	NrmInDeg	NrmOutDeg
1	经济研究	31	10	93.939	30.303
2	金融研究	22	11	66.667	33.333
3	世界经济	20	4	60.606	12.121
4	中国工业经济	18	8	54.545	24.242
5	经济学动态	16	6	48.485	18.182
6	国际金融研究	15	3	45.455	9.091
7	会计研究	14	6	42.424	18.182
8	财贸经济	13	13	39.394	39.394
9	数量经济技术经济研究	13	11	39.394	33.333
10	经济科学	12	7	36.364	21.212
11	财经研究	9	13	27.273	39.394
12	经济学家	6	4	18.182	12.121
13	经济社会体制比较	5	1	15.152	3.030
14	财经问题研究	4	13	12.121	39.394
15	中国农村经济	4	3	12.121	9.091
16	经济理论与经济管理	4	2	12.121	6.061
17	财政研究	4	1	12.121	3.030
18	经济评论	3	12	9.091	36.364
19	南开经济研究	3	3	9.091	9.091
20	当代财经	2	20	6.061	60.606
21	当代经济科学	2	9	6.061	27.273
22	农业经济问题	2	3	6.061	9.091
23	审计研究	2	2	6.061	6.061
24	财经科学	1	13	3.030	39.394
25	世界经济研究	1	9	3.030	27.273
26	上海金融	1	5	3.030	15.152
27	经济问题	0	10	0.000	30.303
28	中央财经大学学报	0	10	0.000	30.303

续表

序号	期刊序列	indegree	outdegree	NrmInDeg	NrmOutDeg
29	经济与管理研究	0	5	0.000	15.152
30	亚太经济	0	4	0.000	12.121
31	中国经济问题	0	4	0.000	12.121
32	消费经济	0	2	0.000	6.061
33	投资研究	0	0	0.000	0.000
34	中国土地科学	0	0	0.000	0.000

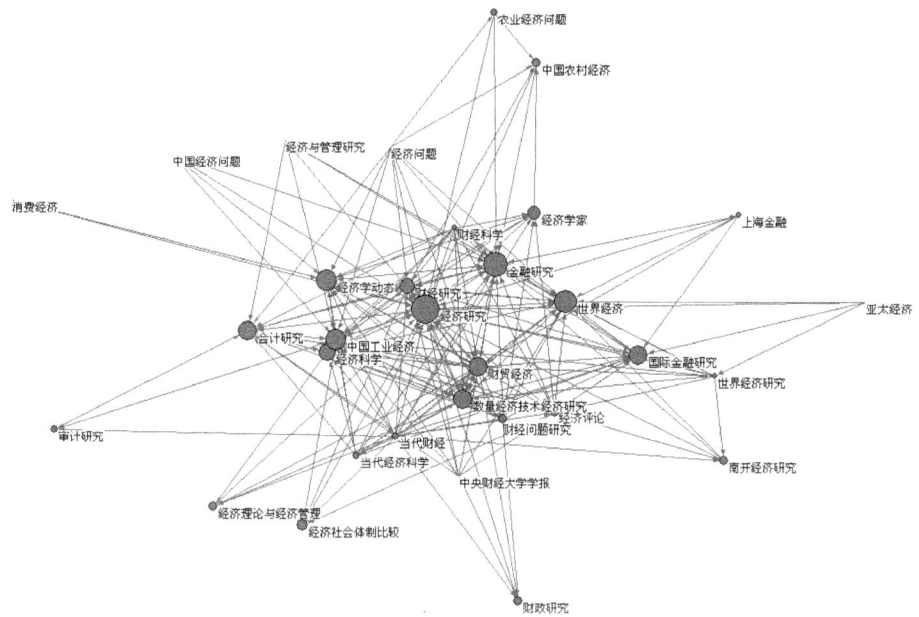

图2.7 期刊相对内中心度分布

2.2.2.2 中介中心性

另一个刻画个体中心度的指标是中介中心度（betweeness centrality），它测量的是节点对资源控制的程度（表2.9，图2.8）。若一点处于许多交往路径上，则可认为该点居于重要位置，该指标测量的是对各点间建立关系起桥梁作用的点。例如，星形网络具有100%的中介中心势指数，即一个行动者是所有其他者的桥接点。环形网络的中介中心势指数为零。

该网络中介中心势指标为14.79%，可见网络中期刊的中介作用并不明显。但《经济研究》《金融研究》《会计研究》这3种期刊的中介中心度远高于其他刊物，中介作用相对突出。此外，《财贸经济》的该指标也比较高。

表 2.9 期刊中介中心性序列（按 betweenness 降序排列）

序号	期刊序列	betweenness	nbetweenness
1	经济研究	175.650	16.633
2	金融研究	120.153	11.378
3	会计研究	109.418	10.362
4	财贸经济	70.063	6.635
5	当代财经	53.585	5.074
6	财经研究	52.163	4.940
7	经济科学	49.143	4.654
8	中国工业经济	40.675	3.852
9	中国农村经济	29.903	2.832
10	经济学动态	29.665	2.809
11	数量经济技术经济研究	29.500	2.794
12	财经科学	14.283	1.353
13	经济学家	14.146	1.340
14	财经问题研究	8.030	0.760
15	世界经济研究	7.363	0.697
16	经济评论	7.257	0.687
17	世界经济	5.101	0.483
18	国际金融研究	0.904	0.086
19	经济与管理研究	0.000	0.000
20	经济理论与经济管理	0.000	0.000
21	财政研究	0.000	0.000
22	南开经济研究	0.000	0.000
23	审计研究	0.000	0.000
24	当代经济科学	0.000	0.000
25	农业经济问题	0.000	0.000
26	经济社会体制比较	0.000	0.000
27	投资研究	0.000	0.000
28	消费经济	0.000	0.000
29	亚太经济	0.000	0.000

续表

序号	期刊序列	betweenness	nbetweenness
30	上海金融	0.000	0.000
31	中国经济问题	0.000	0.000
32	经济问题	0.000	0.000
33	中国土地科学	0.000	0.000
34	中央财经大学学报	0.000	0.000

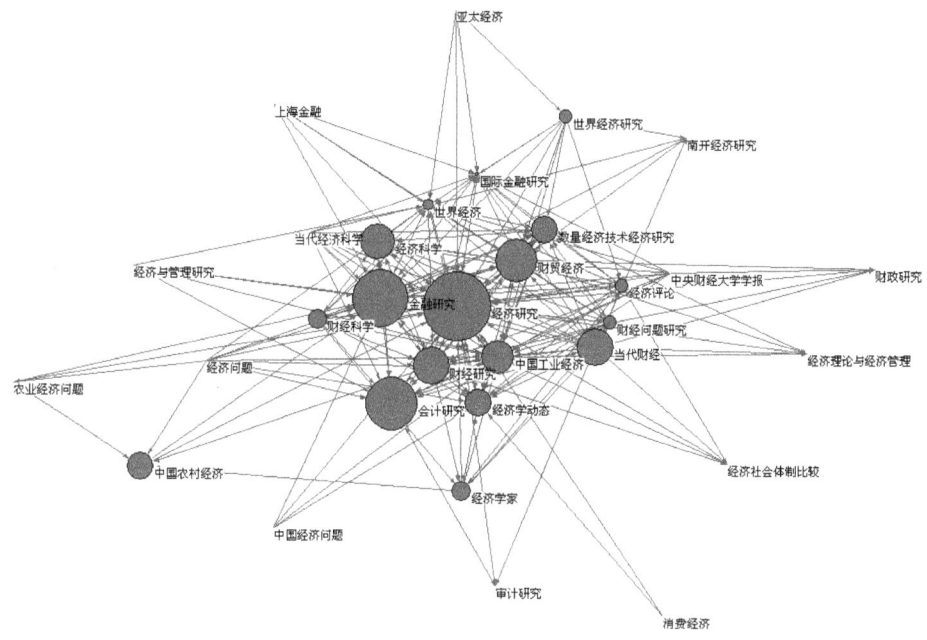

图 2.8 期刊中介中心度分布

2.2.2.3 接近中心性

接近中心性是计算一个节点与其他节点距离的远近，越近则接近中心性越高。由于期刊互引网络不是完全连通的，因此基于网络整体的接近中心势不能够被计算。在具体计算时，UCINET 中的算法将不连通的节点到其他节点的距离设定为 $n(n-1)$（n 为网络规模），本例中为 $34 \times 33 = 1122$。在列 inFarness 和列 outFarness 中可以发现这个数值，远离度 Farness 表示某节点到所有其他节点的测地线距离和。

比较表 2.8 和表 2.10，它们排在前 7 名的期刊是一样的，这说明几种核心刊物不仅在局部网络中会被周围大部分期刊直接引用，拥有较高的点度中心度，而且在整体网络中也是与其他刊物距离最近的几种期刊。另外，各期刊的接近中心度差异没有其他两种中心度差异显著，这与在计算时用可能的最大测地线距离代替了距离为无限远的节点之间的距离有关（图2.9）。

表2.10 期刊接近中心性序列（按 incloseness 降序排列）

序号	期刊序列	inFarness	outFarness	incloseness	outcloseness
1	经济研究	99	349	33.333	9.456
2	金融研究	108	346	30.556	9.538
3	世界经济	110	363	30.000	9.091
4	中国工业经济	112	352	29.464	9.375
5	经济学动态	114	356	28.947	9.270
6	国际金融研究	115	365	28.696	9.041
7	会计研究	116	350	28.448	9.429
8	数量经济技术经济研究	117	349	28.205	9.456
9	财贸经济	117	346	28.205	9.538
10	经济科学	118	351	27.966	9.402
11	经济社会体制比较	125	372	26.400	8.871
12	财经研究	127	343	25.984	9.621
13	财经问题研究	133	344	24.812	9.593
14	经济理论与经济管理	135	370	24.444	8.919
15	经济学家	136	362	24.265	9.116
16	上海金融	138	360	23.913	9.167
17	财政研究	141	371	23.404	8.895
18	当代经济科学	143	351	23.077	9.402
19	当代财经	143	335	23.077	9.851
20	审计研究	144	364	22.917	9.066
21	中国农村经济	147	362	22.449	9.116
22	财经科学	148	342	22.297	9.649
23	南开经济研究	165	363	20.000	9.091
24	经济评论	165	343	20.000	9.621
25	农业经济问题	176	362	18.750	9.116
26	世界经济研究	1089	318	3.030	10.377
27	经济与管理研究	1122	326	2.941	10.123

续表

序号	期刊序列	inFarness	outFarness	incloseness	outcloseness
28	投资研究	1122	1122	2.941	2.941
29	亚太经济	1122	301	2.941	10.963
30	消费经济	1122	336	2.941	9.821
31	中国经济问题	1122	330	2.941	10.000
32	经济问题	1122	315	2.941	10.476
33	中国土地科学	1122	1122	2.941	2.941
34	中央财经大学学报	1122	316	2.941	10.443

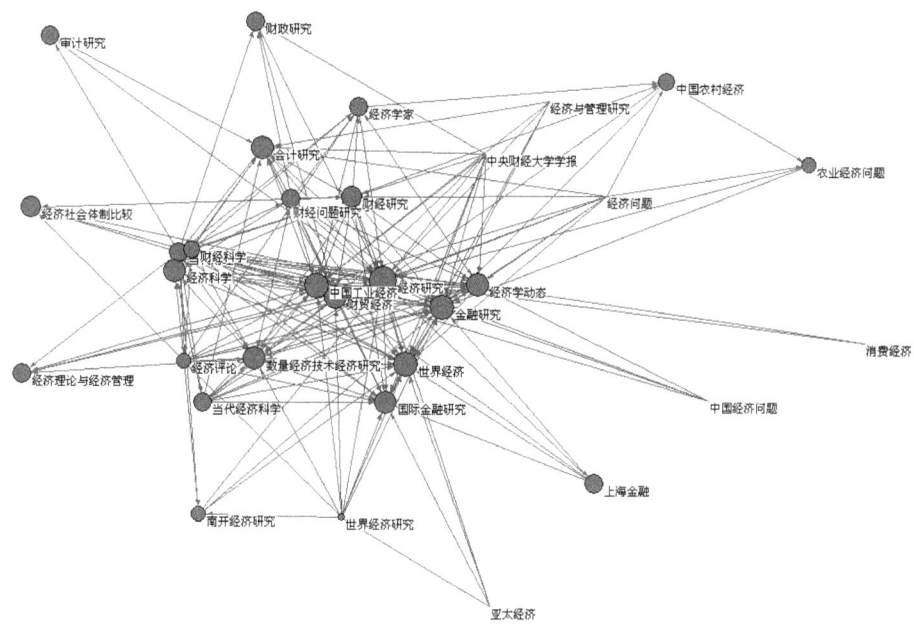

图 2.9 期刊内接近中心度分布

2.2.2.4 高中心度期刊的关系

在该网络中，具有高点度中心度与亲近中心度的期刊重叠程度很高，即在局部网络中居中心位置的期刊在整体网络中也处于中心位置，由此可以初步推断该互引网络很可能是单一核心。而且，又由于《经济研究》在3种中心性测度中均名列第一，并且与第二名相比有明显优势，可以推断：高中心度期刊群又是以《经济研究》为核心的，《经济研究》为核心中的核心。

以上推断可通过以下步骤验证：抽取各中心度指标明显居高的6种期刊组建互引网络；计算平均引用（被引）率（105），建立二值矩阵，并绘制高中心度期刊互引网络，见图2.10。

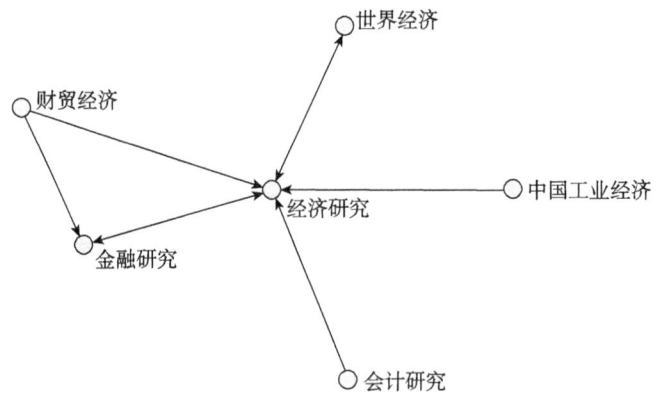

图2.10　高中心度期刊互引网络（二值矩阵）

图2.10有点类似于"星状"网络，《经济研究》是"明星"，但各节点之间的联系要比星状网络紧密。其他5种高中心度期刊均频繁引用《经济研究》中的文章，而《经济研究》对《世界经济》和《金融研究》引用的较多。此外，《财贸经济》除了《经济研究》以外，还较多地引用了《金融研究》。那么，如果将网络中"明星"去除，其他几种高中心度期刊会不会"分崩离析"呢？将除《经济研究》以外的5种经济学期刊网络如图2.11所示。虽然平均引用（被引）率从105骤减至37，但它们在相对较低的引用数量级上也构成了一个互相之间关联比较紧密的整体。

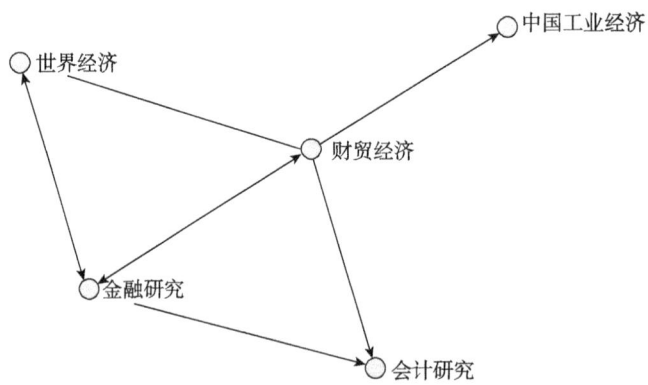

图2.11　摘除核心后的高中心度期刊互引网络（二值矩阵）

分析结果证明了以上推断，总结如下。

①6种高中心度期刊形成一个成分，不存在孤立点，经济学期刊互引网络不存在多元核心。所有高中心度期刊为高网络中心势做出贡献。

②《经济研究》是被最多期刊频繁引用的期刊；是所有其他期刊在引用该刊时路径为最短的期刊；是知识信息接收与传播渠道中路经最多的期刊。

③除了《经济研究》，其他5种期刊分别属于世界经济、工业经济、财贸、金融和会计学科门类，但它们之间相互参考、借鉴的现象明显，不存在孤立而显著的亚学科。

④图2.10再次证明了除《经济研究》《金融研究》《会计研究》以外，《财贸经济》也在经济学期刊互引网络中起到了重要的中介作用，它是经济学几种不同学科门类之间的"关键桥"。

在判定经济学期刊互引网络具有核心-边缘结构，并且存在单一核心后，就可以利用核心-边缘模型分析其网络结构了。

2.2.3 期刊网络核心-边缘结构探析

2.2.3.1 核心-边缘模型

假设一个网络存在核心-边缘结构，那么如何刻画这种结构？这种结构有多少种表现？"核心"如何界定？"边缘"如何操作化？"边缘"的各个成员之间是否存在关联？"核心"和"边缘"之间是否存在关联？如果存在，关联的密度是多大？这些都是在构建模型时需要考虑的问题。从网络分析的角度来看，建构期刊群核心-边缘模型的目的和意义有如下几个相互关联的方面。

①该模型的构建有其现实基础，是从期刊间引用、被引的事实数据中抽象出来的，因此，它反映了期刊引用现象中的抽象而简明的关系图式，达到简约性，这是科学研究的目的之一。

②利用某种核心-边缘模型，并结合现实数据，可以估计出期刊的"核心度"（coreness），从而对期刊处于什么位置（核心、半边缘，还是边缘）有一个量化的认识。

③利用模型也可以检验某种核心-边缘假设。如果研究者事先有一个假设，可以通过收集资料、数据，利用模型验证这个假设是否成立。

④构建的模型多是理想模型，通过检验现实网络数据与哪种理想模型更

接近，可以更好地理解和解释现实中潜在的知识网络关系。

根据关系数据的类型，核心－边缘结构有不同的形式。如果数据是定类数据，可以构建离散的核心－边缘模型（discrete core－periphery model）；如果数据是定比数据，可以构建连续的核心－边缘模型（continuous core－periphery model）。前者仅把分析对象分为"核心"和"边缘"两类，后者则可将分析对象区分为核心、半边缘和边缘等几类。根据期刊互引的数据类型和所要达到的分析目的，选择连续模型进行分析。

(1) 离散的核心－边缘模型

为了理解连续模型，有必要先简单介绍一下离散模型的原理。离散模型包括核心－边缘关联模型和核心－边缘关系缺失模型两类。前一类模型又根据核心与边缘存在的关系的多少分为三种。如果任何核心的成员都与边缘成员之间存在关系，称为核心－边缘全关联模型；二者之间如果不存在任何关系，称这种结构为核心－边缘无关模型；二者之间如果存在一定数目的关系，称为核心－边缘部分关联模型。这三种理想模型对应的矩阵，称为模式矩阵（pattern matrix）。

其中，核心－边缘全关系模型可以表述为：网络中的点分为两组，其中一组中的成员之间联系紧密，可以看成是一个核心，另外一组的成员之间没有联系，但是，该组成员与核心组的所有成员之间都存在关联。核心－边缘无关模型则是所有的关系仅仅存在于核心成员之间，其他点都是孤立点，核心成员于边缘成员之间不存在任何关联。核心－边缘部分关联模型是介于上述两类模型之间的理想模型，其核心成员与边缘成员之间存在局部关联。即，从核心到边缘的密度与从边缘到核心的密度是介于0（边缘到边缘的关系密度）和1（核心到核心的关系密度）之间的一个定值的模型。例如，规定从核心到边缘的关系密度为0.5。

核心－边缘关联缺失模型对核心－边缘部分关联模型需要人为规定密度值的缺陷进行了改进，把矩阵中除了核心区域及边缘区域之外的非对角线区域看成是缺失值。因此，这种算法只需要试图使核心成员之间的密度最大，并且使边缘成员之间的密度最小，而不考虑这两个区域之间及非对角线区域的关系密度。

以上都是理想化的核心－边缘关系模式，在现实生活中很难观察到。实际的经验数据常常只能在一定程度上与这些模式矩阵接近。例如，核心的成员之间可能联系很紧密，但是不必然形成一个派系；边缘的成员之间也可能存在少许关系，边缘的成员也不必然与所有核心成员都存在关系。这里就需要一定的指标来衡量现实数据与理想模型之间在多大程度上接近，该模型中用 ρ 值来测度。全关联模型、无关模型和部分关联模型的测度分别是公式1和公式2、公式1和公式3及公式1和公式4。

公式1：$\rho = \sum_{i,j} a_{ij}\delta_{ij}$

公式2：$\delta_{ij} = \begin{cases} 1 & \text{如果 } c_i = \text{核心 或者} c_j = \text{核心} \\ 0 & \text{其他} \end{cases}$

公式3：$\delta_{ij} = \begin{cases} 1 & \text{如果 } c_i = \text{核心 并且} c_j = \text{核心} \\ 0 & \text{其他} \end{cases}$

公式4：$\delta_{ij} = \begin{cases} 1 & \text{如果 } c_i = \text{核心 并且} c_j = \text{核心} \\ 0 & \text{如果 } c_i = \text{边缘 并且} c_j = \text{边缘} \\ \cdot & \text{其他} \end{cases}$

在等式中，a_{ij} 表示在观察的数据中关系的存在与否，如果 i 和 j 之间存在关系，则 $a_{ij}=1$，否则为0。c_i 指的是节点 i 所隶属的类型（核心或者边缘），δ_{ij}（即模式矩阵）指的是一种关系在理想情况下的存在与否。如果各个值有固定的分布，那么，当且仅当由各个 a_{ij} 组成的矩阵和由各个 δ_{ij} 组成的矩阵相等的时候，ρ 这个测度才会达到最大值。如果理想模式和现实网络模型之间的相关系数较大，也就是说 ρ 值较大，就可认为与该现实数据模型对应的网络是一个核心－边缘结构。另，在公式4中"·"表示缺失值。

（2）连续的核心－边缘模型

在连续模型中，需要赋予每个点一定的"核心度"（coreness），并且仍然利用相关分析法来评价拟合度，模式矩阵见公式5。

公式5：$\delta_{ij} = c_i c_j$

在这里，c 是一个非负向量，它是每个点的核心度。如果 c 被限制在1和0，那么，公式5就会产生上述核心－边缘无关模型。连续模型的模式矩阵有如下几个特点：第一，对于核心度都比较高的各对点来说，它们在模式矩阵中的值也较高；第二，对于一个点的核心度高，而另一个点的核心度不高的各对点来说，它们在模式矩阵中的值居中；第三，对于核心度均较低（都属于边缘群体成员）的两个点来说，它们在模式矩阵中的值也较低。这样，对该模式矩阵的解释就可以表述为：两个节点之间的关系强度是关于二者与核心的接近性程度，或者每个节点的合群程度（gregariousness）的一个函数。

2.2.3.2 期刊核心－边缘分布

利用经济学期刊互引网络的初始赋值矩阵获得 c 的各个值,从而使得与公式 5 对应的数据矩阵和模式矩阵之间的相关系数最大。所获得的 c 值即为每个期刊的核心度。具体操作步骤为:在 UCINET 中运行 Core/Periphery 程序中的 continuous 命令。在对话框的"Positive or Negative Data"一栏中选择"Positive"。这是因为,在互引矩阵中,值越大表示两个期刊的关系越紧密,值越小甚至为零表示两个期刊的关系越疏远,甚至不存在关系。如果数据中的值越大,表示关系越弱的矩阵,则应该选择"Negative"。1000 次迭代以后,相关系数达到 0.696,是一个可以接受的 ρ 值。各期刊的核心度见表 2.11。

表 2.11 经济学期刊核心度序列

排名	期刊	核心度	排名	期刊	核心度
1	经济研究	0.828	18	中央财经大学学报	0.064
2	金融研究	0.227	19	上海金融	0.055
3	财经研究	0.190	20	世界经济研究	0.054
4	数量经济技术经济研究	0.178	21	国际金融研究	0.053
5	世界经济	0.172	22	经济问题	0.051
6	当代财经	0.135	23	中国农村经济	0.047
7	中国工业经济	0.131	24	经济理论与经济管理	0.046
8	经济科学	0.117	25	经济与管理研究	0.045
9	财贸经济	0.117	26	中国经济问题	0.041
10	财经科学	0.112	27	经济社会体制比较	0.035
11	会计研究	0.110	28	农业经济问题	0.033
12	经济评论	0.107	29	审计研究	0.022
13	财经问题研究	0.104	30	消费经济	0.014
14	当代经济科学	0.093	31	亚太经济	0.013
15	经济学动态	0.090	32	财政研究	0.012
16	南开经济研究	0.089	33	投资研究	0.009
17	经济学家	0.068	34	中国土地科学	0.004

根据计算出来的各个期刊的核心度列向量的大小,对期刊互引初始矩阵进行重新排序,得到置换过的重排矩阵,见表 2.12。这样就可以从中直接分

上篇　知识结构与识别

表2.12　经济学期刊互引网络重排矩阵

		1 经济研究	2 金融研究	3 财经	4 数量	5 世界	6 当代	7 中代	8 经济	9 财贸	10 财经	11 会计	12 经济	13 财经	14 当代	15 经济	16 南开	17 经济	18 中央	19 上海	20 世界	21 国际	22 经济	23 中国	24 经济	25 经济	26 中国	27 经济	28 农业	29 审计	30 消费	31 亚太	32 财政	33 投资	34 中国
1	经济研究	1322	141	21	66	141	46	31	14	36	14	39	11	14	16	43	17	18	4	3	8	29	1	19	16	6	10	31	4	5	1	0	9	6	1
2	金融研究	550	582	56	41	87	12	21	67	38	24	45	27	27	16	37	17	16	15	35	5	63	7	25	16	3	7	20	13	11	1	2	9	10	0
3	财经研究	649	147	109	58	88	20	55	60	38	16	99	19	15	17	37	23	25	10	13	17	49	7	25	15	6	7	25	12	10	2	2	11	7	1
4	数量经济技术经济研究	571	131	37	273	122	15	71	65	36	15	19	15	25	7	36	21	13	8	7	17	39	4	24	26	2	6	17	19	2	5	1	4	7	0
5	世界经济	416	65	8	35	176	7	14	23	16	8	280	8	7	8	13	24	7	2	3	15	28	4	4	3	2	6	13	5	0	0	4	8	3	1
6	当代财经	409	103	51	52	73	120	128	39	63	20	34	32	27	20	67	30	36	17	8	24	28	14	17	35	6	11	37	9	44	7	9	50	13	1
7	中国工业经济	397	19	15	25	69	15	703	80	31	20	34	16	8	20	58	18	23	4	5	6	10	2	24	26	6	5	38	4	2	4	4	1	3	0
8	经济科学	346	89	25	25	69	3	19	80	9	80	36	8	4	13	15	18	4	15	9	23	14	5	7	7	6	11	18	5	2	3	1	2	3	0
9	财贸经济	342	111	22	31	77	15	60	25	178	18	37	20	32	26	50	18	37	15	13	6	36	6	20	29	7	5	15	12	10	9	4	47	5	3
10	财经科学	354	143	31	26	41	20	47	37	35	52	61	27	14	13	49	16	23	4	0	23	49	2	17	14	3	11	24	11	6	9	1	12	3	3
11	会计研究	301	23	34	5	9	26	26	33	3	9	1065	5	8	16	9	10	4	3	0	0	6	2	0	12	0	2	5	0	111	3	0	7	3	0
12	经济评论	376	82	17	35	67	26	33	35	21	10	17	162	6	9	99	30	48	8	8	10	33	4	15	19	10	18	36	7	4	5	2	3	8	3
13	财经问题研究	345	94	37	34	69	17	67	29	42	17	95	19	67	9	56	12	25	8	8	16	40	3	5	15	7	7	24	10	4	3	2	37	11	0
14	当代经济科学	308	122	19	29	48	21	67	14	32	4	17	19	7	39	28	24	9	2	15	2	29	8	14	11	2	3	24	8	11	2	2	7	1	0
15	经济学动态	231	73	13	18	33	12	37	21	28	6	9	13	10	7	168	10	30	4	2	4	20	2	5	15	2	5	19	4	1	0	1	10	3	2
16	南开经济研究	299	69	17	18	85	7	21	14	15	5	5	12	12	8	24	47	9	2	2	5	20	8	14	10	6	6	16	4	3	0	2	2	2	2
17	经济学家	208	18	5	9	17	11	35	21	16	8	3	17	7	5	63	14	73	4	1	2	10	6	43	9	7	13	22	22	0	2	1	10	3	2
18	中央财经大学学报	201	75	27	21	37	21	28	19	68	16	90	12	19	14	38	6	15	34	5	10	41	2	20	11	3	4	23	23	14	2	1	54	6	2
19	上海金融	153	199	20	12	47	9	2	16	31	5	8	8	10	12	18	4	6	4	91	5	86	8	20	3	3	4	22	4	5	2	0	3	8	0
20	世界经济研究	129	27	15	8	218	12	4	21	12	13	6	28	3	4	20	41	4	4	13	134	49	0	14	19	3	3	8	14	0	6	18	0	6	1
21	国际金融研究	87	114	8	5	54	5	4	21	32	6	6	3	3	4	12	9	4	2	6	12	138	0	1	5	14	3	17	39	0	14	2	2	2	0
22	经济问题	167	56	25	14	26	17	45	10	32	19	65	16	11	9	40	9	19	4	2	6	10	68	41	22	2	6	11	164	6	14	2	14	7	1
23	中国农村经济	133	25	2	13	7	2	10	12	1	1	3	3	6	3	18	4	14	4	0	8	0	7	273	9	1	2	7	1	1	7	2	6	2	8
24	经济理论与经济管理	150	23	17	14	33	22	33	22	24	4	280	7	3	6	20	6	14	4	9	7	11	3	6	48	13	4	6	10	0	4	2	13	2	1
25	经济管理研究	155	59	18	17	30	13	53	23	13	7	36	13	4	9	22	5	20	4	2	10	10	4	15	9	1	43	6	10	0	3	4	7	3	0
26	中国经济问题	145	32	8	4	36	4	17	8	7	6	8	5	13	6	27	9	13	3	2	7	15	13	7	4	0	7	49	10	0	2	4	7	0	1
27	经济社会体制比较	70	11	0	10	4	17	8	5	4	3	0	2	3	6	12	3	18	0	1	4	0	15	251	0	1	3	10	370	342	3	0	0	0	0
28	农业经济问题	97	35	11	1	15	8	7	3	10	3	223	5	1	1	16	0	0	1	2	10	2	4	4	2	0	1	3	16	0	165	58	1	0	0
29	审计研究	54	7	2	6	5	7	4	9	6	6	3	2	6	6	29	14	11	3	4	38	36	3	10	6	0	1	3	4	3	1	0	10	3	1
30	消费经济	59	12	5	9	76	12	7	2	4	6	6	3	5	0	10	4	3	3	0	0	2	4	11	6	0	2	3	4	0	0	0	2	2	0
31	亚太经济	26	19	9	5	76	11	20	9	9	2	0	5	0	3	3	14	0	2	2	38	2	3	0	0	1	0	3	3	0	0	0	3	1	0
32	财政研究	43	0	0	1	1	1	5	2	6	2	6	2	5	2	3	1	3	4	0	6	2	0	0	3	0	0	3	3	0	0	0	37	6	0
33	投资研究	20	9	1	1	5	5	5	3	2	2	4	0	5	5	2	0	3	3	2	0	0	3	0	0	1	0	4	0	0	1	0	0	6	0
34	中国土地科学	16	0	3	8	1	2	2	3	2	2	0	3	1	0	0	0	0	0	1	0	0	3	22	0	0	0	3	11	0	0	1	0	0	191

·81·

析经济学期刊的核心-边缘结构。根据表2.11核心度的变化情况,可以把矩阵3.16划分为5个区域。第一区和第二区可合称"核心区",第三区为"半边缘区",第四区为"边缘区",而第五区是"孤立区"。

各区期刊如下:第一区仅包含《经济研究》一个成员,我们可以称其为"超级核心";第二区包括《金融研究》《财经研究》《数量经济技术经济研究》《世界经济》《当代财经》《中国工业经济》6种期刊,与"超级核心"相对应,可以称其为"亚核心";第三区是从排名第八的《经济科学》到排名第十七的《南开经济研究》,共10种;第四区是从排名第十八的《经济学家》到排名第三十二的《财政研究》,共15种;第五区包括《投资研究》和《中国土地科学》两种期刊。经济学期刊核心-边缘结构见图2.12,节点大小代表期刊总被引量。

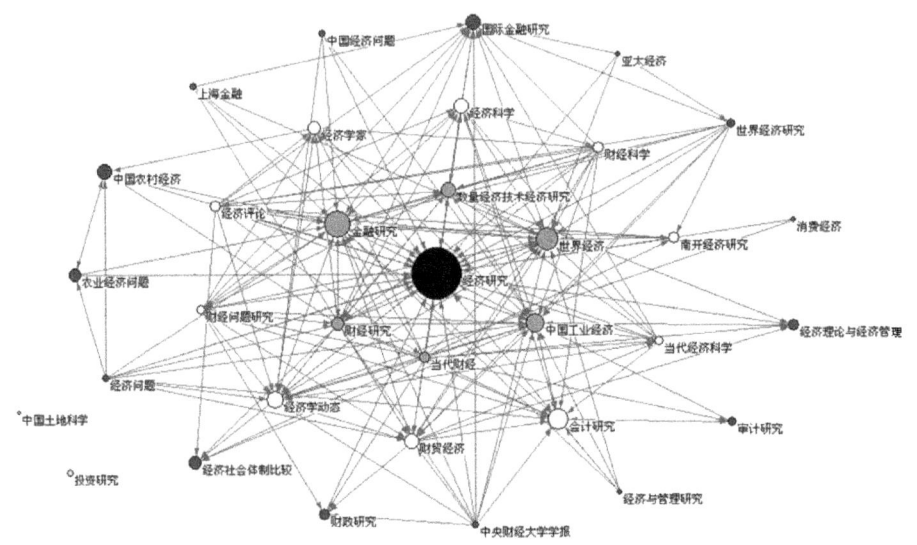

图2.12 经济学期刊核心-边缘结构

这里可以发现核心区的7种期刊和在上一节中选取的6种高中心度期刊有些出入。一方面,高中心度期刊中的《财贸经济》和《会计研究》在核心度列表中分别排在第九位和第十一位,被分在了半边缘区;另一方面,核心区中的《财经研究》《数量经济技术经济研究》《当代财经》在各中心度列表中均排在了较高位置,但不是最突出的几种期刊。这种差异的产生主要是两方面原因造成的。

首先,根据伯伽提和艾弗雷特(Borgatti and Everett)的观点,"核心度"一定是"中心度"的一种,反之不成立。因为,中心度高的节点不一定具有高的核心度。例如，中心度高的节点之间可能没有关系，因而其"核心度"可能较低。反过来，核心度高的节点一定中心度也高。换句话说，中心度计算的是单个节点的网络属性，而核心度是根据节点间的相互关系来计算的，二者的计算及分析结果很可能存在大部分相同，而小部分相异的情况。

其次，在计算期刊核心度的时候利用的是期刊互引网络的初始赋值矩阵，而在分析期刊中心度的时候，利用的是期刊互引网络的二值矩阵。在从赋值矩阵转化为二值矩阵的过程中会丢失部分信息。

2.3 期刊的"位置"与"角色"分析

中心性分析的是每个节点的结构属性，而本节要测度的是节点之间的关系模式，其方法是对"位置"（positions）和"角色"（roles）的分析。网络意义上的"位置"和"角色"是很重要的，因为它们能够对节点行为和网络结构进行一般化分析，得到具有推广意义的结论。还因为，在考察节点时，不是把它们看成是各个独立的，而是看成是属于某些类型的节点。这就需要对类似的节点进行归类，并且解释是什么因素使作为一类的节点不同于其他"类别"的节点。

2.3.1 "位置"与"角色"的对等性基础

"网络位置"指的是一系列嵌入于相同关系网络中的节点，是一系列在网络互动中行为相似的节点。"网络角色"指的是把各个位置联系在一起的关系组合（combination），是存在于节点之间或者各个位置之间的关系模式。可见，"角色"概念依赖于"位置"概念。从社会网络分析的角度来说，位置是通过节点之间的关系模式，而不是通过行动者自身的属性来定义的。甚至诸如"宗教信仰"，"民族"等似乎是"个人属性"的范畴，也可以看成是某种关系模式的简化标签。例如，作为一种类型的期刊，"权威期刊"通常指的是那些与另外一类期刊——"非权威期刊"的成员有一类共同形式的关系的期刊。那些看起来似乎是属性的事物，实际上具有"关系"的性质。

那么，如何界定对等性或相似性？当我们说两个节点有"相似的"关系模式，因而同是一个特定的角色或网络位置中的成员时，其含义是什么？总的来说，"相似性"至少有 3 种不同的类型："结构对等性""自同构对等性""规则对等性"。这三类相似性有不同的抽象程度，前者更具体一些，后者则更抽象。

2.3.2 期刊的位置分析

(1) 结构对等性概念

简单地说，在一种网络关系中，如果两个行动者相互替代之后不改变整个网络的结构，就认为二者在结构上是对等的。在图论中，上述直观的思想可以表述成：如果两点与所有其他点之间的关系都相同，则这两个点是完全结构对等的。它们拥有相同的度数、相同的中心度等结构属性。伯伽提和艾弗雷特等学者把结构对等性看成是"网络位置的对等性"。在研究节点之间相似性的时候，通常考察结构对等的程度，即两个节点在多大程度上相似，而不是研究完全对等性是否存在。因为，完全的对等性往往不存在。下面给出"结构对等性"的形式化定义。

对于有向关系网络来说，如果下述三个命题对于节点 i 和 j 都成立，那么就说节点 i 和 j 在结构上对等：

①对于任何一个不同于节点 i 和 j 的节点 k 来说，只要 i 有指向 k 的关系，j 也有指向 k 的关系；只要 i 有来自 k 的关系，j 也有来自 k 的关系；并且只要 i 没有一个来自 k 的关系，j 也没有一个来自 k 的关系。换句话说，i 和 j 与所有其他行动者之间的关系完全相同。

②如果 i 有一个指向 j 的关系，那么 j 就有一个指向 i 的关系；并且如果 i 没有一个指向 j 的关系，那么 j 也没有一个指向 i 的关系。这意味着，i 与 j 的关系也反映在 j 与 i 的关系之中。

③如果 i 与自身关联，j 也与自身关联；如果 i 与自身无关联，j 也与自身无关联。所以，两个行动者分别与自身的关系的模式也相同。

这个定义也适用于非赋值的有向关系网络。对于无向关系网络来说，第2个条件是不必要的，第一个条件中的第二部分也不必要。如果数据不包含"自相关"（如自引）的情况，那么，第三个条件也不必要。现在以不包含自相关的有向二值网络图举例。图2.13中的点3和4都收到来自点1和2的关系，因而二者是结构对等的。点1和2都与点3和4相关联，并且都收到了来自点5的关系，还有一点是，点1收到来自2的关系，同时2也收到了来自1的关系，因此，点1和2也是结构对等的。而点5不与任何点在结构上对等。

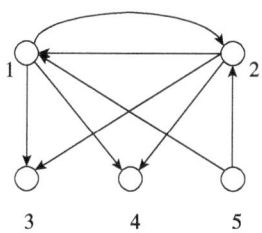

图2.13 结构对等性图例

上述定义还可以推广到赋值网络中,即只有那些以特定的相等的值与其他点相连的点才在结构上对等。例如,图2.13中,如果点1和2是结构对等的,并且边(1,3)取值为5,那么边(2,3)的取值一定是5,否则点1和2就不是结构对等的。

(2)块模型

以上是结构对等性分析的理论、概念,下面介绍可操作性的分析方法。一种用来理解各个节点集合之间的异同点的有效方法是块模型(block models),对块模型进一步汇总得到的就是像矩阵(image matrix)。

块模型是1976年由White等人首次提出的,是通过研究网络位置模型对社会网络中的社会角色进行描述的代数分析。由于块模型遵循社会网络分析中的结构对等性将社会网络中的个体进行分类,关注的是网络的总体结构,而不是针对网络中的个体进行的个体分析,因此,块模型可以在不丧失很多信息的前提下有效简化网络结构。其定义为:将网络中的节点区分为 B_1,B_2,$\cdots$,B_B 个不同位置,存在对应法则 φ,若节点 i 处于位置 B_K 之中,则有 $\varphi(i) = B_K$。以 b_{klr} 表示位置 B_K 和 B_L 在关系 X_R 上是否存在联系,并通过一定的迭代收敛算法简化相关系数矩阵实现分区,量化各个位置之间的结构对等性程度。

(3)经济学期刊结构对等性分组

采用 Ucinet 中的 CONCOR 程序对经济学期刊互引网络初始矩阵进行分析。由于研究的是期刊间的结构对等性,因此计算过程中不计算对角线数值,即忽略期刊自引。运行 CONCOR 程序,进行迭代计算。计算结果显示,经济学34种期刊可分为7个子群,各个子群内部成员基本上可视为结构对等。分块矩阵(blocked matrix)如表2.13所示。按照分块矩阵的顺序,经过置换后的各组成员如下。

表 2.13　经济学期刊结构对等性分块矩阵

		1 财经	2 财经	3 财经	4 财贸	22 上海	6 当代	7 当代	20 南开	26 数量	34 中央	28 消费	31 中国	13 经济	15 经济	17 经济	19 经济	25 世界	29 亚太	32 中国	21 农业	33 中国	9 会计	23 审计	5 财政	8 国际	27 投资	10 金融	11 经济	12 经济	30 中国	14 经济	24 世界	16 经济	18 经济
1	财经科学	52	14	31	35	13	20	13	16	26	10		11	27	6	37	3	9	1	17	11	3	61	6	12	49	11	143	37	14	47	24	41	49	354
2	财经问题研究	17	67	34	42	12	17	9	12	31	11	3	7	19	4	25	10	16	2	11	10		95	4	37	40	11	92	29	15	67	24	69	56	345
3	财经研究	16	15	109	38	13	20	17	23	58	10	1	7	19	7	25	3	5	2	25	12		99	10	11	49	7	147	60	15	55	25	88	41	649
4	财贸经济	18	32	22	178	9	15	26	18	31	15	9	5	20	6	16	7	23	4	20	12		37	10	47	36	5	111	25	29	60	15	77	50	342
22	上海金融	5	10	20	31	91	9	12	4	12	4	4	4	12	8	6	3	15	2	1	4		8	5	3	86	8	199	16	11	2	22	47	18	153
6	当代财经	16	27	51	63	8	120	28	30	52	17	7	11	32	14	36	6	24	9	17	9	1	280	44	50	28	13	103	39	35	128	37	73	67	409
7	当代经济科学	13	15	19	21	15	21	39	24	29	8	2	2	20	5	18	2	1	2	5	8		56	11	7	29	1	122	36	11	55	24	48	28	308
20	南开经济研究	6	12	17	15	2	7	7	47	18	4		6	14	2	9	3	5	2	8	4		5	3	2	20	6	69	21	12	21	16	85	24	299
26	数量经济技术经济研究	15	25	37	36	7	15	7	21	273	8	5	6	15	7	13	2	17	1	24	19	1	19	2	4	39	7	131	65	26	71	17	122	36	571
34	中央财经大学学报	16	19	27	68	5	21	14	6	21	34	2	2	12	2	15	2	10	1	20	23	2	90	14	54	41	6	75	19	17	28	23	37	38	201
28	消费经济	6	1	5	14	2	12	6	2	22	6	165	1	9	4	11			1	10	16		3		2	4		12	13	4	7	1	11	29	59
31	中国经济问题	6	1	8	9	1	2	5	9	4	3	2	43	5	3	13	1	1	1	11	10		8		4	7	5	59	10	4	36	8	19	27	145
13	经济评论	10	6	17	21	8	26	9	30	35	8	5	18	162	4	48		10	2	15	7		17	4	3	33	8	82	35	19	33	36	67	99	376
15	经济问题	19	11	25	32	2	17	9	9	14	5	14	1	16	68	19	14	6	2	41	39	1	65	6	14	10	7	56	10	22	45	11	26	40	167
17	经济学家	8	7	5	16	1	7	8	14	9	4	3	13	17	6	73	3	2	1	43	22	2	3		7	10		18	21	10	35	22	17	63	208
19	经济与管理研究	7	4	18	13	2	13	9	5	17	2	1	4	13	4	20	13	7	4	15	10	1	36	1	7	10	2	33	23	9	53	6	30	22	155
25	世界经济研究	13	9	15	32	4	12	9	41	30	4		2	28	6	8	2	134	18	14	14	1				49	6	27	14	19	52	8	218	20	129
29	亚太经济	6	6	9	6	9	11	1	14	5	4	1	2	5	3	3	1	38	58	11	4	1	6		3	36	3	19	9	6	20	6	76	10	26
32	中国农村经济	1	6	2	9		2	2	4	13		2	6	3	7	14	2	8	2	273	164	8	3	1	6		2	25	12	9	10	7	7	18	133
21	农业经济问题	3	6	11	10	4	9	1	1	10	8	3	7	9	15	18	3	10	1	251	370	7			10	3	2	35	5	7	8	10	4	16	97
33	中国土地科学	2	1	3	2	1	2		1	8	2				3		1		1	22	11	191							3				1		16
9	会计研究	9	8	34	3		26	16	10	5	9		2	5	2	4	2						1065	111	7	6	3	23	33	12	26	5	9	9	301
23	审计研究	2	1	3	2		15	6	3	1	2			5									223	342	2	1		7	10	2	3	3	1	1	54
5	财政研究	3			11		5	1		2	5			1		5				3	3		6	1	37	2	2		2	1	3	3	5	3	43
8	国际金融研究	8	3	8	12	23	5	4	4	5	3		3	3		4	3	12	2	1			6		2	138	2	114	21	5	4	17	54	12	87
27	投资研究	2	5	1	9	1	5	1		1	1			2		3							4			7	6	9	2	3	5	4	5	2	20
10	金融研究	24	27	56	38	35	20	16	17	41	15		4	21	3	14	6	9	2	23	13	1	45	11	3	63	10	582	67	16	21	20	87	37	550
11	经济科学	80	4	25	9	5	3	13	18	25	3	3	3	8	1	8		6	1	24	9	1	36	6	2	14	3	89	80	7	19	18	69	15	346
12	经济理论与经济管理	4	3	17	24	9	7	6	6	14	4		3	7	3	14	1	7	2	6	3		10		13	11	3	23	22	48	33	11	21	20	150
30	中国工业经济	20	8	15	31		15	10	17	25	4	4	5	16	5	23	6	10	4	6	4		34	2	1	2	1	19	30	26	703	38	20	58	397
14	经济社会体制比较	1			4		4	1	3	3	2			2	1	2		2		7	10	2	2		1	1		11	6	4	17	49	7	12	70
24	世界经济	8	7	8	16	3	7	8	24	35	2		1	8	4	7	2	15	4	4	5		5		8	28	3	65	23	3	14	13	176	13	416
16	经济学动态	4	10	13	28	2	13	7	10	18	3	1	5	13	8	30	3	4	1	14	11	2	9		10	20	3	73	14	15	37	19	33	168	231
18	经济研究	14	9	21	36	3	12	7	17	66	4	1	10	11	1	18		8		19	6	1	39	5	9	29	6	141	31	16	46	31	141	43	1322

第一组：财经科学、财经问题研究、财经研究、财贸经济、上海金融、当代财经、当代经济科学、南开经济研究、数量经济技术经济研究、中央财经大学学报、消费经济、中国经济问题、经济评论、经济问题、经济学家、经济与管理研究。

第二组：世界经济研究、亚太经济。

第三组：中国农村经济、农业经济问题。

第四组：中国土地科学。

第五组：会计研究、审计研究。

第六组：财政研究、投资研究、国际金融研究。

第七组：金融研究、经济科学、经济理论与经济管理、中国工业经济、经济社会体制比较、世界经济、经济学动态、经济研究。

为了更清楚地显示组间关系，根据子群密度矩阵，采用 α 标准构建期刊互引矩阵的像矩阵。根据分群树形图和矩阵分块结果，期刊按学科门类和引用关系两个维度进行了分群。其中以学科门类划分为主，这是因为结构对等性意在将可以互相替换的期刊分在一组，因而具有相近学科倾向的期刊就容易被划分在一起。具体分析如下。

在经济学这 34 种期刊中，《世界经济》《世界经济研究》《亚太经济》3 种期刊属于"世界经济"类期刊。（参考《中文核心期刊要目总览》的期刊分类）但在分组中，仅将后两个分在了第二组，而将《世界经济》分在了第七组。这是由两方面原因造成的：一是《世界经济》不仅局限于发表有关世界经济类的论文，它还是"综合性经济科学"类的刊物，因此它被分在了综合性较强的第七组；二是因为《世界经济》与第七组的其他刊物一样存在被其他经济学期刊广泛引用的情况。换句话说，是由于《世纪经济》综合性专业期刊的刊物属性和在互引网络中的权威位置，被分在了第七组。

第三组和第四组为农业经济类期刊，但是由于《中国土地科学》在像矩阵的行值和列值均为 0，表示其在互引关系中处于相对孤立的状态，这与第三组经常引用本组和第七组的期刊，并被本组的期刊经常引用不同，因此单独列类。实际上，《中国土地科学》是以土地管理、房地产开发经营为主要内容的土地资源方面的重要期刊，属于经济学相关领域期刊，因此在经济学期刊互引网络环境中处于边缘位置。

第五组是《会计研究》和《审计研究》，它们是 34 种经济学刊物中属于"会计"学科门类的两种刊物。

第六组：《财政研究》《投资研究》《国际金融研究》均属于财政金融类期刊，该组在像矩阵中的行值、列值都为0。但与《中国土地科学》不同的是，这3种刊物都存在引用其他期刊较少，被期刊财经、金融类期刊引用相对较多的情况。

第一组和第七组是最大的两组。前者主要是财政金融和综合性经济科学类期刊，后者是金融和综合性经济科学类期刊。二者的学科门类相近。观察像矩阵可以发现：第一组期刊经常引用第五组和第七组的期刊，但不被任何一个组群频繁引用；第七组仅经常引用本组的刊物，而被除第四、第六组以外的五组期刊高频引用。这表明这两组期刊在互引网络中不仅所处的学科"位置"不同，而且所扮演的"角色"也大不相同。显然，第七组的期刊在互引网络中具有更优越的"地位"和更高的"声誉"。其中，《中国工业经济》所刊载论文并不局限于工业经济领域，涉及产业经济、企业经济、国民经济运行、区域经济、经济体制改革、公共关管理等众多领域，实则是一种综合性的经济类刊物。

为了不受期刊学科类别的影响，仅将各个期刊在各自学科领域中所扮演的"角色"抽离出来，下面运用规则对等性分析法把期刊按不同"角色"分组。

2.3.3 期刊的角色分析

结构对等性的观念探讨节点是如何嵌入网络之中的，是网络的位置分析。规则对等性观念将关注点转向节点的类型或者"角色"，而不是单个节点或者群体。例如，两位"爷爷"（A和B）就其所承担的某些社会角色而言是相似的，因为他们分别与他们的妻子、子女等的关系具有相似性，如他们与两位"奶奶"的关系都是"夫妻关系"，与儿女的关系都是"代际关系"等。但是，爷爷A的妻子儿女并不是爷爷B的妻子儿女，在这个意义上，两位"爷爷"不是结构对等的。而他们又确实有相似性，因为他们与"奶奶"及其他集合成员之间的关系类似。这种相似性（对等性）不是结构对等性，而是规则对等性。

上述例子涉及如下思想，即占据相同位置的节点与另外一些占据其他相同位置的节点之间的关系往往是对等的，而这种观念不能用结构对等性思想进行分析。这就需要引出"规则对等性"（regular equivalence）这个概念。就规则对等性而言，上述分组情况叫作"规则分组"（regular partition）。规则对等性并不要求一些节点与等同的其他节点有相同的关系（这是结构对等性所要求的），而要求一类节点与另外一类节点之间具有相似的关系。

(1) 规则对等性概念

一个网络图的规则对等性要从对该图的"着色"说起。一个图的"着色"（coloring）指的是把一些颜色赋予图中的各个点。一个点的邻点色谱（颜色集）（the colour set or spectrum）指的是与该点邻接的所有点的颜色集合。例如用"深灰""中灰""浅灰"对图进行着色。浅灰点有点3、6、7、8；中灰点有点2、4、5；深灰点有点1。把点 x 的邻点色谱标记为 $C[N(1)]$，有：$C[N(1)]=\{$中灰，浅灰$\}$；$C[N(3)]=\{$深灰，中灰，浅灰$\}$；$C[N(7)]=\{$浅灰$\}$。

由于研究的是集合，所以重叠的要素不计算在内。例如，$C[N(1)]$ 是 $\{$中灰，浅灰$\}$，而不是 $\{$中灰，中灰，浅灰$\}$。规则着色：一个图可能有多种颜色，对于某种颜色来说，如果每当两个点都着这种颜色的时候，它们就有同样的邻点色谱集合，我们就说这种着色是规则的。由此分析图中的"浅灰"是否为规则的。点7和点8的着色都是浅灰，并且 $C[N(7)]=C[N(8)]=\{$浅灰$\}$，然而由于另外有一些浅灰色点的邻点色谱不是浅灰，如 $C[N(6)]=\{$中灰，浅灰$\}$，因此，"浅灰"这种着色就不是一个规则的着色。同理可知，"中灰"这种着色也不是一个规则着色。

如果该图中仅有两种颜色，点1、5、7、8着深灰色，其余点着中灰色。则对于任何一个深灰点来说，其邻点的色谱都是中灰，因此"深灰"这种着色是规则的。对于任何一个中灰点来说，其邻点的色谱都是中灰和深灰，因此，"中灰"这种着色也是规则的。由此产生的对等性是规则对等性。

如果将其推广到有向图中，需要分别考虑"入邻点"（in-neighbourhood）和"出邻点"（out-neighbourhood）。即，如果每当其中的两个颜色一致的时候，它们就有同样的入邻点色谱和相同的出邻点色谱，我们就说这种有向图的着色是规则的。总之，对于规则对等性而言，它代表的是一系列的对等性，而不仅仅是两个节点之间的对等性。

(2) 规则对等性的测量

UCINET中分析规则对等性的程序是REGE，它可用来对有向图、赋值图及多元关系图进行规则对等性分析。这种程序的算法原理可用下例说明。

图2.14是一个假设的"传令"关系图，所有的传令关系都从上向下传递。这种算法主要用来分析包含"发送点"（源点）和"接受点"（终点）

的有向数据的规则对等性。第一步是把每个点看成是"源点"(source)(向外发送关系但不接受关系的点)、"中介点"(repeater)(既向外发送关系也接受关系的点)或者"终点"(sink)(不向外发送关系但接受关系的点)。这样看来,源点是a;中介点是b、c、d;终点是e、f、g、h、i。当然还存在第四种可能,既存在"孤立点"(既不向外发送关系也不接受关系的点)。

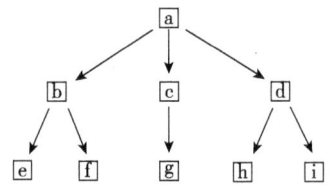

图2.14 "传令"关系

由于发送者集合只有一个点,就不再进一步分析"发送者"角色中的复杂性了。"中介者"集合包含b、c、d三个点。分析其邻点可知,b既是源点,也是终点,对于c和d来说也是如此,尽管这三个中介点拥有不同数目的源点和终点。在此已经穷尽集合{b,c,d}的"角色"了,也就是说,这些中介点所连接的源点不能进一步分为多种类型(因为源点只有一个);这些中介点所连接的终点也不能进一步分为多种类型,因为这些终点之间不存在进一步关系。所以,点b,c,d是规则对等的点。现在考察"终点"集合{e,f,g,h,i}。在这个集合中,每个点都与一个源点相连,尽管源点各不相同(因为e的源点是b,g的源点是c)。由于点b,c,d是规则对等的点,所以,点e到i与b、c、d之间的关联也是规则对等的。

规则分组到此结束。分析结果是以下三组:{a},{b,c,d},{e,f,g,h,i}。这种分组满足如下条件,即每组中的每个节点与其他分组中的节点之间具有相同的关系模式。其置换的邻接矩阵见表2.14。

表2.14 "传令"图的邻接矩阵

	a	b	c	d	e	f	g	h	i
a	—	1	1	1	0	0	0	0	0
b	0	—	0	0	1	1	0	0	0
c	0	0	—	0	0	0	1	0	0
d	0	0	0	—	0	0	0	1	1
e	0	0	0	0	—	0	0	0	0
f	0	0	0	0	0	—	0	0	0

续表

	a	b	c	d	e	f	g	h	i
g	0	0	0	0	0	0	—	0	0
h	0	0	0	0	0	0	0	—	0
i	0	0	0	0	0	0	0	0	—

接下来可以进一步对此矩阵进行分块，分析其像矩阵。在此，如何确定块的取值（即一个块是1-块，还是0-块）需要利用一种特殊的规则。如果一个块中都是0，该块将是0-块。如果一个分组中的每个节点都存在一个到其他分组的节点的一个关系，那么，就定义这个交叉块为1-块。按照这种分块方法得到的像矩阵如表2.15所示。

表2.15 "传令"图的像矩阵

	a	b, c, d	e, f, g, h, i
a	—	1	0
b, c, d	0	—	1
e, f, g, h, i	0	0	—

a向b、c、d中的一个或者多个发送关系，但不向e、f、g、h、i中的任何一个发送关系。b、c、d不向a发送关系，但是，b、c、d中的每一个都向e、f、g、h、i中的至少一个点发送关系。实际上，这个像矩阵反映了一种严格的等级模式。上述界定块的规则也是一种对如下观念进行操作化的方法：一个集合中的节点如果与对等的其他节点（其他分组中的节点）之间存在关联，该集合的节点则是规则对等的。

总之，上述邻点搜索算法开始于把每个点都看成是一个源点、中介点或者终点这三类中的一种。然后考察每一类分组中的每个节点的邻点类型。如果邻点类型都一样，对此类节点的分析就结束，进入下一步分析，即分析下一组节点。如果节点具有不同的邻点构成，就把此类节点再分组，重复上述分析过程。

实际上，邻点搜索算法体现在对有向图的"着色"的分析上。首先假定数据是有向二值关系数据。在分析之初，假定所有点都颜色一致。然后，检验所有点的邻点（入点和出点）的色谱，并且对所有点进行重新着色，以便试图形成一种新的规则的着色。不断重复这个过程，直到着色趋于稳定。这里的邻点搜索规则是以分析二值有向数据为例的，它也可以推广到赋值数据，分析具有近似规则对等性的节点。

（3）经济学期刊的规则分组

在 UCINET 中，利用 REGE 连续算法，选择经济学期刊互引网络的初始赋值矩阵，计算其规则对等性。三次迭代后的相似性矩阵片断见表 2.16。相似性矩阵中的值实际上是百分数，它测量的是同组中的两个节点与其他组的节点之间的关系在多大程度上"相配"，该值越大说明对应的节点之间越具有规则对等性。

表 2.16 相似性矩阵片断

REGE similarities（3 iterations）

		1 财？	2 财？	3 财？	4 财？	5 财？	6 当？	7 当？	8 国？	9 会？	10 金？	11 经？	12 经？	13 经？	14 经？
1	财经科学	100	90	83	88	53	87	89	75	74	73	86	76	89	61
2	财经问题研究	90	100	82	88	51	87	90	72	67	62	86	76	91	63
3	财经研究	83	82	100	83	47	84	79	71	67	72	82	67	81	56
4	财贸经济	88	88	83	100	58	84	84	79	76	71	89	75	86	65
5	财政研究	53	51	47	58	100	39	54	74	52	44	60	73	52	84
6	当代财经	87	87	84	84	39	100	85	65	65	63	82	67	89	51
7	当代经济科学	89	90	79	84	54	85	100	72	64	56	82	80	89	65
8	国际金融研究	75	72	71	79	74	65	72	100	70	67	80	76	70	79
9	会计研究	74	67	67	76	52	65	64	70	100	80	75	59	66	54
10	金融研究	73	62	72	71	44	63	56	67	80	100	71	49	61	45
11	经济科学	86	86	82	89	60	82	82	80	75	71	100	75	85	70
12	经济理论与经济管理	76	76	67	75	73	67	80	76	59	49	75	100	76	82
13	经济评论	89	91	81	86	52	89	89	70	66	61	85	76	100	63
14	经济社会体制比较	61	63	56	65	84	51	65	79	54	45	70	82	63	100

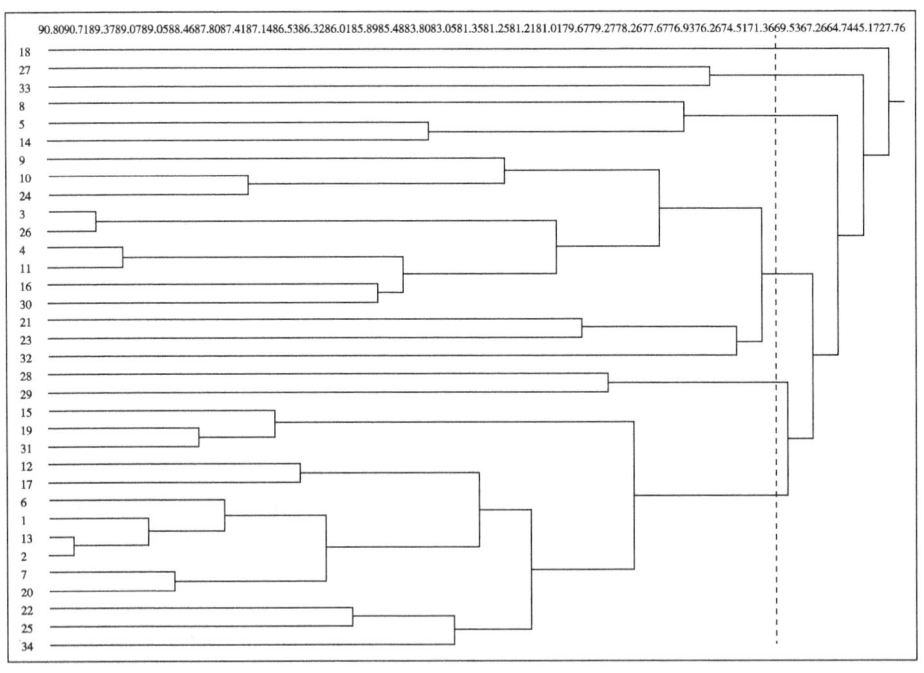

图 2.15 经济学期刊规则分组

具体分组情况如图 2.15 所示（该图较大，期刊名称用刊名音顺序号代替），在不同的层次上有不同的分组。参考前几节的分析结果，以图中虚线位置截取，将经济学期刊分为如表 2.17 所示的 5 个子群。

表 2.17　经济学期刊规则分组

子群	期刊
1	经济研究（18）
2	会计研究（9）、金融研究（10）、世界经济（24）、财经研究（3）、数量经济技术经济研究（26）、财贸经济（4）、经济科学（11）、经济学动态（16）、中国工业经济（30）、农业经济问题（21）、审计研究（23）、中国农村经济（32）
3	国际金融研究（8）、财政研究（5）、经济社会体制比较（14）
4	消费经济（28）、亚太经济（29）、经济问题（15）、经济与管理研究（19）、中国经济问题（31）、经济理论与经济管理（12）、经济学家（17）、当代财经（6）、财经科学（1）、经济评论（13）、财经问题研究（2）、当代经济科学（7）、南开经济研究（20）、上海金融（22）、世界经济研究（25）、中央财经大学学报（34）
5	投资研究（27）、中国土地科学（33）

接下来，计算子群间的密度矩阵，见表 2.18。采用与上节相同的 α 标准构建其像矩阵，见表 2.19。由于第一组仅有一种期刊，计算时又忽略期刊自引，因此未得出其密度。实际上，该刊的自引量很大，为了在像矩阵中与其他组别的自引做类比，将该组像矩阵中的空值更改为 1。

表 2.18　密度矩阵

	1	2	3	4	5
1		45.692	17.250	7.706	2.333
2	314.385	31.932	15.611	9.120	2.750
3	50.000	9.861	4.333	2.604	1.000
4	204.941	31.365	20.000	9.317	3.188
5	12.000	3.667	1.833	1.156	0.000

表 2.19　密度矩阵的像矩阵

	1	2	3	4	5
1	1	1	0	0	0
2	1	1	0	0	0
3	1	0	0	0	0
4	1	1	0	0	0
5	0	0	0	0	0

第一子群仅有一种期刊，即核心－边缘结构分析中的"超级核心"——《经济研究》。在角色分析中，我们可以将其命名为"最权威期刊"。

第五子群是"孤立子群"，其两种刊物又与核心－边缘结构分析中的"孤立区"重合，在这里，可以将其成员命名为"孤立期刊"。

第三子群的三种期刊均处于核心－边缘结构中的"边缘区"，与其他期刊的引用量和被引量均偏低。

第二子群和第四子群的期刊分别与位置分析中的第七组和第一组的期刊重合较多。但参考中心性分析和核心－边缘结构分析的结果发现，规则分析比位置分析更清晰地把在各指标中居前和靠后的期刊分成了两群。第二子群可与第一子群的期刊一起命名为"权威期刊"。第四子群可与第三子群合称"一般期刊"。

为了形象地展示各子群间的关系，进一步简化像矩阵。把各个期刊子群看成是各个点，把各个"像"看成是一系列邻接关系，可以得到如图 2.16 所示的简化图。

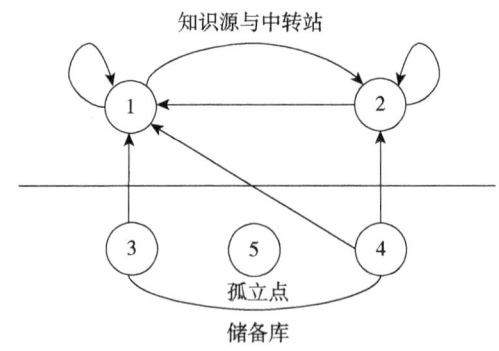

图 2.16　像矩阵

从图中可以清楚地看到，除了"孤立子群"以外，其他子群的期刊均积极引用第一子群，即《经济研究》，而《经济研究》仅较多引用本刊和第二子群的期刊。第二子群期刊得到第一子群、第四子群及本子群期刊的高频引用，也仅引用第一子群和本子群的期刊，因此，在简化图中，将这两个子群的期刊划为一组，并标注为"知识源与中转站"。可以认为，它们在经济学期刊互引网络中处于"知识权威"的地位。不仅如此，很多权威期刊同时还承担着网络"中转站"的角色，吸收"知识源"的知识信息，转而向其他期刊输出，如《经济研究》《金融研究》《会计研究》《财贸经济》《财经研究》《经济科学》。第三子群的期刊仅对第一子群的期刊引用率较高，第四子群的期刊对第一、第二子群的期刊引用率均较高，同时，两子群均很少被其他子群和本子群引用。它们被划分为一组，是信息输入的"储备库"，较少充当"知识源"和"中转站"的角色。第五子群是"孤立子群"，在该互引网络中处于离散状态，对其他期刊的引用与被引都很低。各子群在期刊互引网络中的"角色"已在图中标出。

（4）经济学与图情学期刊"角色"对比

为了揭示经济学期刊互引网络结构的特点，将其简化图与图书情报学期刊互引网络的简化图进行对比。图 2.5 是以 CSSCI 数据库图书馆学、情报学的 16 种来源期刊的 2006—2007 年的参考文献为样本的期刊互引网络像矩阵简化图。可以看到，图书情报学期刊网络中不存在"孤立子群"，而且承担"知识源"与"中转站"角色的期刊子群是分开的。前者是以《中国图书馆学报》《大学图书馆学报》为代表的 7 种期刊，后者是以《图书情报工作》《情报科学》为代表的 3 种期刊。

相比之下，首先，经济学权威期刊群规模较大。这与经济学本身的规模和特点有关。经济学中存在几个非常显著的学科门类，如金融、财政等，它们与研究也比较多的世界经济、工业经济和农业经济等在内容上也有密切的联系，从而各个亚学科门类的高质量期刊形成了规模较大的权威期刊群。

其次，在经济学 34 种期刊中，"马太效应"更加明显。"最权威期刊"与"孤立子群"同时存在。其中，《经济研究》的突显除了其质量因素外，与其综合性的学科定位也有关系。"孤立子群"的形成与个别期刊的学科性质和引用规范有关。例如，《中国土地科学》是学界公认的学术质量较高的期刊，但它在经济学期刊中处于孤立地位。这是由于虽然它刊载了很多与农业经济有关的文章，但是更多的是刊载土地资源、地理学方面的论文，属于土地资源管理类期刊，因此在经济学中的利用率就相对较低（与核心－边缘结构分析中的情况相同）。又如，《投资研究》和《财政研究》等期刊，附有参考文献的论文非常少，而在仅有的参考文献中，来源为网站或消息报道类的期刊的情况又较多，很少引用样本期刊。

最后，"知识源"期刊与"中转站"期刊高度重合。图书情报学期刊中中介中心度高的期刊，点度中心度或亲近中心度不一定高。而经济学期刊中起主要中介作用的期刊绝大部分都是"权威期刊"，在"一般期刊"中，只有《当代财经》具有较高的中介桥梁作用。

第三章 文献网络分析

科学文献的相互引用记载了科学发展的轨迹。无论是期刊引文网络还是作者引文网络,无论是引用网络还是共被引网络,它们都是基于文献之间的引用关系的。可以说,文献引文分析是引文分析的"基本面",想要弄清各类引文网络的机制,就要回到文献与文献之间的引用与被引用关系上。本章的"文献"特指学术期刊中的学术论文。

3.1 文献共被引网络结构分析

建立经济学文献共被引网络,该网络为无向赋值网络。统计 2007 年 34 种经济学期刊中所有参考文献的被引次数。选取被引频次大于等于 7 的高被引文献共 93 篇作为统计样本,建立 93×93 的文献共被引网络矩阵。根据该矩阵绘制的初始赋值图能够最完整地表达共被引网络的信息,但是在分析网络结构时存在很多局限。例如,粗细不同的连线交错混杂,不易分辨,联系非常紧密的点会重合在一起等。这些问题会导致网络的细部结构被掩盖或误读。为了便于分析,将文献共被引初始矩阵转化为邻接矩阵。仍然采用设定阈值的办法。阈值规定为平均共被引次数。高被引文献的共被引次数矩阵的平均共被引次数为 1.90。取共被引次数大于 1.90 时为 1,小于 1.90 时为 0。这个新矩阵反映的是两篇文献共被引次数是高于还是低于全体文献共被引次数的平均值,体现出来的共被引是具有较强连接关系的文献。

3.1.1 共被引网络全景图

为了一览经济学高被引文献共被引网络的概貌,利用 Pajek 绘制其初始矩阵的全景图,见图 3.1。在该图中,连线的粗细代表共被引次数的大小,节点的分布以将网络中不连通的各部分分离开来为原则。总体看来,该网络有一个庞大的连通组，还有一些较小的成分和几个单点。局部有密集的共被引文献簇，各簇之间又通过比较稀疏的共被引关系相连。如果把该图的形状比作一只"天蝎"的话，则其头部和腹部是最大的两个簇，而尾部及两鳌也有"强健的"共被引关系存在。通过分析主题词，这几个部位分别是有关股权、区域经济、货币、银行和工业经济的文献簇。

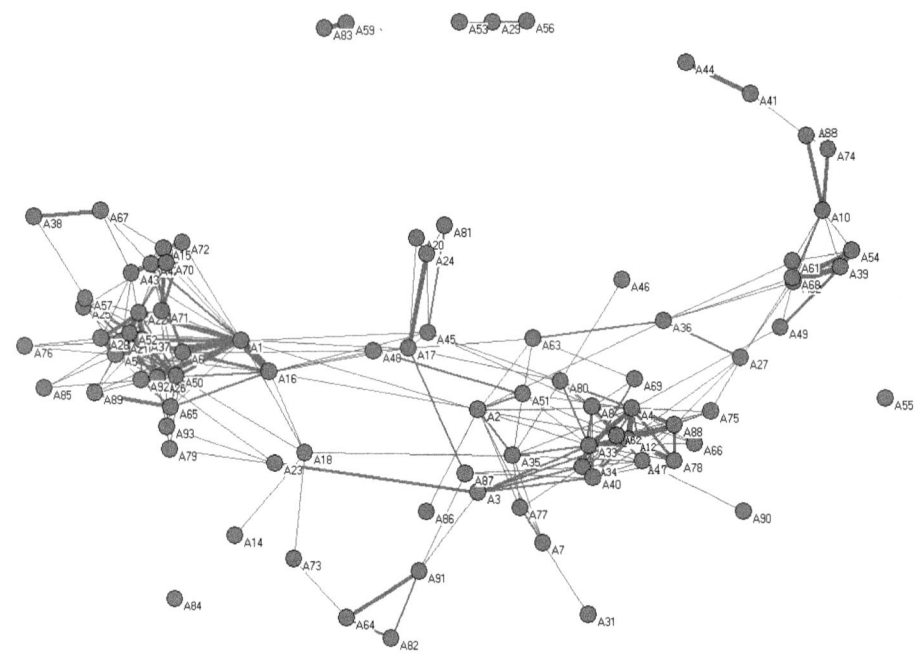

图 3.1　高被引文献共被引网络

3.1.2　共被引网络的成分

对共被引网络进行成分分析。成分（component）即"最大关联的子图"。在一个成分中，所有点都通过各种途径相连，并且其中任何线都不指向该成分以外的任何点。成分分析可以告诉我们一个网络的连通情况。图3.1中共包含5个成分——一个主成分，两个小成分和两个孤立点，对于规模为93的网络来说，其连通性较强。而二值矩阵去掉了相对较弱的连接（在这里是去掉了共被引强度仅为1的连接），共被引网络被分离成了31个成分。在该网络中，相对紧密的子网正是通过这些程度较弱的共被引关系连接起来形成庞大的关联子图的。在图3.2中，各个成分用不同的颜色表示。其中有3个规模较大的成分（在图中按规模的大小顺次标注为"1""2""3"）和许多规模为 2、3 或 4 的小成分，还有 16 个孤立点（图中央的单点），每一个单点为一个成分。这些孤立点说明它们与其他文献发生共被引关系的次数低于全体文献共被引次数的平均值，而其他文献之间均有较强的联系。如图所示，这种联系以无向、粗细均匀的（无赋值的）连线表示。

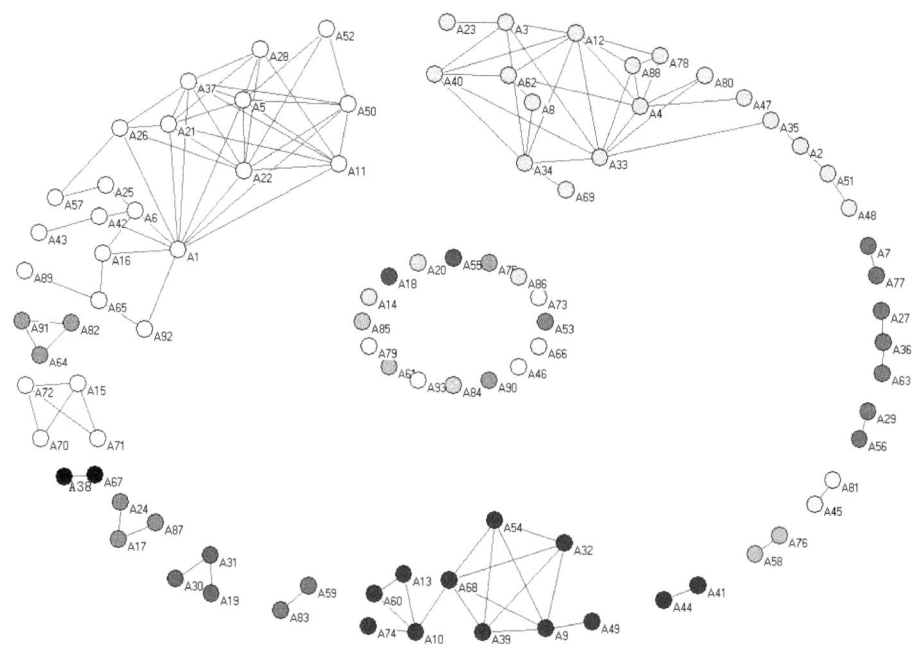

图 3.2　高被引文献共被引网络成分（二值矩阵）

3.1.3　桥、切点和双边连接成分

在一个连通图（成分）中，如果删除其中的某条连线，整个图的结构就被分为几个互不关联的子图（成分），则称该连线为桥（bridge）。换句话说，一个桥就是将其移除后，该网络的成分数目会有所增加的连线。同理，一个切点（cut-vertex）就是将其删除后，该网络的成分数目会有所增加的节点。这里需要注意的有两点：一是从网络中删除一个节点意味着该节点及其所有连线全部被删除；二是桥两边的端点可能是切点，也可能不定是切点。对于切点本身来说，它在网络中占据着重要位置，该点对于其他点来说也具有重要意义。它扮演着"掮客（brokers）"的角色，控制着信息从网络的一处到另一处的传递。但是对于整个网络来说，桥和切点的存在不利于信息的传播。

相应地，在一个连通图中不存在桥和切点的部分，就不会受到信息瓶颈的影响，是一种有利于信息传播的结构。我们把规模不小于3的不包含切点的最大连通子网（maximal connected subnetwork）称为双边连接成分（bi-components）。在一个双边连接成分中，任何一个节点的缺失都不会完全切断其他两个节点的信息交流，因为它们还有另外一条路径可以传递信息。另外，如果是无向网络，则任何一个节点都至少有两个信息源，汇聚在一起的信息可以得到检验。双边连接成分是比强连接成分或弱连接成分更具内聚力的网络结构，因为任何一对节点间不仅都能够连通，而且都至少有两条不同的路径相连，即两条路径的中间环节不依赖于共同的节点。

一个成分通常是由一些重叠的双边连接成分，或者是由桥连接的几个双边连接成分组成的。经济学文献共被引网络中的3个主成分也不例外，下面就分别找出这3个子网的桥，切点和双边连接成分。

在图3.3至图3.5中，切点以方型节点表示，双边连接成分和桥也已标出。成分1的规模为19，仅在边缘有两个切点，其双边连接成分由17个节点组成，占总规模的89.5%，这说明成分1的网络结构很强健，节点间存在普遍联系，非常有利于信息的传递和交流。成分2的规模为18，有7个切点，其双边连接成分由11个节点组成，占总规模的61.1%。该成分的特点是虽然其双边连接成分的规模也比较大，但是拖着一条长长的"尾巴"，节点间均为"单线联系"，这使得该成分非双边连接成分的部分很脆弱，其中任何一个节点的缺失都会阻隔信息的传递。成分3的规模为10，有3个切点，两个规模为5和3的双边连接成分，分别占总规模的30%和50%。在该成分中从A10到A68的桥非常关键，它们之间的共被引关系将两个相近的研究热点联系了起来。

总体来说，经济学文献共被引网络的三个主成分中，成分1的网络结构连通性能最好，其他两个成分中也有非常强健的局部结构。例如，成分3中的一个双边连接成分是一个规模为5的完备图，其中每一个节点都与其他4个节点相连，是连通性最好的网络结构类型。

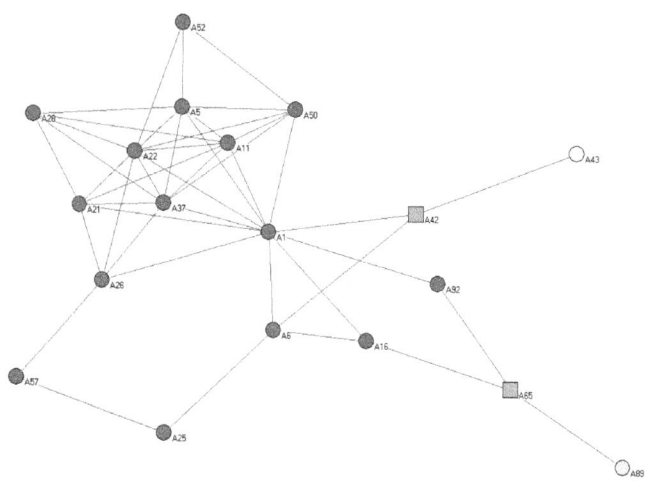

图 3.3 成分 1 的桥、切点和双边连接成分

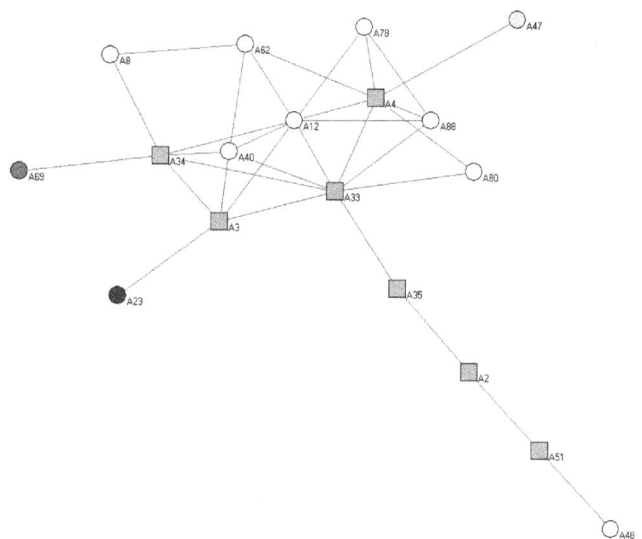

图 3.4 成分 2 的桥、切点和双边连接成分

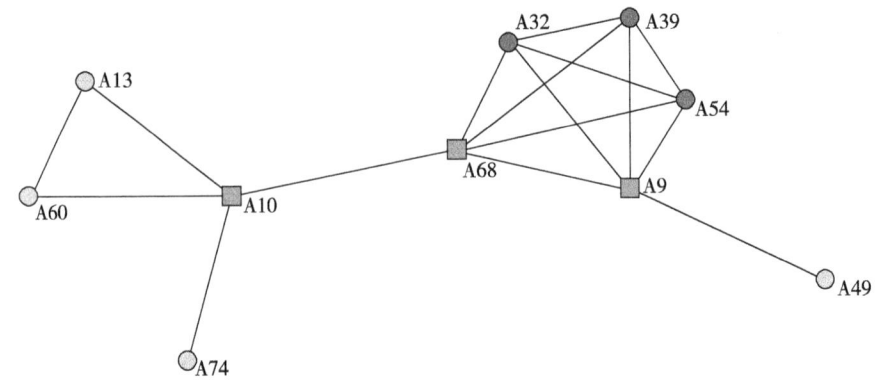

图 3.5　成分 3 的桥、切点和双边连接成分

3.2　文献共被引网络凝聚子群分析

3.2.1　共被引网络的 k - 核

在分析了每个主成分的基本结构特征之后，网络中的核心文献到底有哪些呢？如何查找成分中的核心文献集团？这里要用到 k - 核的概念。k - 核是建立在点的度数基础上的概念。与某点相邻的那些点称为该点的"邻点"，一个点 n_i 的邻点的个数称为该点的"度数"（nodal degree）。这样，一个点的度数就是对其邻点多少的测量，也就是与该点相连的线的条数。k - 核的概念是通过对子群中的每一个成员的邻点个数进行限制而得到的。它是指满足下面条件的一个子图，即子图中的点都至少与该子图中的 k 个其他点邻接。通过改变 k 值，会得到不同的子图。随着 k 值的增加，k - 核的子图成员会逐渐减少，而成员之间的关系会越加紧密。

图 3.6 至图 3.8 是三个主成分的 k - 核分布图，括号内为节点所属 k - 核。成分 1 的 k - 核最高级数为 5，也就是说，$5k$ - 核中的文献是整个共被引网络中连接最紧密的核心文献集团，其中每篇文献都至少和同一核中的 5 篇文献发生共被引强度大于 1 的共被引关系。当 k - 核扩展到 $4k$ 和 $3k$ 的时候，分别增加了一个文献节点。$5k$ - 核共有 8 篇文献，占据了该成分一半的节点。核心集团的庞大也再次证明了该成分是 2007 年经济学最大的研究热点。成分 2 的 k - 核最高级数为 4，规模为 5，$3k$ - 核的规模也较大为 4。$4k$ - 核和 $3k$ - 核联系紧密，可以认为它们一起构成了成分 2 的核心文献集团。成分 3 的核

心文献集团就是由规模为 5 的完备网络构成的 $4k$ - 核。该成分不存在 $3k$ - 核，说明该成分的主题扩展性不强，或者是主题面较窄、较专深。

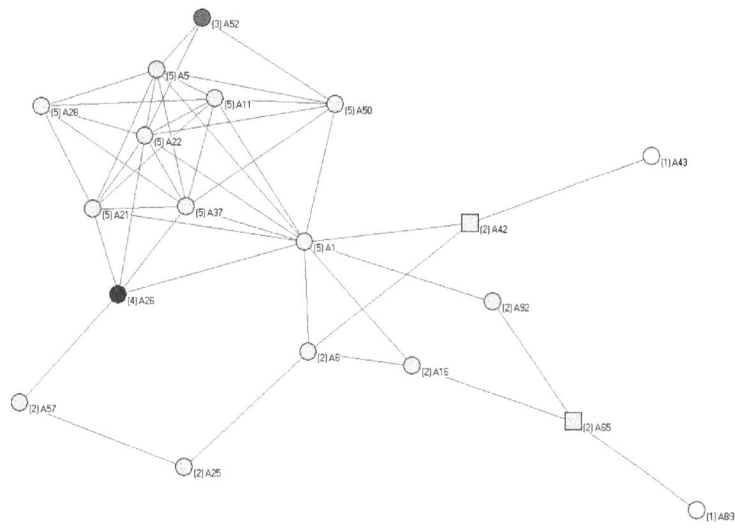

图 3.6　成分 1 的 k - 核分布

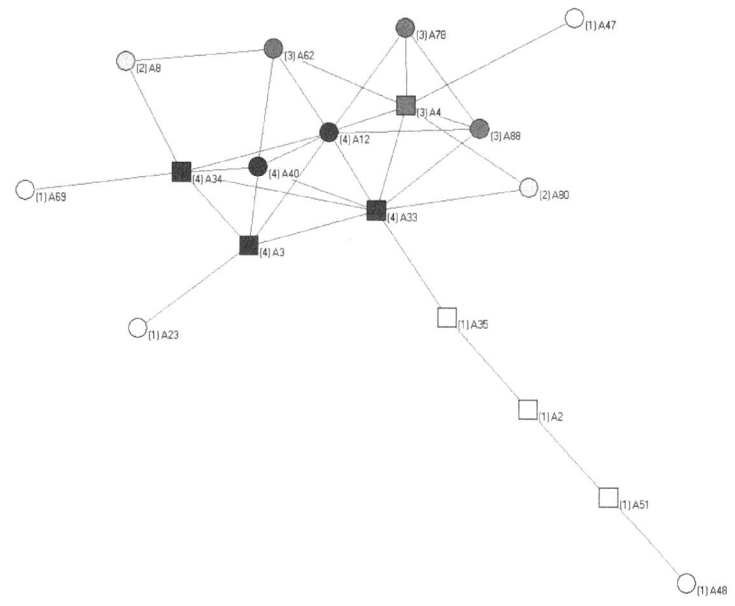

图 3.7　成分 2 的 k - 核分布

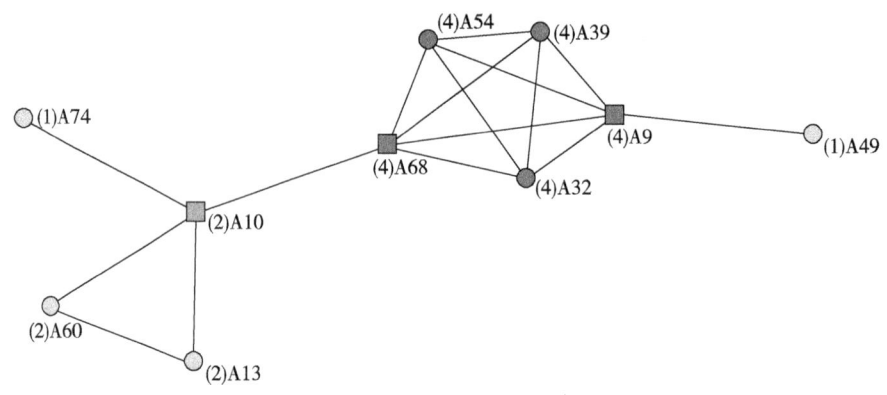

图 3.8 成分 3 的 k - 核分布

3.2.2 共被引网络的派系

现在需要将所有的文献分群聚类，再结合以上得出的成分、核心文献集团等其他凝聚子群分析的结果将每一类（子群）文献按重要程度和细分主题列表说明。凝聚子群分析的方法很多，例如基于子群成员之间的接近性或者可达性的 n - 派系，n - 宗派分析，基于子群内部成员之间关系频次的 k - 丛分析等。它们都是重点关注子群内部的关系，但是，既然一个凝聚子群应该是内部关系相对比较紧密的一个群体，就不应该仅仅关注子群内部关系的性质，还应该考虑子群内外关系的特点。因此，选取 Factions 命令进行派别分析，该方法是通过比较子群内部成员之间的关系强度相对于子群内、外部成员之间的关系强度来区分派别的。它可以分析出指定数目的派系情况，由于二值共被引网络存在三个主成分，因此指定将共被引网络分成三个派系。输入初始赋值矩阵，分析结果见表 3.1 的派系邻接矩阵。从两个矩阵可以看出 Factions 算法同时使得各子群内部的联系密度达到最大，各子群之间的联系密度达到最小，分群效果较好。

具体派别如下。

第一派系（32 个）：A1 A5 A6 A11 A15 A16 A18 A21 A22 A23 A25 A26 A28 A37 A38 A42 A43 A50 A52 A57 A58 A65 A67 A70 A71 A72 A76 A79 A85 A89 A92 A93。

第二派系（31 个）：A2 A3 A4 A8 A12 A17 A20 A24 A33 A34 A35 A40 A45 A46 A47 A48 A51 A62 A63 A66 A69 A75 A77 A78 A80 A81 A86 A87 A88 A90 A91。

第三派系（30个）：A7 A9 A10 A13 A14 A19 A27 A29 A30 A31 A32 A36 A39 A41 A44 A49 A53 A54 A55 A56 A59 A60 A61 A64 A68 A73 A74 A82 A83 A84。

表 3.1 共被引网络派系邻接矩阵片断

经比对，第一、二、三类派系分别包含了主成分 1、2、3 中的文献，只有成分 2 中的边缘文献 A23 被分在了第一派系，这可能是由于两种分析方法的矩阵对象不同造成的。（成分分析根据二值矩阵，派别分析根据赋值矩阵）但以规模为 93 的网络来说，两种分析结果的高度重合，使得其分群结果非常可信。根据共被引网络二值图和文献主题内容，对分派结果进行微调：将第二派系的 A77 和 A91 移到第三派系，其他节点不变。最终的分派结果见表 3.2。第一、二、三派系分别为 32、29、32 篇文献，共有 33 个成分（根据分派结果和文献主题内容将成分 1 中的 A23 和一个三方组中的 A63 列为单点划到另一派系，因此成分数多了两个），6 个双边连接成分。以每个派别中 $3k-$ 核至 $5k-$ 核的文献作为该领域的核心文献，共有 24 篇，占高被引文献总数的 25.81%（其编号在表中以黑体标识）。

3.2.3 文献群落的划分

综上，2007年经济学的研究热点有3个。首先是上市公司的治理与公司绩效，共有32篇高被引论文、10篇核心文献。在该领域中，对大股东的掏空行为、激励机制、盈余报告的有用性，内部控制理论和委托代理理论等有关上市公司治理的细分主题都有专门研究，形成众多小而致密的文献簇。该子群主题丰富又相对集中，是该年经济学研究热门领域。

其次是有关中国地区经济差距的区域经济学主题，共有高被引论文29篇，9篇核心文献。该领域的亚主题还有中国工业经济和中国经济增长。论题的切入点常有人力资本、全要素生产率、资本存量、地方保护、贸易与投资和财政政策等。可以说，这一研究热点正是围绕当前中国经济发展所面临的诸多问题而展开的，主题内容也相当丰富，其中尤以东西部地区经济差异和城乡收入差距的论题最为突出。

第三个研究热点是关于货币政策和金融机构的。共有论文32篇，核心文献5篇。其中对经济货币化，货币需求，货币供应量及货币流通主题的研究最为集中，而且主题间关联密切，彼不离此。对于一些更加专指的主题，如泰勒规则，中间目标，银行效率，均衡汇率，汇率与贸易，宏观成本与经济增长模式，居民储蓄与消费，财务困境预测，服务业等，虽然其研究规模较小，但也都形成了研究热点。另外，对于农村金融改革，中国银行业改革的论文和对现代经济学进行重新认识的理论文章也得到了很多学者的吸收借鉴。

表3.2归纳了本节中各种凝聚子群分析的结果及各子群对应的研究主题。

表3.2 经济学高被引文献分群及主题

所属集团		编号	主题内容	成分	派别
5k-核	双边连接成分（简称双边）	A1	上市公司治理与公司绩效	成分1	1
		A5			1
		A11			1
		A21			1
		A22			1
		A28			1
		A37			1
		A50			1
4k-核		A26	上市公司大股东侵害度		1
3k-核		A52	董事会独立性与公司绩效		1
2k-核		A6	掏空资产与制度环境		1
		A16			1
		A25			1
		A42			1
		A57			1
		A65			1
		A92			1
1k-核		A43	股权结构与融资偏好		1
		A89			1
四方组	双边	A15	激励机制与企业绩效	成分4	1
		A70			1
		A71			1
		A72			1
二方组		A38	盈余报告的有用性	成分5	1
		A67			1
二方组		A58	内部控制理论	成分6	1
		A76			1

续表

所属集团		编号	主题内容	成分	派别
单点		A18	金融机构与融资	成分7	1
		A23	治理结构及委托—代理关系	成分8	1
		A79	双重委托代理理论与公司治理	成分9	1
		A85	信息披露与资本成本	成分10	1
		A93	软预算约束与国有企业改革	成分11	1
$4k$-核	双边	A3	人力资本、全要素生产率与地区经济差距	成分2	2
		A12			2
		A33			2
		A34			2
		A40			2
$3k$-核		A4			2
		A62			2
		A78			2
		A88			2
$2k$-核		A8			2
		A80			2
$1k$-核		A2	资本存量、地方保护与地区经济差距		2
		A35			2
		A47			2
		A48			2
		A51			2
		A69			2
三方组		A17	中国工业经济与外溢效应	成分12	2
		A24			2
		A87			2
二方组		A45	投资与经济增长	成分13	2
		A81			2

续表

所属集团		编号	主题内容	成分	派别
单点		A20	外商直接投资与自主研发	成分14	2
		A46	中国的双顺差	成分15	2
		A63	中国经济周期与财政政策	成分16	2
		A66	工业化与经济增长	成分17	2
		A75	贸易开放度与经济增长	成分18	2
		A86	增长失衡与政府责任	成分19	2
		A90	中国收入差距分析	成分20	2
$4k$-核	双边连接成分	A9	经济货币化与货币流通	成分3	3
		A32			3
		A39			3
		A54			3
		A68			3
$2k$-核		A10			3
		A13			3
		A60	泰勒规则、中间目标与货币政策		3
$1k$-核		A49			3
		A74			3
三方组	双边	A19	均衡汇率	成分21	3
		A30			3
		A31			3
三方组	双边	A64	银行效率实证	成分22	3
		A82			3
		A91			3
二方组		A7	汇率与贸易		3
		A77		成分23	3
二方组		A27	宏观成本与经济增长模式	成分24	3
		A36			3
二方组		A41	居民储蓄与消费	成分25	3
		A44			3
二方组		A29	企业与市场	成分26	3
		A56			3

续表

所属集团	编号	主题内容	成分	派别
二方组	A59	财务困境预测	成分27	3
	A83			3
单点	A14	农村信用合作社体制改革	成分28	3
	A53	服务业与中国经济	成分29	3
	A55	现代经济学	成分30	3
	A61	货币政策操作效果实证	成分31	3
	A73	中国银行业的改革和发展	成分32	3
	A84	农民经济合作组织及治理结构	成分33	3

3.3 文献引用网络分析

长期以来，文献引文分析的作用主要体现在对学科研究热点的分析上。人们利用文献共被引分析，结合关键词共现等内容分析，确定某学科在一定时域内的研究重点或热点及其转移。这对于绘制科学图谱、综观某领域的研究进展极有帮助。但是，还有一方面的研究很少涉及，即对引用网络的研究。引用网络为时序网络，最详细地记载了科学研究的传承关系，是研究学术传统、学术史的有力工具。加菲尔德的引文编年图是就是展现引用时序网络的一种方式，但是该方法缺少更为细致的定量模型，不能对关键文献及科研发展路径做出精确描述。本节将利用网络分析理论与方法对文献共被引网络和文献时序网络分别进行研究。

建立经济学文献时序网络，该网络为有向二值网络。鉴于《经济研究》在34种经济学期刊中的权威地位和巨大影响力（2007年93篇经济学高被引文献中有73篇载于该刊），以该刊十年的参考文献为数据源，建立《经济研究》引用时序网络。

3.3.1 引用网络的复杂网络特性

3.3.1.1 引文分布的无标度特性

有向网络中节点的度分为入度和出度。入度是指箭头指向给定节点的边的数量，出度是指由给定节点出发的边的数量。引用网络中入度是指一篇论文被引用的次数，出度是指一篇论文引用其他论文的次数。引用网络的度分布研究的是被引用 x 次的文献的数量。反过来说，就是随机抽取一篇文献，被引用 x 次的概率是多少。

早在 1965 年普赖斯就曾经研究过引文形成的网络，第一次提出引用网络中的入度和出度都符合幂律分布。在他所研究的引用网络中，幂指数介于 2.53。在他其后的研究引用网络的一篇论文中，更加精确地指出了幂指数等于 3.04。幂律分布的直观表现就是有很少的论文得到大量的引用，而大量的论文仅仅得到了极少的引用。

（1）《经济研究》总体入度分布

为了得到《经济研究》从创刊（1955 年）至今的入度分布情况。利用 "中国期刊全文数据库" 检索该刊 1955—2007 年发表的所有类型的文献（包括综述、述评、年度目录等），共计 5853 篇。截至 2009 年 3 月 2 日，有 3224 篇文献被引用过，总被引量为 122 229。其中被引次数最高的 1% 的文献的被引量达到总被引量的 28.49%，被引次数最高的 5% 的文献的被引量达到总被引量的 60.95%，而 50% 的低被引文献所拥有的引文量仅仅是总被引量的 3.15%。没有被引用过的文献占总文献量的 44.92%；11.64% 的文献被引用过 1 次；6.05% 被引用过 2 次；3.43% 被引用过 3 次；2.51% 被引用过 4 次；2.00% 被引用过 5 次。被引次数大于等于 6 的文献占总论文数的 29.45%，占总被引量的 97.41%。论文的平均被引频次为 21 次，而被引次数的中值为 141。中值与平均值之间的巨大差异说明被引次数为中值的文献的被引次数远远大于被引次数为平均值的文献的被引数量。这就导致在引文分布图中会出现一个很长的 "尾巴"，即存在少量的被大量引用的文献和大量很少被引用的文献。

图 3.9 是《经济研究》在 "中国学术文献网络出版总库" 中被引频次和文献数量的关系。可以清楚地看到，仅有 6 篇文献（小圆圈）的被引频次超过了 1000 次。被引 500~1000 次的文献也不多（15 篇），绝大部分文献分布在 "长尾" 上，被引频次非常低。这是一种典型的幂律分布。图中的黑色曲线是幂律曲线，可以看到，入度分布的观测值与幂律曲线拟合的较好。其相关系数 R 和判定系数 R^2 分别为 0.931 和 0.867，拟合优度较高，被解释变量（入度）可以被模型解释的部分较多，未能被解释的部分较少。幂函数（power function）的回归方程为 $y = Cx^{-\tau}$。幂律分布中的指数 τ 是一个常数，

这也就是符合幂律分布的网络通常被称为无标度网络的原因。幂律分布与高斯（Gaussian）或正态分布的最大区别就是平均值与中值之间的差异，在高斯分布中的均值就是出现频率最高的值，也是中值，而幂律分布中，中值往往会大于均值数倍，出现的概论更会远远小于均值。

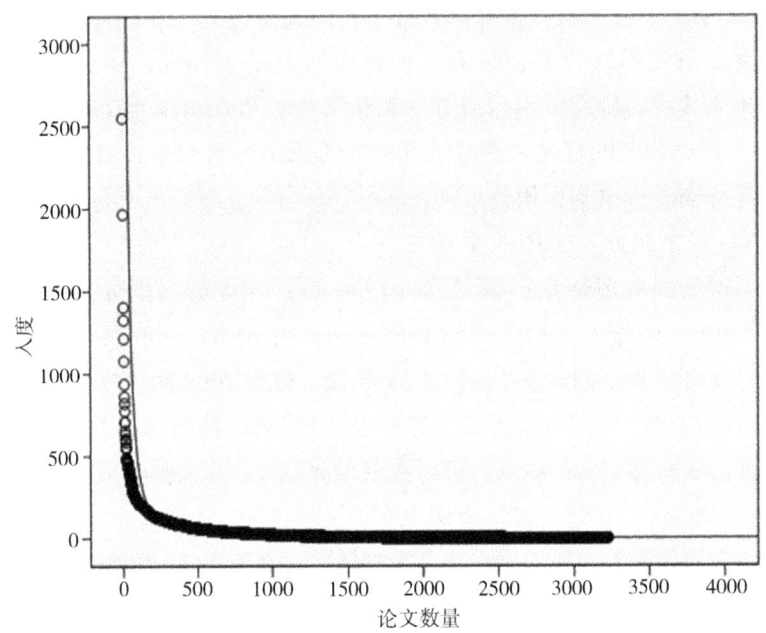

图 3.9　《经济研究》的入度分布

$C = 782\,115.5534$，$\tau = 1.6162$，幂律方程为 $y = 782\,115.5534x^{-1.6162}$。幂律指数约为 1.62，小于普赖斯所研究的引文网络的幂指数。这说明该引文网络的被引频次的差异要小于其他一些引文网络。拉埃勒尔（J. Laherrere）和索尔内特（D. Sornette）曾对包含 1120 名被引频次最高的物理学家的引文网络进行过研究，这个网络的引文分布的幂指数为 0.3，远远小于本研究的幂指数，这个结果很容易理解，因为杰出科学家之间的差异要远远小于杰出科学家与普通研究人员之间的差异。而其他被研究过的引文网络，如 1981 年 ISI 收录的所有论文的引文分布和物理学回顾 D 中 11 至 50 卷的论文之间的引文网络的度分布的幂律近似等于 3；SPIRES 数据库中的 281 717 篇期刊论文之间的引文网络的度分布的幂律由 1.29 转化为 2.32。这个结果说明，在我国经济学领域，优秀论文的被引情况与一般论文的被引情况的差异比其他学科，如物理学等，相对小一些。这与学科性质和各个学科的引文习惯也有很大关系。诸如物理学、数学、化学等领域中高质量论文几乎会被所有领域的论文所引用。当然,也存在语言的问题,以英文撰写的文献要比以中文撰写的文献的读者群广泛得多,更容易被各国的研究人员所参考、引用。因此,国外基础学科不同质量的论文的被引频次的差距就会很大,异质性更强。

在复杂网络的研究中,人们试图通过研究具有相似结构的不同的真实系统,来理解一些真实的网络的形成机制,并从拓扑机制出发改善网络的整体性能。幂律分布特性便是这些网络具有的共同特性。它反映了很多的真实网络都是异质性网络。这反映在网络的性能上,就是网络具有较强的稳定性,在随机去点的情况下,网络的整体性能不会受到很大的影响。但却是以对有目的的攻击表现极其脆弱为代价的。最近几年,*Physical review*、*Nature*、*Science* 等杂志发表了大量关于复杂网络的论文。这些网络都表现出了极强的鲁棒性。极强的容错能力和极弱的抗击性是这种交流网络的最本质特征。

被引最多的 20 篇文献,也是被引频次在 500 以上的文献。它们的发表时间主要集中在十年前左右,其中大部分文献出现在 2007 年经济学的高被引文献中。它们是我国经济学研究中的标志性文献。

(2)《经济研究》入度分布演变

利用 CSSCI 数据库检索被引文献的功能,获得 1998—2007 年每年来源期刊对《经济研究》的引用数据,逐年绘制散点图,进行曲线拟合。结果发现历年的幂律曲线拟合优度都较高,判定系数 R^2 的平均值比拟合整体引文分布时的值还要高,达到了 0.910。各年幂律指数及方程见表 3.3。从图 3.10 可以看到《经济研究》十年间引文分布幂指数的变化情况。幂指数在 1998—2000 年快速增长,于 2001 年稍有回落,此后的 6 年都呈现稳步上升的趋势。虽然由于来源期刊和被引年代的限制,《经济研究》引文分布各年的幂指数要低于该刊整体引文分布的幂指数,但是从趋势图中仍然可以得出对该刊文献的引用日益体现出更高的异质性。

表3.3 《经济研究》1998—2007 年幂律拟合情况

被引年	回归方程	R	R^2
1998	$Y = 25.315\ 536\ 579\ 380\ 95 \times x^{**} - 0.557\ 437\ 804\ 077\ 390\ 2$	0.952	0.906
1999	$Y = 57.907\ 651\ 819\ 696\ 76 \times x^{**} - 0.670\ 395\ 044\ 665\ 800\ 2$	0.960	0.921
2000	$Y = 160.979\ 110\ 398\ 016\ 9 \times x^{**} - 0.823\ 033\ 279\ 209\ 360\ 8$	0.915	0.836
2001	$Y = 134.539\ 397\ 193\ 564\ 1 \times x^{**} - 0.780\ 974\ 730\ 349\ 466\ 6$	0.959	0.919
2002	$Y = 163.618\ 687\ 261\ 645\ 5 \times x^{**} - 0.784\ 644\ 006\ 400\ 693\ 4$	0.964	0.930

续表

被引年	回归方程	R	R^2
2003	$Y = 227.309\,931\,553\,508\,5 \times x^{**} - 0.820\,443\,170\,639\,424\,1$	0.964	0.930
2004	$Y = 326.204\,097\,230\,292\,1 \times x^{**} - 0.849\,363\,908\,468\,726\,3$	0.959	0.920
2005	$Y = 411.108\,698\,168\,588\,2 \times x^{**} - 0.864\,955\,501\,682\,372\,9$	0.956	0.914
2006	$Y = 464.309\,885\,651\,785\,4 \times x^{**} - 0.878\,845\,819\,214\,496\,3$	0.959	0.920
2007	$Y = 626.245\,183\,853\,566\,7 \times x^{**} - 0.903\,604\,260\,883\,754\,8$	0.953	0.907

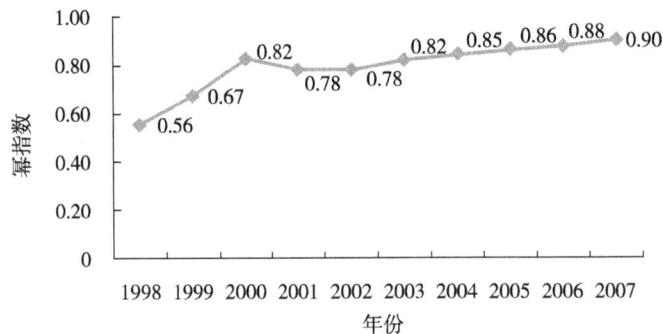

图 3.10　《经济研究》1998—2007 年幂指数演变情况

(3)《经济研究》引用网络度分布

建立从 1998—2007 年十年间《经济研究》发表过的所有文献及其参考文献的数据库（忽略本期刊以外的引文），目的是建立《经济研究》的内部引用网络。本节对其他复杂网络特征的分析均用此库。在此期间《经济研究》共发表学术论文 1294 篇（综述、书评类文章除外，下同）。在其参考文献中，引用本刊论文 752 篇，其中有 540 篇是这十年中发表的。在这十年发表的论文中有 1104 篇论文与该库中的其他学术论文存在引用或被引用关系；140 篇论文没有与其他论文发生任何引用或被引用关系，用网络的术语来说它们是单点（singleton）。在 1104 篇论文之间存在 1361 条边，代表了它们中间的引用与被引关系。

在这个网络中，节点是学术论文。如果两篇论文之间存在引用关系，就会有一条边将它们连接起来。引用关系只能是后发表的论文引用已经发表的论文，因此引文网络是一个有向、非赋值、非循环网络。具体来说，《经济研究》内部引用网络有 1294 个节点，1361 条边。在对此网络的入度分析中得知，这些文献的平均被引频次为 1.05，被引频次的中值为 6.5。

与考虑《经济研究》总体引文入度时的分布相类似，其内部引文网络的入度分布依然服从幂律分布，线性拟合结果为 $y = 67.59 \times x^{**} - 0.67$。幂指数与考虑到《经济研究》总体入度时的幂 1.62 相比较低，与考虑到 CSSCI 数据库中的引文入度时接近，相当于其 1999 年的幂指数 0.67。拟合效果较好，R 值为 0.948。另外，《经济研究》内部网络的出度经过拟合也基本服从幂律分布，回归方程为 $y = 56.38 \times x^{**} - 0.64$，$R = 0.942$。可以认为《经济研究》内部引文网络形成的封闭系统在入度和出度的分布上都较好地服从了幂律分布，是一个无标度网络，但其幂指数较低，论文引用与被引的集中-分散程度不是十分显著。

3.3.1.2 引用网络的小世界特性

网络中节点之间的距离是网络整体特性中一个非常重要的方面。对于距离较长的网络，信息就需要很长时间才能在网络之中传播开来。即使有些节点是可达的（存在将它们连接在一起的路径），如果几何距离太远，它们也很可能没有受到来自源点信息的影响。对于距离较小的网络，其网络连接会相对较强，也不会轻易被破坏，传递的知识也会更迅速、更稳定，同时更加准确可靠。大型网络可能有非常短的最短路径，这就是"小世界"概念的由来。在引文网络中短的最短路径说明信息的传播速度极快，任何信息从信息源出发，平均只要很少的步骤就能到达网络中所有其他连通的节点。

两个节点之间，最短路径通常被认为是"最优化"和"最有效率"的，很多网络分析算法都假设节点之间是通过最短路径彼此联系的。因此在计算网络的平均距离时，此处计算的也是节点之间的平均最短路径长度。《经济研究》内部引文网络中所有可达节点对之间的平均最短距离是 2.477。这说明在《经济研究》的自引网络中平均只要两步半就可以到达网络中连通的所有其他节点。由此可以认为该引文网络也是一个"小世界"网络。然而在基于距离的网络的凝聚性分析中，凝聚值仅为 0.002。凝聚值是一个介于 0~1 的数值，这个值越大说明网络的整体凝聚性越强。从这两个测度值可以推知虽然网络的平均距离较短，但网络的整体连接很弱，存在许多孤立点，或网络中可能存在一些连接比较紧密的团体，即网络可能存在一些群落结构，而群落之间的连接相对较弱。该推测可以通过考察连通组情况得以证实，该引文网络共包含 498 个成分，其中绝大部分的规模小于等于 3。因此，尽管《经济研究》内部引文网络体现了小世界的特性，但是主要是体现在其中的大连通组中。

3.3.1.3 引用网络的高集聚特性

很多复杂网络都表现出了高度的集聚特性。在社会网络中，集聚性描述了熟人圈中人们彼此认识的机会增大的现象。例如，在你的朋友关系网络中，你的两个朋友很可能彼此也是朋友。反映在引文网络中就表现为作者在引用一篇文章的同时，就会自然的查看这篇文章的参考文献，那么这些参考文献被这个作者引用的机会也会增大。一般地，假设网络中的一个节点 i 有 k_i 条边将它和其他节点相连，这 k_i 个节点就称为节点 i 的邻居。显然，在这 k_i 个节点之间最多可能有 $k_i(k_i-1)/2$ 条边。而这 k_i 个节点之间实际存在的边数 E_i 和总的可能的边数 $k_i(k_i-1)/2$ 之比就定义为节点 i 的集聚系数 C_i，即 $C_i = 2E_i/k_i(k_i-1)$。整个网络的集聚系数 C 就是所有节点 i 的集聚系数 C_i 的平均值。这里我们会发现，复杂网络理论中的"集聚系数"实际上就是社会网络分析中"密度"的概念，二者的计算公式完全相同。

《经济研究》内部引文网络的集聚系数（也可称为"簇系数"）为 0.0016。该值虽然大于随机网络的集聚系数，但是与其他复杂网络相比是个很低的值，因此，可以认为该网络的高集聚特性不明显。这与该网络是一个非循环网络，存在大量单点有关。因此，《经济研究》的作者在参考该刊的文献时"顺藤摸瓜"的行为并不突出。

3.3.2 引用网络基本指标的演化

3.3.2.1 篇均参考文献数量随时间稳步提高

考察篇均参考文献的演变，可以从总体上把握引文习惯的变化情况。本次统计排除了会议纪要和综述类文献，前者非学术研究类文献，后者如果在某一年突然改变很多的话，会对计算篇均参考文献数量产生较大影响。

篇均参考文献数量的计算离不开载文量的统计。《经济研究》1998—2007 年的载文量呈迂回上升趋势，总体升幅较小。最多的一年是 2007 年，共刊载学术论文 149 篇；最少的一年是 2000 年，有 108 篇；年均载文量为 129 篇。与此相对，参考文献的数量在最近几年呈现加速上升的趋势，尤其是 2004 年和 2007 年的增长百分比达到了 43.32% 和 30.25%。而篇均参考文献数十年来呈稳步上升态势。这些数据反映了近几年知识的加速增长，引文网络的不断壮大，要想理解并解释所要表达的知识点，需要更多的参考文献加以支持。新的研究成果需要建立在更多的前人研究成果的基础之上。

下面对《经济研究》内部引文网络结构和动态过程进行分析，目的是提取对网络拓扑结构形成起关键作用的网络参数，并对此进行阐释。

3.3.2.2 平均最短距离随网络规模的扩大呈对数增长

《经济研究》内部引文网络中节点对之间的平均最短距离变化情况见图3.11。对其变化曲线进行回归分析得出网络中节点数目和平均最短距离之间的关系为：$L = -1.6414 + 0.5381\ln(N)$。其中 L 为网络中节点对之间的平均最短距离，N 为网络中节点数目。判定系数 $R^2 = 0.959$，拟合效果较好。

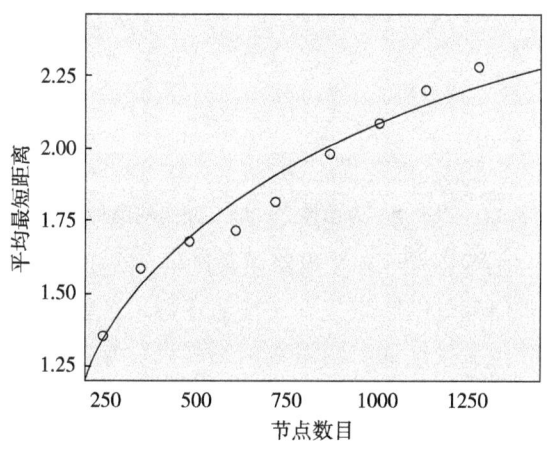

图3.11 《经济研究》内部引文网络平均最短距离变化情况

这意味着该网络表现出了小世界的典型特性，即网络的平均最短距离 L 的增加速度至多与网络规模 N 的对数成正比。这个特性在社会网络、生物系统、万维网等一些复杂网络中是一个重要的特性。这意味着就算《经济研究》内部引文网络的节点数增长到了10 000个，网络的平均最短距离也不会超过3.32。网络的平均最短距离与网络中节点数的对数关系对于预测网络未来的潜在特性非常有价值。试想网络规模从1000扩大十倍到10 000，网络的平均最短距离仅仅增加了1.24，从2.08到3.32。与网络规模的增长相比，相对较小的平均最短距离的增长说明即使在文献量十分庞大的情况下，通过对引用文献的被引文献的不断追踪查询，也可以快速地找到所需要的信息源。

3.3.2.3 集聚系数随网络规模的扩大而减小

集聚系数也可称为"簇系数"。簇系数这个概念最早起源于社会学。社会网络的一个一般特性就是它的"簇（clustering）"的形式，代表朋友圈子或熟人圈子，在这样的圈子中每个人都彼此熟识。这种潜在的成簇的趋势可以通过簇系数进行量化，即"可转换三角形的比例"，公式为：

$$C_i = \frac{与点\ i\ 相连的三角形的数量}{与点\ i\ 相连的三元组的数量}$$

其中，与节点 i 相连的三元组是指包括节点 i 的 3 个节点，并且至少存在从节点 i 到其他两个节点的两条边，见图 3.12。该公式与上文中集聚系数的公式是等价的。

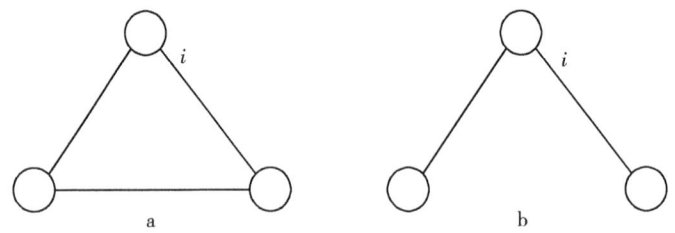

图 3.12　以节点 i 为顶点之一的三元组的两种可能形式

《经济研究》内部引文网络的集聚系数随时间呈现出缓慢的阶梯式下降趋势，这与很多被研究过的网络集聚系数随着网络规模的扩大而呈明显的下降趋势不同。实际上，一般认为网络规模发展到一定阶段，集聚系数会趋近于某一个固定的值，这是"物以类聚，人以群分"的一种表现。正如你的朋友的朋友同时也是你的朋友的概率会随着网络规模的增加而趋于某个非零常数一样，你的参考文献的参考文献同时也是你的参考文献的概率也会随着网络规模的增加而趋于恒定。可以认为，该网络中集聚系数的下降趋势可能已经结束，出现了稳定的簇系数状态。

3.3.2.4　最大成分的规模不断扩大

研究发现在《经济研究》内部引文网络最初的阶段，网络中存在大量彼此不相连接的成分。随着新节点的不断加入，又出现了一些新的孤立成分，但同时也有一些曾经的孤立成分被新加入的节点连接了起来，从而使得网络中最大成分的规模不断扩大。由图 3.13 至图 3.15 可以看出，该网络的最大成分无论从绝对规模还是相对规模来说都在不断地增加。到 2007 年，最大成分中包含的节点数量已经达到 732 个，占论文总数的 56.57%。

前面已经探讨过，一个网络传递信息效率高不高，完全连通的网络与有很多成分的网络效果会相差很大。一个网络中如果有太多的孤岛，它们之间的信息传递效率会大受影响,从而阻碍知识的流动。由此可以认为,随着网络的发展,网络规模扩大的同时,网络中节点间的信息传递效率也会大大提高。

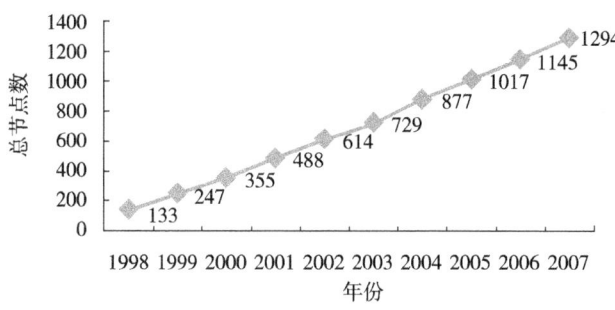

图 3.13　总节点数变化情况

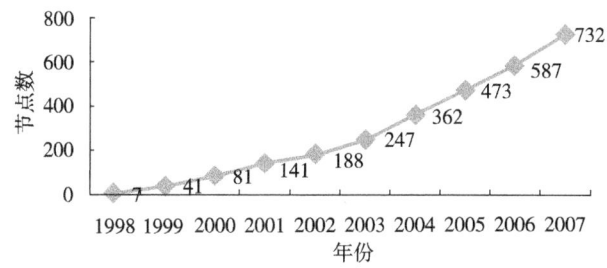

图 3.14　最大成分中节点数变化情况

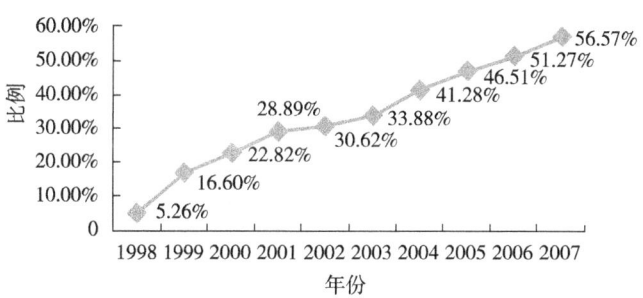

图 3.15　最大成分中节点数占网络总节点数百分比变化情况

3.3.3　引用网络的演化路径

在生物范畴,遗传基因体现着生命体的延续与演进关系,而在科学研究领域,参考文献则是学术传承与发展的体现。因为学术研究的成果必然是要建立在前人的研究成果之上的。因此参考文献是研究科学发展和学术团体非常有价值的数据源，它揭示了哪些文献或哪些作者对后续的研究工作产生了重要影响，并将此信息传递给学术共同体。

在上文中，我们已经利用弱连接成分（weak components）找到了相对独立的学术文献集合，集合之间没有实际的重叠关系；又通过双连接成分(bi-component)辨别出比弱连接成分在结构上更加稳定的文献集团；而 k 核分析最终将网络中的核心文献层层剥离了出来。但是，以上都是基于节点间凝聚力（cohesion）的分析，没有考虑到时间维度。这些方法既没有反映知识的增长过程，也没识别出在整个过程中起到关键作用的文献节点。而由哈蒙（Norman P. Hummon）及其同事提出的基于时间维度的关键路径搜索算法（main path analysis）正好弥补了这一缺陷，其独特之处正是在于关注了引文网络的形成过程。本节将利用该方法分析《经济研究》期刊内部形成的引文网络，找出最能体现该刊学术传承的引文路径。

3.3.3.1 关键路径搜索算法原理

我们可以把引文网络看作一个传输科学知识信息的通道系统。其中如果有一篇高被引的论文不但承集了很多以往的研究成果，并且还增添了实质性的新知识，那么它或多或少会降低先前一些论文的参考价值。因此，这篇文献就成为承载着大量知识流的通道枢纽。可想而知，有很多文献引用路径都需要经过的文献一定比只有很少引用路径经过的文献更加重要。那些最重要的参考文献及其引用关系就构成了一条或多条关键路径，勾勒出了学术发展的框架图。

关键路径搜索算法计算的是每一个特定引用路径或文献在连通其他文献的引用路径时被需要的程度。这种测度指标被称作一篇文献或一条引用路径的遍历权值（traversal weight）。计算该值分两步：首先计算从所有发生节点（source）到所有接收节点（sink）的路径数；其次将每个节点和引用路径被经过的次数除以总路径数。这个比值即为该节点或引用路径的遍历权值。在这里，发生节点的定义是：在一个非循环网络中，入度为零的节点。接收节点的定义是：在一个非循环网络中，出度为零的节点。一个节点或路径的遍历权值的定义是：在从发生节点到接收节点的所有路径中包含该节点或路径的比例。

下面举例说明。图 3.16 是 6 篇论文以时间为序从左到右绘制的引文网络。其中包括 2 个发生节点（v1 和 v5）和 2 个接收节点（v3 和 v4）。有一条连接发生节点 v1 和接收节点 v3 的引用路径,但是 v5 和 v3 之间没有路径相连。有 4 条路径从 v1 到 v4,有 3 条路径从 v5 到 v4。因此,从发生节点到接收节点总共有 8 条路径。v1 被 v3 引用的路径是 8 条中的一条,因此该路径的遍历权值为 0.125。v2 引用 v4 的路径被经过的次数正好占总路径的一半,因此该路径的遍历权值为 0.5。节点遍历权值的计算与此相似,计算结果见括号。

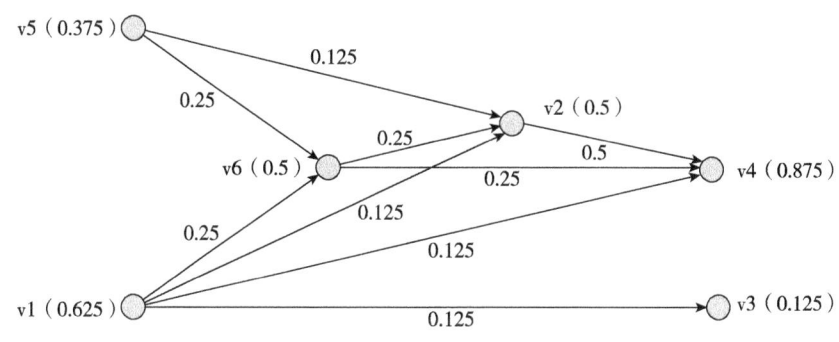

图 3.16 引文时序网络中的遍历权值

接下来,提取出拥有高遍历权值的路径作为关键路径(main path)或者关键路径成分(main path component),它们是传递文献信息流的"主干道"。我们可以通过分析其演进过程了解学术研究融合与分裂的模式,以及学术共同体的形成。

一个引文网络的关键路径是由从一个发生节点到一个接收节点中权重最高的路径组成的。有好几种提取关键路径的方法,采用的方法如下:找到拥有最高遍历权值的路径的发生节点作为起始节点,选择该路径指向的节点,再提取以该节点为起始的权重最高的路径,重复以上操作直到到达接收节点。在图 3.16 中,因为 v1 和 v5 发出的路径的最大值都为 0.25,因此关键路径从这两个节点分别开始。两个路径都指向了节点 v6,则 v6 是关键路径的第二个节点。随后两个路径的权重相同,一个是到达 v2 后连通接收节点 v4,另一个是直接到达 v4,这两条路径均是关键路径的组成部分。至此完成了关键路径的提取。

关键路径成分的提取需要设定一个大于 1 小于 0 的阈值,然后从网络中删除所有遍历权值低于该值的节点。阈值一般设定为至少使一个发生节点和一个接收节点相连的最高值。该值等于关键路径中最低的路径遍历权值。在上例中,这个值为 0.25,得到的关键路径成分包括除了 v3 以外的所有节点。

这说明 v3 在该研究领域是一篇边缘文献。当然，v3 也有可能在其他研究领域是非常重要的文献。

3.3.3.2 《经济研究》引用网络的关键路径分析

调用 Pajek 中的 Citation Weights 程序计算《经济研究》内部引文网络 1294 个节点和 1358 条边的遍历权值。其中边的权重得分如表 3.4 所示。大约 94% 的边的权重小于或等于 0.0209，有 16 条边的值超过了 0.0624。显然，拥有最高遍历权值的两条引用路径对于该引文网络的发展非常重要，它们是孙永祥、黄祖辉（1999（12））对周业安（1999（2））一篇论文的引用和夏立军、方轶强（2005（5））对白重恩（2005（2））一文的引用，遍历权值分别为 0.1662 和 0.1547。同时，这 4 篇论文及陈小悦、徐晓东于 2001 年 11 月发表的一篇论文也正是节点遍历权值最高的 5 篇文献。它们是《经济研究》内部引文网络中极其重要的关键文献。

表 3.4 《经济研究》内部引文网络路径遍历权值

遍历权值	频次	频率（%）	累积频次	累积频率（%）
(…0.0001]	0	0.00	0	0.00
(0.0001…0.0209]	1282	94.40	1282	94.40
(0.0209…0.0416]	48	3.53	1330	97.94
(0.0416…0.0624]	12	0.88	1342	98.82
(0.0624…0.0831]	6	0.44	1348	99.26
(0.0831…0.1039]	5	0.37	1353	99.63
(0.1039…0.1247]	1	0.07	1354	99.71
(0.1247…0.1454]	2	0.15	1356	99.85
(0.1454…0.1662]	2	0.15	1358	100.00
总计	1358	100.00		

Citation Weights 命令可以自动识别网络中的关键路径。最终生成的《经济研究》内部引文网络的关键路径包括 14 个节点、13 条边。图 3.17 将该路径节点按论文发表年代先后从右至左排列。关键路径是以社科院经济研究所（1998（3））和李实（1998（4））两篇文章为起始的，发展过程中包括俞乔、张曙光的论文和社科院经济研究所发表的其他论文，最后以孙涛（2007（2））结束。

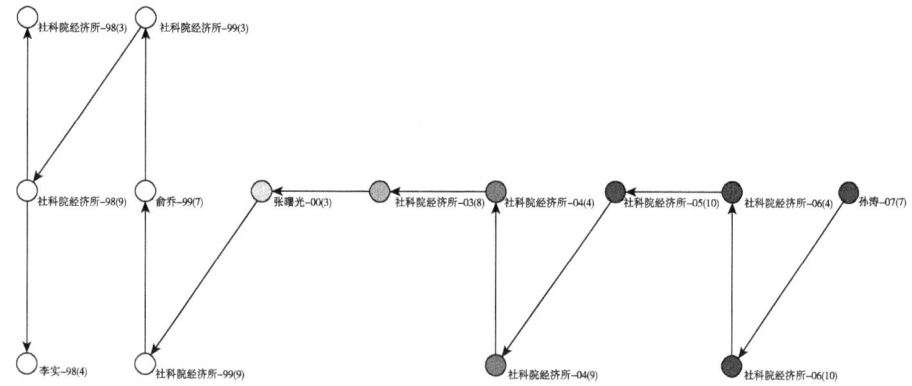

图 3.17　《经济研究》内部引文网络的关键路径

从节点组成来看，该路径最突出的特点就是大部分（10 篇）论文都出自同一个团体作者。在 CSSCI 来源数据库中，该团体先后有三个具体的名称，分别是"中国社会科学院经济研究所宏观课题组"，"中国社会科学院经济研究所经济增长前沿课题组"和"中国社会科学院经济研究所中国经济增长与宏观稳定课题组"。通过浏览原文发现该课题组近年来在《经济研究》上发表了系列前沿论文和研究报告，论题主要围绕我国的经济增长理论和政策问题。2003 年发表的文章《经济增长、结构调整的累积效应和资本形成》（编号 653）获得了 2004 年"孙冶方经济科学奖"。在关键路径中李实、俞乔和张曙光的论文也是关于"宏观经济"和"财政政策"的。而接收节点孙涛的论文主题发生了转移，是研究国家综合负债的。从路径分布来看，该路径结构非常单一，整个发展过程没有分支，甚至除了一开始的共被引以外，没有其他共被引的情况发生。

以上两个方面的分析可以得出以下结论：一是中国社会科学院经济研究所对我国宏观经济所面临的问题的长期研究已经形成了一种研究传统，陆续发表了一批极具参考价值的论文，在该领域及相关领域的研究中对其他研究者有强大的吸引力和影响力；二是《经济研究》刊载的有关经济增长和财政政策的论文已经形成规模，这是该刊组稿工作的一个亮点，但是相关作者的构成比较单薄，相关主题的研究也不够丰富，这是今后需要加强的方面。另外，如果利用回溯与追踪数据对该研究传统进行关键路径分析可以对其形成、发展和迁移情况提供精确的描述。

3.3.3.3　《经济研究》引用网络的关键路径成分分析

在关键路径中，边的最低遍历权值为 0.02，我们可以将阈值稍微降低一些从而得到关键路径成分，以便更全面地考察引文网络的路径构成。删除原引文网络中遍历权值低于 0.015 的边，结果得到两个规模为 25 和 36 的大成分，和两个规模为 3 和 2 的小成分，以及 1228 个单点。

将两个大成分提取出来，包含 25 个节点的成分 1 是关键路径的扩展成分，见图 3.18。各节点按发表年代从上至下排列，每条边上的数值即是遍历权值。

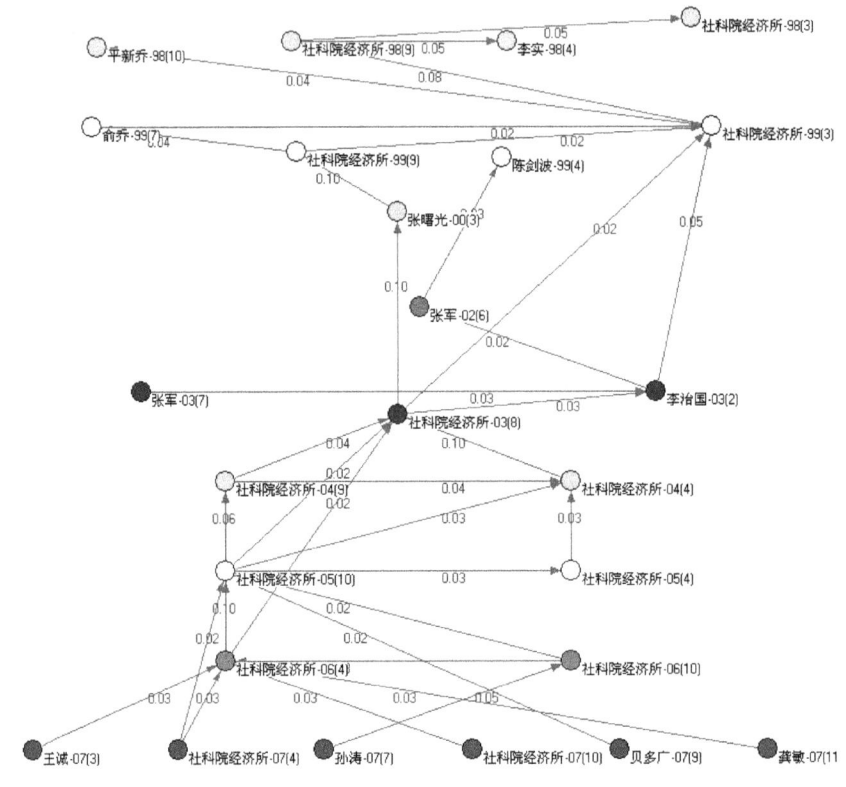

图 3.18　《经济研究》内部引文网络的关键路径成分 1

观察该成分的形成过程，发现有 4 个引用与被引的"集散地"（在图中已用圆圈标注），它们都是社会科学院经济研究所发表的文章。首先是 1999（3），它汇集了 1998 年几篇相关文献的内容，并被本年及 2003 年的论文所引用，在一定程度上弥补了 2000—2002 年的研究断层。其次是 2003（8），它可以称为该成分发展过程中的一篇标志性文章，具有重要的承前启后的作用。它也正是获得"孙冶方经济科学奖"的论文。随后是 2005（10）和 2006（4）两篇论文，它们是近年来该研究领域中的热点文献。从 2007 年的研究主题来看，该成分出现了多元化的研究趋势，不但在宏观经济，经济增长领域具有巨大的影响力，而且为经济学研究理论，政府责任和国家负债提供了有价值的参考。

规模为 36 的成分 2 以上市公司为主要研究对象，探讨股权结构，公司治理和国企改革的问题，见图 3.19。该成分包含了引文网络中节点遍历权值最大的 5 个点，图中以节点大小表示节点遍历权值。成分结构表明该研究领域除了在 2003 和 2004 年有所收缩外，其他年份的发展都比较稳定，而且从 2005 年开始出现了一个研究高潮，所发表的论文无论在数量上还是参考价值上都有所突破。其代表文献就是夏立军、白重恩于 2005 年发表的两篇文献，它们也是遍历权值最大的两个节点。在此之前，周业安、陈小悦、孙永祥和陈晓分别于 1999 年至 2001 年发表的论文是参考的焦点。其中，陈小悦的论文更是融合了很多前人的研究成果，为研究的历史传承做出贡献。

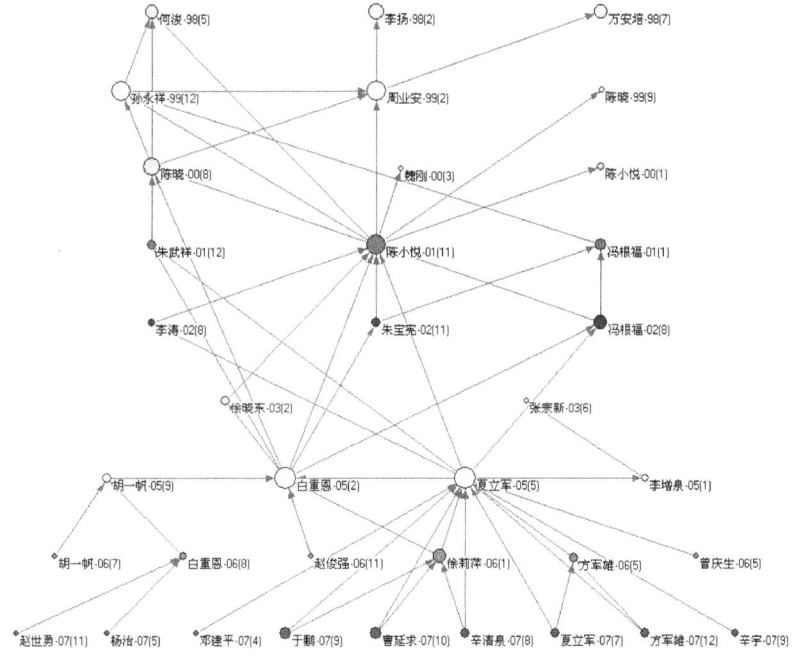

图 3.19 《经济研究》内部引文网络的关键路径成分 2

第四章 作者网络分析

以作者为节点的引文网络研究的是作者共被引现象。这里需要澄清的是，作者共被引与文献共被引一样，是指被同一篇文献共同引用，而不是指被同一位作者共同引用。国内的一些文献计量学方面的著作会把两个作者的共被引频次解释为同时引用这两个作者所著文献的作者的数量，这是不符合实际的。根据 McCain 1990 年所做的关于作者共被引分析技术的综述，通过 SCI 获取两个著者的共被引频次时，解释为同时引用这两个作者的著作的论文的数量。因此，作者共被引频次应该以论文数量来计算，而不应该以作者数量来计量。同样地，期刊共被引频次、学科（类目）共被引频次都应该以同时引用它们的论文的数量来计算。实际上，JCR 对某一类目被其他类目引用的频次就是以论文数量来计量的。如果在作者共被引分析中，将被第三个作者共同引用的次数作为共被引频次，会使得分析结果严重失真，因为有些作者的研究领域较广，还有的作者的研究领域是随时间迁移的，以这些作者的引用为计量标准，将导致作者分群和学科结构的划分具有不确定性。

作者共被引分析（author co-citation analysis，ACA），是研究学术共同体结构的一种主流方法。共被引分析理论认为，作者共被引分析使为数众多的作者按照被引证的关系聚集成一个个的作者相关群体，从而反映学科专业人员之间的联系和结构特点，进而反映出他们所从事的学科专业之间的联系及其发展变化趋势。当 n 位作者被某一专题文献的作者同时引用时，则可以认为这些作者及引用作者都是该专题研究的同行。在前一章，我们已经运用文献共被引方法来分析了科学知识网络结构的特征。这两种方法虽然选取的分析对象不同，但二者的统计原理是一致的：当两篇文献（或两位作者）同时被第三篇文献引用时，这两篇文献（或这两位作者）之间就存在共被引关系。如果文献（或作者）的共被引次数越高，则证明二者之间的相关度越高。除了研究学科共同体之外,还可以利用作者之间的共被引关系,对作者在网络中起到的核心作用做出评价,以弥补传统计量指标在科研评价中的不足。

本章建立的经济学高被引作者的共被引网络,数据源为 CSSCI 中 34 种经济学期刊十年中刊发的论文。数据清洗过程中将确认为同一作者(包括团体作者)的被引频次合并,作为该作者的被引量。按被引量高低将作者排序,取被引频次大于等于 100 的 110 位作者作为本次实证的研究对象。

4.1 作者群分布特征

4.1.1 作者发文数量分布

洛特卡定律(Lotka's Law)是由美国统计学家洛特卡在 1926 年提出的,用于描述作者科学生产率的频次分布。在题为《科学生产率的频率分布》的论文中,洛特卡论述了化学与物理学领域中作者频率与论文数量的分布规律,给出了二者关系的一般公式"平方反比律",即发表 n 篇科学论文的科学家数量大约是发表 1 篇论文科学家数量的 $1/n^2$,又称"倒数平方定律"。该定律只是一个经验定律,并非精确的统计分布,但是却揭示了一个惊人的事实:虽然每一个科学家都在力争发表论文或著书立说,以便使自己的科学发现在世上公布传播,但是这种生产率在科学家与科学家之间却存在着巨大差异。此后对于数学、人文学科等的相关实证研究结果也表明,很多学科的作者科学生产率都比较符合洛特卡平方反比律。以下考察本章选取的样本是否也符合洛特卡定律,以揭示经济学领域作者发文数量的分布特征。统计 1998—2007 年 34 种经济学期刊中论文作者的发文数量,利用 SPSS 绘制不同发文数量所对应的作者数的分布图,见图 4.1。其中右图为双对数坐标,观测值几乎成一条直线。

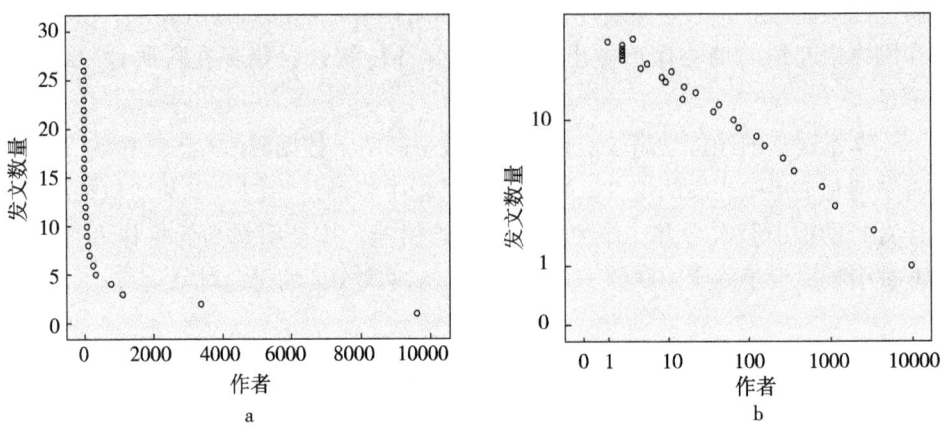

图 4.1 作者发文数量分布

4.1.2 作者被引频次分布

随着文献计量学应用程度的加强和理论研究的深入，人们发现了一些经验定律的内在机制和统一的数学模型，总结出了特别适用于社会科学领域的布拉德福 - 齐普夫分布系。而在更多的领域中都存在类似的分布，称为幂律分布（power - law distributions）。幂律就是一个随着 k 值的某个固定的幂次递减的函数，可以表示为 $1/k^c$，洛特卡定律揭示的就是普遍存在的幂律分布中的一个特例。有些研究表明论文的被引频次也符合幂律分布。那么经济学作者的被引频次是否也呈现这种规律呢？采用与 5.1.1 同样的方法，简单、快速地检测 1998—2007 年，34 种经济学期刊论文作者的被引频次是否服从幂律分布。即如果作者被引频次与对应作者数存在一个幂律关系，那么以 $\log k$ 作为变量的函数 $\log f(k)$ 将是一条直线，斜率为 $-c$，为直线与 y 轴的交点。样本中至少被引用过 1 次的作者有 15 418 位。利用 SPSS 绘制他们的被引分布图，见图 4.2。其图形呈十分显著的幂律分布，负幂为 1.08，R 值等于 0.981。其中右图为双对数坐标，观测值几乎成一条直线。

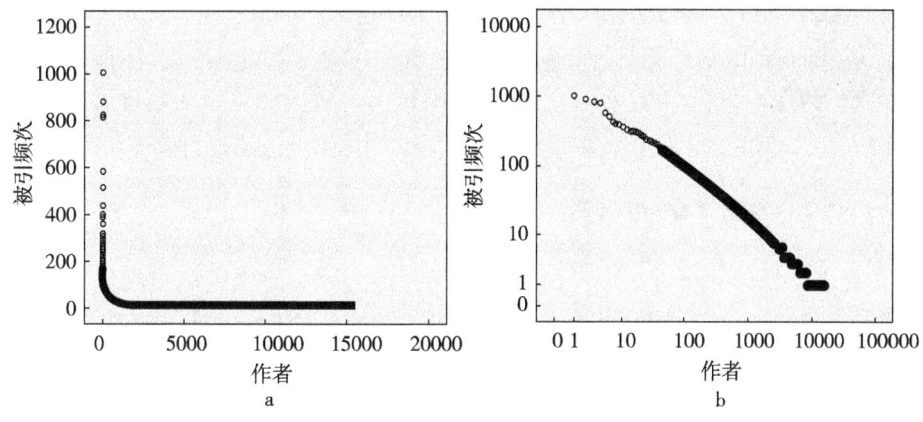

图 4.2 作者被引频次分布

4.2 科学共同体测度

"科学共同体"（Scientific Community）一词由英国科学家和哲学家波拉尼于 20 世纪 40 年代最早提出。1962 年，库恩的《科学革命的结构》出版后，科学共同体更加引起科学社会学界的广泛重视。简单地说，科学共同体就是科学家的群体（或群落或部落），其成员共享相同的或近似的价值、传统文化和目标，即库恩所说的"范式"（paradigm）。科学共同体的功能体现在能形成持续的科学研究能力，对科学成果进行同行评议，为科学家提供更多的学术交流的机会等。

研究科学共同体结构的经典方法是由 White 和 Griffith 于 1981 年提出的作者共被引分析（author co-citation analysis，ACA）。该理论认为，作者共被引分析使为数众多的作者按照被引证的关系聚集成一个个的作者相关群体，从而反映学科专业人员之间的联系和结构特点，进而反映出他们所从事的学科专业之间的联系及其发展变化趋势。该方法假设共被引次数越高，作者之间的相关度越高。其一般步骤包括：构造作者共被引矩阵；转化矩阵；利用多元统计方法，如因子分子、聚类分析和多维尺度分析将作者分类，从而鉴别学科内的科学共同体。作者共被引分析的核心思想基于科学共同体所呈现的特征：内部交流比较充分，专业方面的看法也较一致。同一共同体成员很大程度吸收同样的文献，引出类似的教训。在不同科学共同体中做出重大贡献的代表人物将被各自共同体或相关共同体中的专家学者不断引用，它们形成一个错综复杂，不断演变的共被引网络。在利用 ACA 分析科学共同体的过程中，经常采用基于节点属性的多元统计方法，而本节将结合社会网络分析中对于个体在群体中"位置"的理解与测度方法，以子学科门类较为丰富的经济学为实证案例，从分群理论、算法、可视化结果等方面对科学共同体测度方法进行改进。

4.2.1 基于因子的作者群

在多元统计分析方法中，因子分析所提供的分类比聚类和多维尺度更为细致、精确，可以知道每个作者在各个因子中的负载值。在社会网络分析法中，"位置"分析可以将作者按照它们对其他作者关系的相似性进行分群，即将引用与被引用关系最接近的作者聚类。本节就将这两种方法结合起来对作者进行分群。总体步骤是首先进行因子分析，之后参考"位置"分析的结果对各因子和作者的归类进行调整、补充。

在经典的 ACA 方法中，需要将共被引矩阵进行缩减，删除共被引关系较少的作者，以简化分类结果和因子结构。但本节目的在于全面反映作者的分布情况，因此没有删减数据。对于因子分析解释力较差的部分将通过"位置"分析来弥补。

运用 SPSS 进行因子分析，通过斜交转换优化因子结构以易于解释。因子个数的确定采用特征值准则。一般来说，因子中作者的提取，其负载临界值应为 0.5。负载临界值越高，所确定的分类结构越简单。根据实际数据，这里将负载临界值规定为 0.4，以达到较好反映出学术团体组成结构的目的。由相关系数矩阵计算得到的特征值、方差贡献率和积累贡献率可知，有 23 个特征值大于 1 的因子，积累贡献率为 84.97%。通过特征值与因子数量的碎石图（图略）可知，数量达到 5 以后因子的特征值都较小，因此可以根据因子间的相关矩阵和作者在因子中的分布情况合并一些因子，减少因子数量。在提取出 23 个因子后，计算各变量的共同度（communalities），它表示各变量中所含原始信息能被提取出的公因子所表示的程度。大部分作者的共同度在 80% 或 90% 以上，小部分在 70% 以上，还有 4 位作者在 60% 以上。总体来说以上因子的解释力较好。

表 4.1 是 110 位作者的因子载荷矩阵，作者在各因子中的负载值已按大小排序，其中大于 0.4 的负载值用底色突出，表中去掉了各作者负载值均小于 0.4 的因子。在列出的 13 个因子中，因子 1 包含了 38 位作者，占作者总数的三分之一。因子 2 和 3 的作者也比较集中，且负载值较高。图 4.3 是前

三个因子的载荷图，分类明显。一共 75 位作者占总数的三分之二强。因子 4 负载值均较低，且其大于 0.4 的作者完全包含于因子 1 之中，可以将因子 4 归入因子 1。另外，因子 1 和因子 3 重合的部分较多，因子相关性较强，说明它们的研究方向接近，存在跨领域作者。因子 2 和因子 6，因子 5 和因子 7 也有这种情况。零散分布于后 6 个因子的作者如果其负载值超过 0.5，可能是研究领域比较独特的个别作者，考虑单独列类。

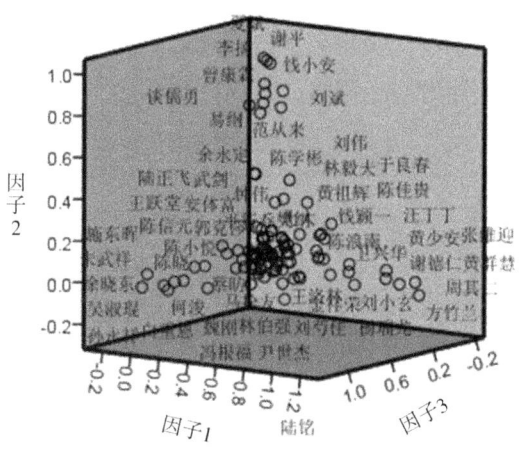

图 4.3　因子空间载荷

4.2.2　基于位置的作者群

"网络位置"指一系列在网络互动中行为相似的节点。例如，作为一种类型的期刊，"权威期刊"通常指的是那些与另外一类期刊即"非权威期刊"的成员有一类共同形式的关系的期刊。那些看起来似乎是属性的事物，实际上具有"关系"的性质。属性是关系模式的简化标签，从关系的视角分析科学共同体的形成与演化能够深入到事物的本质。"位置"（positions）的概念基于网络"结构对等性"。在图论中，该思想表述为：如果两点与所有其他点之间的关系都相同，则这两个点是完全结构对等的，它们拥有相同的度数、相同的中心度等结构属性。在研究节点之间相似性的时候，通常考察结构对等的程度，即两个节点在多大程度上相似，而不是研究完全对等性是否存在。基于位置的作者群的测度，就是根据各个作者在网络结构上的对等性，得到在共被引行为上一致的科学共同体。

利用 UCINET 软件确定 110 位作者在共被引网络中所处的不同位置，所有作者共分成8组。所有分组结果见表4.1的第一列。将两种不同的分析结果相对比,相同之处是因子1、因子3与位置3、位置2基本对应,不同之处有如下几点:①把在因子1和因子2中均有一定负载值,且后者较高的作者分在了一组,代表一个交叉领域的小作者群,其研究主题是企业产权;②将因子2的作者细分为两类,即将会计审计从股票股市的研究中独立出来;③将部分在各因子中负载值均低于0.4的作者集中成类,如位置1,其研究主题是财政政策;④对于比较独特的作者节点,位置分析将其强行归入某类,而因子分析以其在某因子中突出的负载值显示出来,如因子14中的两个高负载的作者,他们主要研究企业网络、产业群。

表4.1 作者因子载荷矩阵

位置	作者	因子												
		1	2	3	4	5	6	7	8	9	10	12	14	16
3	林毅夫	0.92	0.25			-0.11			-0.11					
3	樊纲	0.87	0.12	0.21								-0.15		
3	张军	0.86	0.19		0.11	-0.10			-0.20					
3	张曙光	0.84		0.17					0.14					
3	刘伟	0.78	0.19		-0.12		-0.11	0.10	-0.21					
2	张杰	0.75		0.47						-0.18	-0.16	-0.18	-0.15	
3	刘世锦	0.69					0.30	0.15	0.22			-0.22		
3	张维迎	0.66	0.51	-0.15	-0.39		-0.18							
3	周业安	0.66	0.43				-0.21	-0.19				-0.11		
1	周天勇	0.65		0.15					0.19	0.10	0.11		-0.14	-0.31
3	洪银兴	0.65	0.15	-0.28	0.21								0.17	0.21
3	汪丁丁	0.63	0.37	-0.12	-0.30							0.16		
3	王小鲁	0.62	-0.11	-0.19	0.46	-0.24	0.14		-0.24			0.16	0.10	
3	平新乔	0.62	0.28			-0.14		-0.35						
3	钱颖一	0.62	0.43		-0.30		-0.20							
3	刘小玄	0.61	0.45	-0.22	-0.14		-0.17		-0.18		0.11	0.10		-0.21
1	社科院	0.60	-0.28	0.37	0.19		0.22	-0.13	0.25	0.11	0.19	0.10		-0.19
3	蔡昉	0.59		-0.27	0.41	-0.33		0.29	-0.11			0.11	0.14	
3	袁志刚	0.59	-0.20		0.18	-0.38			0.26	0.11	0.15	0.20		
3	姚洋	0.59	0.18	-0.25				-0.38				0.21		-0.22
3	于良春	0.58		0.12			-0.12		-0.25			-0.18		
4	江小涓	0.58		-0.32	0.29	0.46	0.22					-0.18		
4	沈坤荣	0.57	-0.12	-0.33	0.45		0.11		-0.44			0.22		
3	张春霖	0.57	0.39		-0.25		-0.15	-0.11				-0.15		
3	周立群	0.56	0.28		-0.22		-0.11							
1	刘国光	0.56	-0.31	0.27	0.16		0.24	-0.18	0.46		0.10			
8	周其仁	0.56	0.47	-0.21		-0.46				0.11	0.14	0.13		
3	卫兴华	0.56		-0.11			0.13	-0.15	0.19			-0.22		0.27

续表

位置	作者	因子											
		1	2	3	4	5	6	7	8	9	10	12	14	16
3	杨瑞龙	0.54	0.49	-0.19	-0.43		-0.20			0.12		0.12		0.12
3	卢中原	0.54		-0.11	0.30	-0.24	0.10					-0.14		
4	郭克莎	0.54	-0.17	-0.29	0.42	0.29	0.23						-0.13	
4	魏后凯	0.52	-0.11	-0.40	0.45	0.14	0.14	0.23	-0.22			0.17		0.26
3	黄祖辉	0.52	0.15	-0.29				0.14						-0.31
3	陆铭	0.51		-0.29	0.19	-0.44	-0.11	0.32						
3	陈宗胜	0.48			0.23	-0.48		0.36	0.22		-0.16	-0.21	-0.15	
3	郭庆旺	0.48	-0.13	-0.12	0.28	-0.29	0.10	-0.40	-0.34	0.16			0.14	
1	刘树成	0.45	-0.29	0.42	0.15		0.18		0.42		0.19	0.31		
2	谈儒勇	0.43	-0.20	0.37				0.19	-0.35	-0.18	-0.27	-0.15	-0.12	
6	陈小悦	-0.16	0.80	0.24	0.32	0.10								
6	陈晓	-0.27	0.78	0.32	0.38									
6	冯根福		0.76	0.18	0.22		-0.23			-0.21	0.23			0.15
6	孙永祥	-0.11	0.75	0.20	0.27		-0.27		0.10	-0.12		-0.10		
6	徐晓东	-0.12	0.69	0.19	0.31		-0.14			-0.22		-0.17		
6	施东晖		0.67	0.24	0.36		-0.21							
6	吴淑琨		0.67	0.11			-0.26		0.11			-0.11		0.11
5	沈艺峰		0.66	0.24	0.14					0.28	-0.28	0.16		
6	李增泉	-0.11	0.66	0.20	0.15	-0.14				-0.20	0.16			
6	朱武祥	-0.18	0.65	0.24	0.38		-0.14							
6	孙铮		0.65	0.19		-0.16	0.49			-0.13		-0.11		
6	陈信元	-0.30	0.65	0.24	0.31					-0.23	0.30			
6	魏刚	-0.17	0.62	0.22	0.19		-0.18							
6	白重恩	0.24	0.62	0.12	0.39									
7	刘芍佳	0.48	0.62				-0.20			-0.10	0.14			
8	阎达五		0.61		-0.36		0.33			0.16	-0.18	0.15		0.16
6	何浚		0.61	0.14	0.15		-0.31	-0.13	0.12	-0.14		-0.12	-0.14	0.11
5	陆正飞	-0.20	0.59	0.20			0.17			0.22	-0.32	0.23	-0.11	0.12
5	王跃堂	-0.31	0.56	0.19	0.12	-0.11	0.42	0.11		-0.21	0.13	-0.15	0.12	
7	黄少安	0.47	0.55		-0.26		-0.10			0.15	-0.21	0.18		0.21
5	吴世农	-0.22	0.52	0.32	0.35					0.40	-0.16	0.13		-0.11
8	吴联生		0.52		-0.38	-0.10	0.51	0.14						0.13
5	吕长江	-0.21	0.52	0.25	0.24					0.35	-0.27	0.24		
5	刘力		0.51			0.20				0.25	-0.33	0.28	-0.25	
5	赵宇龙	-0.26	0.51	0.27	0.32		0.15			0.21	-0.10	0.11		-0.18
7	黄群慧	0.37	0.42	-0.21	-0.37	0.16	-0.19		0.12		0.14			
5	陈浪南	-0.24	0.38	0.21	0.37	0.11			-0.11	0.29	0.12			
2	武剑	0.36	-0.37	0.23	0.17	0.19		0.18	-0.33			-0.12		0.29
2	谢平	0.51	-0.22	0.71	-0.12			0.12	-0.16	-0.17	-0.17			
2	钱小安	0.36	-0.22	0.67	-0.15	0.14		0.11	-0.15	-0.23	-0.17			
2	李扬	0.58	-0.21	0.66						-0.10	-0.13			

续表

位置	作者	因子											
		1	2	3	4	5	6	7	8	9	10	12	14	16
2	范从来	0.19	-0.35	0.65	-0.11	0.15			0.13	-0.15		0.25	0.15	
2	易纲	0.56	-0.23	0.65				0.12	-0.28			-0.19		
2	夏斌	0.25	-0.28	0.62	-0.16	0.18		0.11		-0.19	-0.11	0.10	0.12	0.13
2	刘斌	0.25	-0.19	0.62	-0.15	0.14		0.13		-0.18		0.25	0.25	
2	陈学彬	0.34		0.58	-0.15	0.14			0.16	-0.11	0.29	0.25		
2	余永定	0.52	-0.37	0.57	0.10		0.17		0.24					
2	曾康霖	0.40	-0.17	0.55						-0.10	-0.24	-0.22		
1	北大	0.45	-0.29	0.46			0.19	-0.14	0.33		0.15	0.13	-0.12	-0.16
8	谢德仁	0.21	0.50	-0.14	-0.59		0.35				0.12			0.15
8	方竹兰	0.36	0.39	-0.18	-0.50		-0.19			0.15	0.14	0.17		
4	吕政	0.20		-0.40	0.20	0.61	0.14	0.16	0.14			-0.17	-0.14	
3	李实	0.32	-0.18	-0.13	0.24	-0.58	-0.12	0.49	0.25			-0.14		
3	赵人伟	0.23	-0.17	-0.11	0.20	-0.54	-0.13	0.46	0.28		-0.12	-0.18	-0.14	0.12
4	李海舰	0.12		-0.35		0.54			0.19		-0.10	-0.12		
1	万广华	0.26	-0.24		0.19	-0.52	-0.13	0.41	0.25					0.17
4	金碚	0.43	0.11	-0.35	0.29	0.52	0.17		0.15			-0.25		-0.10
4	陈佳贵	0.32	0.13	-0.34	0.16	0.49		0.12	0.16	-0.11		-0.11	-0.12	
4	徐康宁	0.14		-0.34	0.23	0.45	0.17				-0.10		0.19	
4	王洛林	0.35	-0.18	-0.12	0.28	0.40	0.27		0.29				-0.23	
7	刘志彪	0.33	0.36	-0.21	0.12	0.36				0.11				
8	葛家澍		0.47		-0.43	-0.22	0.66	0.15						
8	黄世忠		0.46		-0.30	-0.21	0.63	0.13						
8	刘峰		0.58		-0.28	-0.21	0.62				-0.11			
5	陆建桥	-0.21	0.48	0.10		-0.13	0.57	0.16		-0.11		-0.21	0.15	
1	贾康	0.33	-0.13			-0.24	0.13	-0.76			-0.12			
1	刘溶沧	0.24	-0.26		0.14	-0.18	0.20	-0.74						
1	安体富	0.23	-0.17			-0.22	0.18	-0.65			-0.13			0.10
4	马拴友	0.32	-0.21	-0.15	0.24	-0.32	0.13	-0.56	-0.19	0.12				0.15
3	尹世杰	0.43				-0.15			0.46				0.14	0.21
4	何洁	0.15		-0.24	0.20				-0.46			0.28	-0.18	
5	俞乔		0.15	0.57	0.20	0.18		0.15	-0.17	0.57	0.16	-0.12	0.10	
2	张晓朴		-0.22	0.31		0.15		0.10	-0.29	0.55	0.44	-0.33		0.19
2	林伯强		-0.20	0.15					-0.22	0.49	0.40	-0.37	0.11	0.28
6	张新	-0.15	0.23	0.11	0.17		-0.16			-0.43	0.47	0.14		
6	李善民	-0.22	0.41	0.12	0.18		-0.18			-0.33	0.39	0.16		0.12
1	刘金全	0.15	-0.24	0.32					0.27		0.17	0.43	0.24	0.13
4	魏守华			-0.19	0.11	0.20		0.17			-0.19		0.66	-0.19
3	金祥荣	0.36		-0.27							-0.20		0.62	
3	贾根良	0.37		-0.21	-0.14	0.13			0.13	-0.12	-0.18	-0.13	0.39	0.14
4	鲁明泓				-0.22	0.19	0.22			-0.19		0.18	-0.15	0.42
2	钟伟	0.29	-0.22	0.34		0.11								0.13

4.2.3 交叠的科学共同体

综合位置分析和因子分析的结果，有歧义的部分参考作者高被引论文的主题，最终将 110 位经济学作者分为以下 10 个子群，并根据子群作者高被引论文的研究主题，得出每个子群的研究领域。

第一子群作者：林毅夫、樊纲、张军、张曙光、刘伟、刘世锦、张维迎、周业安、周天勇、洪银兴、汪丁丁、王小鲁、平新乔、钱颖一、刘小玄、经济增长与宏观稳定课题组（简称社科院）、蔡昉、袁志刚、姚洋、于良春、江小涓、沈坤荣、张春霖、周立群、刘国光、周其仁、卫兴华、杨瑞龙、卢中原、郭克莎、魏后凯、黄祖辉、陆铭、陈宗胜、郭庆旺、刘树成、谈儒勇、李实、赵人伟、万广华。研究领域：主要为宏观经济层面的研究，包括宏观经济、经济增长、收入分配、地区差距、企业制度、国企改革、企业重组、工业经济、中国贸易、金融发展、融资借贷、银行改革、汇率政策、制度经济学、现代经济学。

第二子群作者：陈小悦、陈晓、冯根福、孙永祥、徐晓东、施东晖、吴淑琨、沈艺峰、李增泉、朱武祥、孙铮、陈信元、魏刚、白重恩、刘芍佳、阎达五、何浚、陆正飞、王跃堂、黄少安、吴世农、吴联生、吕长江、刘力、赵宇龙、黄群慧、陈浪南、张新、李善民。研究领域：主要研究股票市场、股权结构和上市公司，具体包括股权结构、企业绩效、公司治理、会计信息、审计意见、年报信息、股利信号、盈余报告、激励机制、约束机制、公司法人、大股东、资本结构、公司控制权、资本成本、证券市场。

第三子群作者：张杰、武剑、谢平、钱小安、李扬、范从来、易纲、夏斌、刘斌、陈学彬、余永定、曾康霖、钟伟。研究领域：主要研究金融、货币和银行，具体包括金融制度、金融资产结构、金融监管、融资渠道、银行改革、不良债权、储蓄与投资、外汇储备、人民币汇率、货币政策、货币政策的中间目标、国际货币体系、利率政策、金融危机、通货紧缩、存款保险、会计政策、审计收费、软预算约束、金融学、行为经济学。

第四子群作者：吕政、李海舰、金碚、陈佳贵、徐康宁、王洛林、何洁、鲁明泓、刘志彪。研究领域：主要为工业、企业、产业及投资对它们的影响，包括中国工业、工业化进程、中国制造业、高技术产业、企业价值、企业和市场、企业竞争力、国有企业、企业管理、企业集群、产业集群、企业并购、跨国公司、外国直接投资、投资环境、产业经济学。

第五子群作者：北京大学中国经济研究中心宏观课题组（简称北大）、贾康、刘溶沧、安体富、马拴友、刘金全。研究领域：主题为财政政策，可作为第三子群的分支，且在经济增长与宏观政策方面与第一子群相联系，具体包括财政政策、国债规模、地方财政体制、税收政策、公共财政、经济增长。

第六子群作者：谢德仁、葛家澍、黄世忠、刘峰、陆建桥。研究领域：主题为会计研究，可作为第二子群的分支，包括会计准则、会计监管、会计信息、独立董事、注册会计师、会计理论。

第七子群作者：俞乔、张晓朴、林伯强。研究领域：主题为汇率，可作为第三子群的分支，包括汇率政策、实际汇率、人民币汇率。

第八子群作者：魏守华、金祥荣、贾根良。研究领域：主题为企业网络，可作为第四子群的分支，包括企业集群、产业集群、企业网络、专业化产业区、网络组织。

第九子群作者：方竹兰。研究领域：主题为人力资本，是第二子群中的专门研究领域。

第十子群作者：尹世杰。研究领域：主题为消费研究，可作为第一子群的专门研究领域，包括消费需求、消费信贷、消费率等。

图4.4能够详细地反映作者学科领域的分布情况，不同的颜色代表不同集群，节点括号中为子群类别。从图中可以看出第一共同体分布最广，而且其核心作者居于整个网络的中心，与其他共同体的作者都比较接近。该图也直观地反映出了科学共同体之间的关系：共同体1和共同体3存在大面积融合的情况；而共同体1与共同体10，共同体2与共同体6和共同体9，共同体3与共同体5和共同体7，共同体4与共同体8分别存在包容与被包容的关系，可将后者作为前者的一个分支子群。它们是在对应的领域中研究范围更加狭窄专深的群体，作者研究领域也比较固定，因而单独分群，在其母群中也有对该领域较有研究的作者，从而出现了共同体间融合与交叉的现象。因此，如果忽略特殊性，可将经济学作者按照分支情况进一步合并为4个大的科学共同体，具体见上文对研究领域之间关系的说明，大致分群见图4.4虚线。这4大科学共同体同样存在交叉融合现象，可视化结果体现了科学发展的本来面貌。

美国社会学家默顿十分强调科学共同体的作用，认为科学的目的是获取可靠的知识，科学共同体的任务则是建立和发展科学家之间那种为获得可靠知识而必需的最佳关系。作者共被引网络能够从利用文献的角度反映科学家之间的这种最佳关系，而社会网络分析法则在共被引网络的"关节"之处将这种最佳关系挖掘出来，加以呈现。社会网络分析法可在以下方面对以统计方法为主的 ACA 测度予以补充。

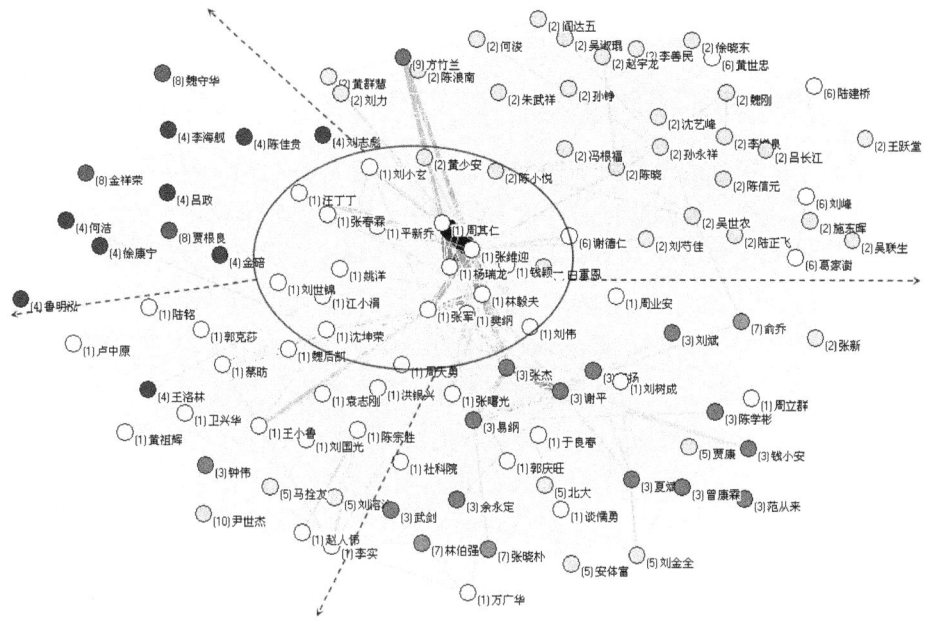

图 4.4 经济学科学共同体分布

①可对大型作者共被引网络进行测度，且无须缩减数据，保证样本规模，避免信息丢失；

②从作者共被引行为模式而非共被引次数来区分不同的科学共同体，使测度结果更接近现象的本质；

③可以揭示科学共同体之间的联系、归属、层次结构；

④可以识别多元统计分析中不易区分的特殊团体，或根据需要进一步细分团体；

⑤范式可视化结果更加科学、直观，不但能够反映共同体的分布情况，还能够揭示共同体之间的关联及其程度，呈现共同体之间交流与融合的实际状态。

4.3 作者的核心性

在以关系为基础的测度中，如何鉴别核心作者呢？本节将选取两种方法分别测度。其一是在 2.2 节用到的核心 – 边缘结构分析法，其二利用中心性测度中的特征向量中心性。

4.3.1 作者特征向量中心性

在第三章用到的 3 个中心性中，点度中心性是基于局部网络的；中介中心性考察的是中介性而非核心程度；接近中心性在比较大的网络中有其局限性。这是因为，接近中心性的基础是每个节点与所有其他节点之间的测地线距离之和（即远离度，farness）。在较大规模的复杂网络中，这种测度可能引起误导。假设一个图中有两个节点 A 和 B。A 与大网络中存在的一个联系很紧密的小网络群体成员之间的距离都很近，却与其他点的距离都比较远；而 B 与总体中所有其他点之间的距离都不远也不近，即距离居中。如果测量 A 和 B 的远离度，结果可能是，二者的远离度测度在数量上比较接近。然而，在一定程度上，行动者 B 要比 A 真正处于图中的"中心"地位，因为 B 能够用同样的努力就可以与网络中的许多节点建立联系。

实际上，一个点的中心度与其邻点的中心度息息相关。在社会网络中，如果你被某个很受欢迎的行动者选择，你的中心度将提高；如果你被一个有权力的人认为是有权力的，你的权力也将提高。反之，如果你对某个有权力的人行使权力，显然你的权力会更大。或者说，一个人的权力是与此人相关的其他人的权力的一个函数。这就是在测量中心度的时候出现的"循环"问题。也就是说，一个节点的地位是与之相关的其他节点的地位的一个线性函数。同样地，在引文网络中，被引量不能说明全部问题，还需要考察被什么质量的论文引用。如果一篇论文被核心论文引用，则说明该论文在一定程度上也是一篇核心论文；如果一位作者与其他核心作者共被引，则说明该作者在一定程度上也是一位核心作者。因此，在涉及评价时，不仅要考虑论文的被引情况，还要考虑是否被重要的论文所引用。

进行特征向量（eigenvector）研究的目的是为了在网络总体结构上，找到居于核心的行动者，并不关注比较"局部"的模式结构。这种方法要找出各个节点之间的距离有哪些"维度（dimensions）"。每个节点相应于每个维度上的位置就叫作一个"特征值（eigenvalue）"，一系列这样的特征值就叫作特征向量。通常情况下，第一个维度可以抓住各个行动者之间的距离的"综合"的方面；第二个及其他维度把握的是比较具体的和局部的子结构。

4.3.2 作者核心度

经计算，作者特征向量中心度和作者核心度的前30位作者见表4.2。

表4.2 作者核心指标排序

序号	排序	特征向量中心度	排序	核心度
1	张维迎	0.476	张维迎	0.542
2	林毅夫	0.410	林毅夫	0.393
3	周其仁	0.335	周其仁	0.310
4	杨瑞龙	0.286	杨瑞龙	0.267
5	樊纲	0.232	樊纲	0.220
6	张军	0.228	张军	0.213
7	张杰	0.213	张杰	0.202
8	钱颖一	0.157	钱颖一	0.146
9	谢平	0.136	谢平	0.133
10	蔡昉	0.120	易纲	0.116
11	刘小玄	0.119	蔡昉	0.115
12	易纲	0.118	刘小玄	0.110
13	刘伟	0.111	刘伟	0.104
14	张曙光	0.110	张曙光	0.104
15	方竹兰	0.104	方竹兰	0.097
16	张春霖	0.099	张春霖	0.097
17	汪丁丁	0.097	汪丁丁	0.094
18	李扬	0.083	李扬	0.088
19	黄少安	0.081	黄少安	0.081
20	王小鲁	0.077	王小鲁	0.080
21	刘芍佳	0.076	沈坤荣	0.079
22	沈坤荣	0.076	刘芍佳	0.077
23	姚洋	0.070	姚洋	0.071
24	陈宗胜	0.062	陈小悦	0.066
25	江小涓	0.061	陈宗胜	0.066

续表

序号	排序	特征向量中心度	排序	核心度
26	周业安	0.060	江小涓	0.065
27	陈小悦	0.059	周业安	0.063
28	黄群慧	0.056	刘树成	0.058
29	平新乔	0.055	平新乔	0.057
30	谢德仁	0.055	黄群慧	0.056

4.3.3 核心性指标比较分析

特征向量中心度和核心度的算法虽然不同，但是它们基于相同的原理，即都考虑了相邻节点的影响力或权威性，反映在应用上就是二者的计算结果高度相关。在两种指标中，排名在前的作者基本相同。为了更直观、精确地展现这两个指标关系的强弱程度，以 110 位作者为样本，利用 SPSS 绘制了这两种指标数据的散点图，并计算了相关系数，得到图 4.5。图表显示出两种核心测度指标存在非常强的线性相关，判定系数到达了 0.989。而在相关性分析中，二者的 pearson 相关系数高达 0.994。结论是这两种算法得到的结果几乎一致，所以可以使用其中任何一种方法测度作者的核心程度。

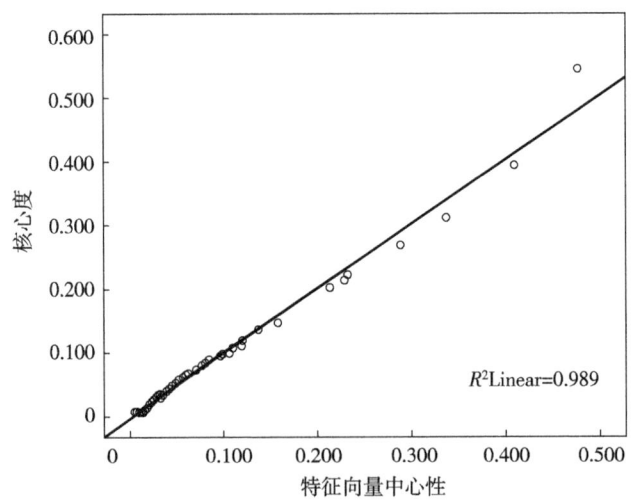

图 4.5　两种指标数据散点

第五章 知识结构分析框架

5.1 分析工具的类型

5.1.1 统计分析工具

统计分析中最常用的软件是 SPSS（statistical product and service solutions，统计产品和服务解决方案）。该软件和 SAS、BMDP 并称为国际上最有影响的三大统计软件。在国际学术界有条不成文的规定，即在国际学术交流中，凡是用 SPSS 软件完成的计算和统计分析，可以不必说明算法，由此可见其影响之大和信誉之高。该软件的优势在于分析结果清晰、直观、易学易用，而且可以直接读取 EXCEL 及 DBF 数据文件，并具有完整的数据输入、编辑、统计分析、报表、图形制作等功能。其内嵌的距离相关分析、因子分析（主成分分析）、多维尺度分析和聚类分析功能是绘制知识地图的常用多元统计分析工具。

虽然 SPSS 的版本不断更新，但是其 2019 版及以后的版本在功能上差别不大，而且易用性良好，一般使用的话，无须刻意挑选版本。新近版本提供了 Python、R 的扩展模块，意在保持软件易用性的同时为用户提供尽可能多的先进统计分析方法。

SPSS 的弱点是可视化效果不佳。借助于 SPSS 生成的聚类树图可视性较差，生成的多维尺度分析图是散点图，需要借助统计方法确定作者的所属位置，结果不理想时，需要人工聚类，在很大程度上需要人为干预，因此，近几年来很多国外学者在引文分析可视化的研究中已经不把 SPSS 作为最终的可视化工具了。

5.1.2 数据处理工具

(1) BibExcel

BibExcel 是由瑞典的文献计量学家皮尔逊（Olle Persson）为文献计量研究专门开发的数据处理软件，旨在帮助用户分析书目数据或以类似方式格式化的任何文本格式的数据。目前该软件是仅用于科学研究的免费软件。BibExcel 的设计思想是生成可导入 Excel 的数据文件或任何采用标签数据记录的程序，并可以进一步进行处理。其功能包括：文献计量（bibliometric）、引文分析（citation analysis）、共被引分析（co-citation）、引文耦合分析（bibliographic coupling）、聚类分析（cluster analysis）、知识地图的绘制（mapping）等。其所应用的数据包括 ISI 的 SCI、SSCI、A&HCI，也可用于其他类型数据的分析，需要经过数据格式转换。

(2) SATI

SATI 全称为 Statistical Analysis Toolkit for Informetrics，文献题录信息统计分析工具，设计目的是用于题录格式转换、字段信息抽取、词条频次统计和知识矩阵构建，是一款提供免费使用的文本预处理工具。题录格式转换支持 WOS 数据库平台导出的 HTML 格式，国内期刊全文数据库知网（CNKI）、万方（WANFANG）、维普（VIP）导出的 EndNote、NoteExpress 和 NoteFirst 格式，CSSCI（中文社会科学索引）导出的 txt 格式。可以对导入的数据除重，并将数据格式转换成 SATI 专用数据文件（XML 格式）。字段信息抽取在"Options"面板选择，可抽取标题、作者、第一作者、文献来源、出版年、关键词、主题词、摘要、机构、地址、文献类型、引文、语种、DOI 和 URL 等字段信息，并可保存为 .txt 文件。基础统计包括作者、机构、关键词、主题词、文献来源、年份等频次和频率。统计信息以图表形式呈现，且统计数据提供下载。矩阵构建包括作者、机构、关键词、主题词、文献来源、年份等共现矩阵，支持 Equivalence 等矩阵标准化和归一化算法。另外，SATI 可对作者、机构、关键词、主题词、和文献来源等题录数据进行自动聚类。可视化结果有频次、频率图表、共现知识图谱、聚类树状图等，支持可视化结果及中间文件以打包形式导出。

5.1.3 网络分析工具

（1）Pajek

Pajek 在斯洛文尼亚语中意指蜘蛛，该软件由卢布尔雅那大学的 Vladimir Batagelj 和 Andrej Mrvar 于 1997 年正式发布。Pajek 是用于研究各种复杂非线性网络的有力工具，目前为免费非商业用途的软件，可以自由下载使用。Pajek 的设计是基于图论、网络分析及可视化软件等发展而来。其主要功能是执行分析大型网络有效算法；将大型网络分解为一些小型的子网络，展示这些子网络的关系，并可使用更有效的方法进一步处理这些子网络；向使用者提供一些强大的可视化操作工具。另外，Pajek 可以接受来自像 UCINET 这样的网络分析软件的数据。在引文分析的研究中可以用 Pajek 来进行网络分析和引文分析可视化。

Pajek 的版本一直在更新，目前为第五版。新版的 Pajek 除了菜单结构的大幅调整，更重要的改进在于可以分析更大规模的网络。Pajek 现在可以处理将近 10 亿个节点的网络，而新出现的 PajekXXL 和 Pajek3XL 可以分别处理 20 亿和 100 亿节点的网络。需要注意的是，虽然后两个程序具有与 Pajek 相同的用户界面，但是提供的网络分析功能有限。在分析巨大网络时，可以先利用 PajekXXL 或 Pajek3XL 从巨大网络中提取子网络，之后发送到 Pajek 再进行更为细致的分析。另外，Pajek 提供了在 Mac OS X 系统环境下运行的版本。

（2）UCINET

UCINET 是目前流行的社会网络分析软件之一，不但容易上手，用户界面友好，而且也包含了比较全面的社会网络分析算法。另外，该软件包有很强的矩阵分析功能，如矩阵代数和多元统计分析。在进行数据分析时，可以方便地在社会网络分析和统计分析之间切换。UCINET 本身不包含图形处理程序来对网络可视化，但它集成了多个软件，其中包括一维与二维数据分析的 NetDraw，还有三维展示分析软件 Mage 等，同时集成了 Pajek，用户可以根据个人的需求选择里面的功能。利用 UCINET 软件可以读取文本文件、KrackPlot、Pajek、Negopy、VNA 等格式的文件。例如，可以读取由 BibExcel 产生的 .coc 文件，只需稍作修改。该软件可以免费下载试用。理论上，UCINET 可以处理包含上万个节点的网络，但实际上当节点数超过 5000 时，运行速度就会明显变慢，因此该软件更适合分析规模较小的网络。

（3）VOSviewer

VOS（visualization of similarities）viewer 是在 CWTS 资助下由荷兰莱顿大学（Leiden University）科学技术研究中心的 Van Eck 与 Waltman 于 2009 年研发完成的科学图谱工具，支持大规模数据处理，可供免费下载使用。VOSviewer 的主要功能是用于生成和可视化多种基于文献计量关系的图谱，包括以期刊、研究人员或出版物为节点的网络，并且可以基于引用关系、耦合关系、共被引或合作关系来构建网络。VOSviewer 还提供文本挖掘功能，可用于构建和可视化从大量科学文献中提取的重要术语的共现网络。另外，该软件提供两种可视化视图，网络视图 Network Visualization 和密度视图 Density Visualization。前者以颜色冷暖表示各个聚类的重要性高低，后者展示科学研究的重点与热度。与其他可视化软件相比，其主要特点为图形化展现的方式较为丰富，显示清晰，避免了重要节点和标签的相互覆盖，并注重数据集的主要信息显示，使得文献计量的分析结果易于解释。VOSviewer 支持的文件类型包括 Web of Science、Scopus、PubMed、RIS 和 Crossref JSON 平台上下载的数据，也可以直接读取 GML 和 Pajek 文本文件。

（4）Gephi

Gephi 是一款开源免费跨平台基于 JVM 的复杂网络分析软件，由来自各国的工程师和科学家联合研发，2008 年开始使用，其目标是成为"数据可视化领域的 Photoshop"，支持 Windows、Mac OS X 及 Linux 等环境。其主要功能是用于各种网络和复杂系统，动态和分层图的交互可视化与探测，可用作探索性数据分析，链接分析，社交网络分析，生物网络分析等。数据导入的方式主要有 4 种。一是直接导入数据文件，可输入的数据格式很多，包括 GEXF、GraphML、Pajek net、GDF、GML、GraphML、DOT、UCINET dl、Netdraw vna、Spreadsheet、Tulip tlp、CSV、Compressed zip 等；二是从数据库中获取数据，即将互联网的开放数据存入 Gephi 数据库中，在 Gephi 中链接后读取；三是通过浏览网站获取数据，需要安装 Gephi 的 http 代理插件，在浏览网站时 Gephi 会自动抓取网站间的链接关系；四是读取邮件数据，即 Gephi 可以通过 Email 账户读取该账户中的邮件往来关系。Gephi 提供多种布局算法，考虑到节点间的引力和斥力作用，完成自动美化功能，可根据不同的需求选择合适的网络呈现形式。

Gephi 的不足是网络分析功能较弱，支持数据中心性分析和较少的聚类分析，但能很好地支持动态图数据分析，侧重于对网络图的编辑和处理，在基本可视化分析方面操作简便，视图指示性能强，能有效引导用户观测并发现节点间关系。

(5) HistCite

HistCite 是 history of cite 的缩写，为一款引证分析工具，由 SCI 创始人加菲尔德（Eugene Garfield）博士及其同事开发，属于汤森路透（Thomson Reuters）公司，只支持 WOS 数据库。作为引文编年史工具，它可以帮助我们迅速掌握某一领域的文献历史发展脉络，发现关键研究（highly cited）和关键学者（highly cited）。该软件有两个核心功能。一是通过文献数据集的引证关系建立历史的引用网络，绘出这一领域的文献历史关系，使得该领域的发展、关系、人物一目了然。二是可以提供文献数据的描述性统计结果和一些文献计量指标结果。Histcite 用于分析的 4 个关键指标参数是 LCS、GCS、LCR 和 CR。LCS（local citation score）为本地引用次数，指某篇文献在当前数据集中被引用的次数。LCS 值高意味着它是该数据集中的重要文献。GCS（global citation score）为总被引次数，为某一篇文献被整个 WOS 数据库中的文献所引用的次数。LCR（local cited references）为本地参考文献数，即某一篇文章的参考文献在当前数据集中的数量，反映关注该领域的文献。CR（cited references）为某一篇文献在整个 WOS 数据中的参考文献数。

(6) CitNetExplorer

CitNetExplorer 是 citation network explorer 的缩写，由荷兰莱顿大学的 Van Eck 与 Waltman 及其团队继 VOSviewer 之后研发的一款科学文献引文网络图谱分析软件。与 HistCite 相比，CitNetExplorer 可以处理更大的引文网络，包括数百万文献及其引用关系，并且具有更加多样的分析功能。CitNetExplorer 可以分析某个研究领域随着时间推移的发展轨迹；可以将某个研究领域最重要的文献可视化，并且显示这些文献之间的引用关系，表明这些文献之间的相互联系；可以识别某个研究主题中的文献，通过识别联系紧密的文献之间的引用关系，来描绘该研究领域引文网络的特征；可以探索某个研究者的所有文献，它可以将某个研究者的文献引文网络可视化，并显示某个研究者的著作是如何影响其他研究者的文献的；支持文献综述，通过识别出某个特定文献的被引或施引文献群，实现文献的系统化获取。

值得一提的是，CitNetExplorer 提供引用网络的 Expand 和 Drill down 分析功能，二者为互逆操作，结合使用往往能够达到良好的分析效果。Drill down "向下钻取" 实现功能是进一步深入分析。执行该功能时，会把选中的文献从网络中单独提取出来，之后可以进一步进行 Expand "网络扩展" 分析，通过调整阈值展开更为详细的细节，在此基础上可以对该子网络进行聚类，而对于聚类信息，同样可以使用 Drill down 功能。

(7) CiteSpace

CiteSpace 是 Citation Space 的简称，可译为"引文空间"，是一项基于 Java 开发的引文可视化分析软件，由美国德雷塞尔大学（Drexel University）的华人学者陈超美团队开发，免费提供使用。设计的目的是探寻学科领域演化的关键路径及知识转折点，可以用于共被引分析、耦合分析、科研合作网络分析、主题和领域的网络分析等。对于生成的图谱提供两种剪枝算法 Pathfinder 和 Minimum spanning tree。如果生成的图谱节点和连线过多，可读性差，就可以对图谱进行剪枝。MST 的优点是运算简捷，能很快得到结果，但并非生成唯一解。Pathfinder 的优点是有唯一解，但有时会在剪枝过程中丢失相对重要的节点。CiteSpace 同时还提供了两种剪枝策略，Pruning slice network 和 Pruning the merged networks。前者是对每一时间段的网络进行剪枝，后者是对整体网络进行剪枝。两种策略可以同时选择，实现在每一个时间段上剪枝之后再对整体网络进行剪枝。CiteSpace 分析的数据是以 WOS 为基础的，但是软件自带将多种文献源转换为 WOS 格式的功能，包括 Scopus、PubMed、ADS、NSF、Project DX、arXiv、Derwent、CSSCI 2.0 和 CNKI。

(8) Sci2

Sci2 全称为 A Tool for Science of Science Research & Practice，这一免费工具由印第安纳大学开发。在文献数据的处理方面，它不仅支持时序分析、地理空间位置分析、主题分析和网络分析，还可以进行文献数据和相应网络的可视化，可对数据去重和时间切片。Sci2 的主要特点是可以根据研究需要添加不同的分析插件，如有关数据库、气球图、国会地理编码等。将这些 JAR 文件复制到 Sci2directory/plugins 中即可使用这些不同的插件。在科学计量方面，可以进行引文耦合分析、共词分析、合作者分析等，并可利用不同的可视化插件，如 GUESS、Cytoscape 等进行交互式探索和分析特定数据集。可视化方面，Sci2 可以利用 Gnuplot 图，生成以多种不同形式绘制二维功能和数据点的平面图，生成依据时间推移可视化数值数据的水平条形图，生成美国或世界地图等。Sci2 还可以加载多种通用格式，包括 xml、net、isi、csv、bib、enw、nsf 等。

以上介绍的是进行知识结构分析的常用工具。其中，无论是统计工具、数据处理工具还是各种网络分析工具，均可以配合使用，相互衔接，以便利用多样的数据来源和丰富的分析方法达成研究目标。例如，阿姆斯特丹大学的雷德斯多夫（Loet Leydesdorff）就是利用 UCINET 和 Pajek 对期刊的引用关系进行研究（culster and maps），应用统计软件 SPSS 对期刊引用数据进行处理，再将最终结果导入 Pajek 中，获得相应的期刊引用/被引网络图。

5.2 分析方法的选择

5.2.1 节点核心性测度

点度中心度刻画的是节点的局部中心性指数，在评价节点核心性时有其局限性。实际上，互引网络中的内点度中心度即节点的被引量。

接近中心度考虑的是节点在多大程度上不受其他节点的控制，也不适合作为测度节点核心性的指标。如果分析相对于信息传递的独立性或者有效性，可采用接近中心度。

特征向量中心度是在网络总体结构基础上找到最居于核心的行动者，而不关注局部的模式结构，适宜作为核心性指标。但是，特征向量中心度也有缺陷，当数据是有向数据的时候，利用特征向量中心度就可能引起误导，因为有些位置的节点可能不被选择。因此，如果要分析不对称数据，则需要进行对称化处理。

能够弥补这一缺陷的是核心 - 边缘结构分析中对于节点核心度的测量。核心 - 边缘结构模型建立的基础就是关系的不对称性，因此对于有向网络来说，采用核心度作为测量节点核心性的指标更加适宜。计算核心度的目的就是要找到哪些节点居于网络的核心地位，因此该方法显然具有一定的评价功能。

5.2.2 节点中介性测度

中介中心度是一种"控制能力"指数，即节点作为信息枢纽的能力。结构洞与中介中心度的研究一样，都是围绕"局部依赖性"（local dependency）这个概念建立起来的。当两个点以距离 2 而不是距离 1 相连时，就说这两点之间存在一个结构洞。结构洞的存在使得连接两点的第三者扮演经纪人或者中间人的角色。

中介中心度与结构洞约束系数都可以作为测度节点中介性的指标，不同之处在于前者只能处理二值矩阵，后者可以处理赋值矩阵，适用范围更广。总之，点度中心度、中介中心度和接近中心度的局限性在于它们没有考虑到节点之间的信息交换或者交往的规模，因而仅适用于对二值网络的测量。

对于赋值网络，结构洞约束系数和媒介角色系数都可以作为评价节点中介性的指标。它们的不同点在于，媒介角色可以分析节点在子群内和子群间的中介角色，结构洞约束系数可以给出节点中介性综合排名。

5.2.3 网络嵌套结构测度

网络的嵌套结构与网络的等级结构不同，它揭示的不是权力层次结构，而是基于节点之间联系的紧密程度的层级结构，因此该方法主要用于勘测科学或学科结构而不是用于评价。嵌套结构的测度主要利用 k – 核分析。

k – 核分析是对密度的一个重要补充，因为密度不能抓住网络结构的许多整体性质，而一个 k – 核便是在整个网络中的一个凝聚力相对较高的区域。利用 k – 核的一个明显的好处在于对成分结构的研究可以运用度标准区分高、低凝聚力的领域。一个简单的成分就是一个"$1k$ – 核"，如果忽略所有度数为 1 的点，就得到了一个"$2k$ – 核"，进而考察剩余各个点之间的关联结构。同理，确定一个 $3k$ – 核则要去掉度数为 2 和 1 的点，依此类推。这样，在进行引文分析时就能方便地探测出文献或作者的嵌套结构，不仅可以分层展示，还可以根据需要选择不同 k – 核进行分析。

利用 k – 核还能估计一个网络的总体分裂性（fragmentation）。塞得曼（Seidman）于 1983 年提出了核塌缩序列（core collapse sequence）。他认为一个 k – 核中的点可以分为两个集合：在 $k+1$ 核中的点和不在该核中的点。塞得曼把后一群体称为 k – 核剩余集合（k – remainder）。在任何核中，剩余集合都是由那些当 k 增加 1 后在分析时将会消失的点组成的。正是这些当 k 增加时的关联较小的点的消失导致了"塌缩"（collapse）。每当 k 增加一个单位，从核中消失的点所占的比例可以排列为一个向量，即核塌缩序列，可用该向量描述成分内部的局部密度结构。如果核塌缩是缓慢的、逐渐的，则表示网络结构在总体上具有一致性。如果是一个不规则的取值序列则说明存在着相对比较紧密的区域，该区域被比较多的边缘点包围着。如果在较低的 k 值出现以后持续出现了 0 值，则表明存在多个高密度区域。

此外，n – 派系、n – 宗派、k – 丛也可以用于嵌套结构分析。其中，

k-丛与k-核的机制一样,是基于子群内部成员之间关系频次的(点的度数),而n-派系和n-宗派是基于子群成员之间可达性和直径基础上的。需要注意的是,n-派系和n-宗派在应用方面有很大局限性。首先n-派系的直径有可能大于n,其次n-派系可能是一个不关联图。一个n-派系中的两点可能通过一个长度不超过n的测地线连接在一起,这条测地线可能包含外部的点,并且这两个点之间不存在一条仅仅包含n-派系的成员的途径。n-宗派虽然限定了派系本身的直径不超过n,但是与n-派系一样,当n大于2的时候,缺乏解释力。因此,一般来说,运用k-核分析来测度网络的嵌套结构。

5.2.4 网络等级结构测度

网络的等级结构分析一定是基于网络整体结构的,并且所有点和关系都应该被同时考虑,而不是把关注点仅限定在连接某些点的特定路径上。核心-边缘结构分析、位置分析和角色分析符合这个要求。

(1) 核心-边缘结构分析对网络等级结构的测度

核心-边缘结构分析的目的是对现实社会现象中表现出来的核心-边缘模式进行量化处理。在引文分析中可用该算法分析期刊引文网络和作者引文网络,判断期刊或作者在"中心-半边缘-边缘"的层次结构中所处的位置,或者估计出它们的"核心度"。其中各个节点在各层次中是可以流动的,但就整体而言的层次结构是相对稳定的。运用该模型时需要注意,只有单一核心的网络才适用此方法。因此提出以下建议。

首先,分析开始的时候,应该对数据有大致的了解。不应随便运用该方法和模型。数据本身应该存在这种核心-边缘结构,即需要事先假设节点或者可以分到核心区,或者可以分到边缘区,否则在分析结果中可能看不出有核心-边缘结构。

其次,可以先利用派系分析、聚类等方法考察现实数据是否有多个核心。有的网络可能拥有较多的核心,而利用核心-边缘模型分析的时候,可能找不到这些核心。如果网络只有一个核心,则可以利用核心-边缘模型分析其结构。

当然,如果针对某一主题领域,分析其他主题在该引文环境中的核心-边缘分布则不受此条件限制。

(2) 位置分析和角色分析对网络等级结构的测度

网络位置和角色分析在引文分析中可以运用于对知识节点学科属性和等级结构的考察。社会网络分析中的位置和角色概念是比较抽象的，它们不同于中心度、派系等具有现实基础的概念，但也正因如此，位置分析和角色分析能够对引用行为和网络结构进行一般化分析，得到具有推广意义的结论。更重要的是，我们可以在引文分析中运用此方法根据类似的引用行为将各知识节点归类，并且解释是什么因素使一类节点不同于其他类别的节点。

"网络位置"指的是一系列嵌入于相同关系网络中的个体，是一系列在网络关系或者互动中相似的节点。由于位置概念基于节点子集之间的关系相似性，因此，这个概念与凝聚子群的概念截然不同。处于相同位置的人之间不必然有直接或者间接的关系。根据分析网络位置的结构对等性原理和第三章中对经济学期刊的实证研究，认为在引文分析中，网络位置分析从两个维度对引文网络的节点进行了区分。第一个维度是学科相似性，它把研究领域相近的文献、学科领域相近的期刊分在了一组；第二个维度是节点权威性，即将与其他节点引用关系相似的节点分为了一组。因此在对节点情况比较熟悉的情况下，可运用位置分析在对网络进行学科分群的情况下，察看每个子群内部的等级结构。

角色分析关注的是关系之间的联系。它基于"规则对等性"原理，要比"结构对等性"更抽象一些，在引文分析中就是对位置分析中第二个维度的专门测度。因此，引文网络中的各种角色就可以根据一系列引用与被引用关系之间的联系来定义。例如，第三章中期刊的角色分析就可以不受期刊学科属性的干扰而仅仅考察期刊之间的权威结构。

另外，有两类角色理论。一类是符号互动论的先驱米德的研究。他认为，角色是一系列创造性互动的结果。在符号互动论者看来，任何一个角色都涉及与其他角色之间的互动。另一类研究是由美国社会人类学家林顿（Ralph Linton）给出的，认为角色是与特定位置相联系的活动。这种对角色的文化规定性研究也认为角色的界定常常根据与其他角色之间的关系，但是，他们并不认为互动可以创造或者修正角色。本研究更倾向于第一类角色理论，它可以考察节点角色随时间变化的情况及其背后的原因。

5.2.5 凝聚子群分析流程

网络分群方法有两大类，一类是基于关系属性的凝聚子群分析，即群落结构测度，另一类是基于结构对等性的位置分析。前者比较具体，包含众多算法，后者比较抽象，但是如果研究者对某领域的期刊、作者等知识节点比较熟悉的话，位置分析可以从整体网络的角度为学科分类提供依据，而且在有向赋值网络中比凝聚子群分析更具优势。

凝聚子群分析对于期刊、作者、文献的分群，核心文献、作者的识别及学科结构的研究来说都是一种精细的工具，它描述如何根据一定的模式把网络中的节点分派到各个子群之中。但是由于分析凝聚子群的算法很多，又是基于对关系的不同限定，彼此之间既有联系又有区别，因此有必要根据引文网络的特点和引文分析的目的厘清各种凝聚子群算法的适用情况，总结出具有可操作性的凝聚子群分析的一般方法和步骤。

"凝聚子群"在社会网络研究中并不是一个有明确含义的概念。大体上说，"凝聚子群是满足如下条件的一个行动者子集合，既在此集合中的行动者之间具有相对较强的、直接的、紧密的、经常的或者积极的关系。"成分、派系、n-派系、n-宗派、派别、k-丛、k-核等都属于"凝聚子群"范畴，都可以看成是"凝聚子群分析"（cohesive subgroup analysis）的各个类型。它们分别是基于关系的互惠性、可达性、度数或子群内外关系来判定的，相同之处在于它们都假设子群内部的联系相对紧凑，不同之处在于对最小密集程度的要求上。例如，成分只要求节点间有一条单向连接即可，而派系要求节点间拥有所有可能的连接。对于不同的算法在分析子群时有不同的处理方式，其中两个常规的方法如下。

①对于派系或完备子群（如完备三方组）这样严格的子群来说，很可能在网络中出现派系重叠（overlap）的情况，即子群间存在一个或多个共同的节点，因此一般将一个包含重叠关系的派系群当作一个凝聚子群（如社会圈），而不是将每个单独的派系分别列为子群。

②k-核分析要更复杂一些，它将形成一个嵌套（nested）结构，高一阶的k-核总是包含低一阶的k-核，所以一个节点可能同时属于几个k-核。而且k-核节点之间也不一定要相连，$1k$-核就可以分布在好几个成分之中。因此，为了得到凝聚子群，研究者需要删除低阶k-核中的节点直到网络分为几个相对紧凑的成分。

那么在凝聚子群分析过程中，如何适当地运用这些不同的分析方法呢？这就要综合考虑每一种子群的算法特征及分析对象的网络规模、密度等特性。例如，对于派系和n-宗派研究来说，边的数目和派系的数目是需要考虑的，因为在计算较大网络的时候可能出现成百上千个派系，在找出派系或重叠派系时不好分辨，这时分析者可以考虑增加将要分析的派系中节点的数目，这样将大大降低分析出来的凝聚子群数目。而对于非常大的网络来说，在具体分析之前，可行的办法是先把网络分成各个子群、位置或者成分等。

在具体分析一个引文网络中包含的凝聚子群的时候，上面提到的各种子群及各种计算上的困难都是需要加以考虑的。下面就将分析凝聚子群的一般流程如图5.1所示，以便在原则上起到一定的指导作用。在实际分析时不必严格遵循这些步骤，因为分析者一定要针对具体数据的实质、研究问题的性质、研究结果的解释力等进行凝聚子群的分析。

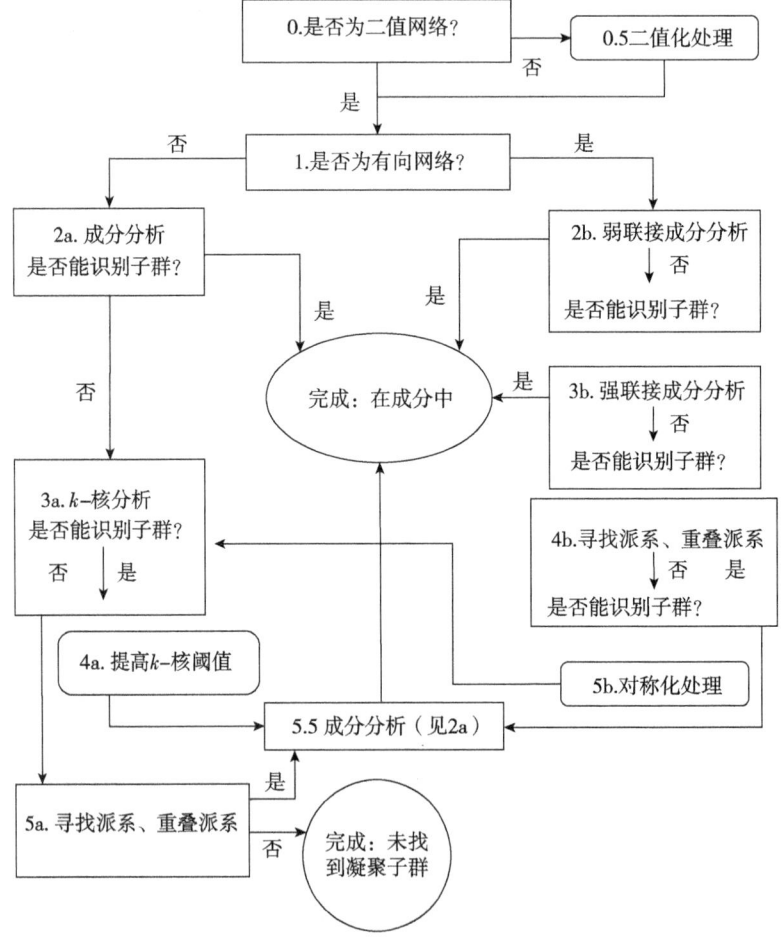

图 5.1　凝聚子群分析流程

至于选择哪种技术来分析凝聚子群主要依赖于网络的密度。在密集网络中，重叠派系可以很好地揭示网络的基干构架；而成分和 k-核分析更适合拆分疏松的网络。建议在最初试探性的研究中，先进行成分分析再运用 k-核分析，如果 k-核过大，有必要进一步细分，再查找其中的派系、重叠派系或完备三方组。也有的研究者认为在分析凝聚子群时，应该先分析定义比较严格的子群，然后分析界定比较松散的子群。例如，可以先分析"派系"，如果不存在派系，可以进一步分析 n-派系等。但是采用由松散到严格的分析路径能更好地把握引文网络的总体结构，也不会遗漏网络的细部结构，并且容易判断采用的算法和设定的阈值是否合适。

对凝聚子群分析流程图的阐释如下。

①如果数据是二值的，直接看第一步；如果数据是赋值的，需要进行二值化（dichotomize）处理。UCINET 中的路径为 transform→Dichotomize。一般可采用平均共被引强度、平均被引率等均值或网络密度作为阈值。以相似性数据（数字越大表示关系越近）为例，要确保大于某个指定值的数字重新编码为"1"，否则为"0"。当然可以设置不同的阈值进行分析，以便检验数据的稳健性，找出隐含在数据中的比较完备的图形结构。

②如果数据是无向的，进行 a 组分析；如果数据是有向的，进行 b 组分析。对于无向网络，分析其成分，对于有向网络，先分析其弱连接成分，如果在弱连接成分中没有找到子群再分析其强连接成分。成分分析是凝聚子群分析的最简单形式，并且有时候成分可以为我们提供用来回答问题的充分信息。如果情况确实如此，分析就到此结束。

③如果成分分析的结果没有为我们提供充分的信息，则对无向网络进行 k-核分析。如果能够获得比较清晰的嵌套结构，则提高 k-核阈值，去除低阶 k-核中的节点，将简化后网络的成分作为凝聚子群，结束分析流程。如果经过 k-核分析还是没有找到子群，则在网络中寻找派系或重叠派系。如果寻找失败，则网络中不存在凝聚子群，结束分析流程。如果寻找成功，则进行成分分析，获得凝聚子群，结束分析流程。

④对于有向网络，如果强连接成分分析未能得到凝聚子群，则寻找派系或重叠派系。如果寻找成功，则相继步骤与 5a 相同。如果未找到则需要对称化网络，将所有的单向连接转换成双向或无向连接，之后利用得到的对称矩阵进行 k-核分析，相继步骤与 3a 相同。

⑤如果在 4b 和 5a 中没有或仅找到几个派系，还可以尝试做如下调整：

如果派系的规模最小值为4或者更多，可以降低规模（但是不能降低到3以下）；如果数据经过了二值化处理，则对于相似性数据来说，需要降低阈值，对于相异性数据来说，需要提高阈值。如果分析的结果是找到了太多的重叠派系，有必要的话可以把上述两个步骤颠倒过来进行，即增加派系的最低规模，最终也就是改变了阈值。

另外，在流程图中没有提及分派分析（factions），它与派系分析不同的是可以找出指定数目的派别。只要知道可以分为几个区，针对网络中的任何一个成分都可以进行分派分析。例如，在2a、2b、3b、4b、5b的分析中如果能推演出网络中大体存在多少个分组，就可以直接进行分派分析；又如在已经分析出的凝聚子群中，如果知道或者需要分为多少个小派别，则也可以进行分派分析，找出子群内部的子-子群，这就需要结合具体的关系网络进行勘察。

5.3 分析视角的融合

5.3.1 网络分析与统计分析的差异

运用网络分析法揭示知识结构，与应用统计分析法相比在以下几个方面存在差异。

（1）理论基础

从方法论角度来说，网络方法补充了个体主义方法。所谓个体主义方法是把个体视为独立单位，按照个体的内在属性和规范特征来解释个体行动的一种研究范式。虽然统计技术日益向精密化发展，但是它们仍然把个体看作独立的分析单位，从而将个体从其所嵌入的网络中相分离，这使得分析者将个体看作毫无关联的乌合之众。而网络分析者从关系而非范畴的角度界定总体和样本，从相互联系而非孤立的视角描述和分析资料。体现在计量方法上，就是网络分析者较多地运用行列式的数学方法，而较少地运用个体主义的统计技术，如被社会科学界广泛应用的SPSS和SAS等社会科学统计软件包。

但是，基于实体论的个体主义方法也是同样重要的。本书的实证研究也在一定程度上证明了这一点：社会网络分析法和多元统计方法在分析结果上可以互为印证和补充。有时候仅仅从网络关系的角度，或仅仅从个体属性的角度给出的解释都是不充分的。因此将两种不同视角的分析方法结合起来研究知识结构能够更好地理解知识网络现象。

（2）方法基础

统计分析是以统计学为基础的，分析样本不能过少，关注分析对象的自身特性。网络分析的数学基础是图论，随着计算机技术的发展，既可以研究小群体的关系也可以利用复杂网络理论和方法分析超大规模的网络结构，关注分析对象之间的联系。下面进一步分析多元统计方法和社会网络分析法的不同。

在多元统计方法中，聚类分析有如下局限：首先，它严格依赖于成对行动者之间的对比，更倾向于具有层次的数据的对比。其次，进行聚类分析的时候，必须假设相似性数据具有一维性，即数据要来自同一个维度。然而我们并不能保证节点截面的相似性矩阵一定是一维的。因子分析和多维尺度分析则不需要这个前提条件。在一定意义上，它们假设数据的相似形式可能不止一种，在一个维度上具有相似性的节点在另外一个维度上可能不相似。聚类分析和多维尺度分析容易忽视比较特殊的节点和小群落，因子分析（主成分分析）则能够得出每个节点的负载值，但不易准确命名公共因子。

社会网络分析在算法上比较丰富，操作上也很灵活。可以揭示某一网络的整体结构特征，如节点间的连通性、可达性、网络规模和密度等；还可以通过计算各个节点间的权值及单向或双向联系，找出网络的核心部分，中介节点，探明网络的层次结构；还能将相对独立的节点、小群落挑选出来，以及根据关系的互惠性、接近性、关系发生的频次、子群内外部节点之间的关系密度及关系模式的相似性等对网络分群。

（3）可视化结果

通过多元统计方法能够能绘制出直观的知识图谱（知识地图），即由多维尺度反映分析对象在二维空间中的位置关系，再借助聚类分析或因子分析的结果确定每一类的数目和边界。多维尺度分析最有用之处在于，它把节点之间的关系截面（profile）所表现出来的"异同性"模式表达为一张二维图，从中可以看到节点之间的"远近"，可以看出它们是否成为一个聚类，也可以看出每个维度有多大变化。如果输入的是"相异数据"或者"距离数据"，距离比较短的"点对"在图中就接近。如果输入了"相似性数据"，距离比较大的"点对"在图中才接近。但是它对于网络的整体属性和节点间直接或间接的连接状况不予反映。另外，对于结构比较复杂的网络，即多维网络，在降维和可视化过程中容易失真，并造成图像缺乏解释力，节点和网络结构分辨不清的情况。

运用网络分析软件展示引文网络，可对节点个体的属性与类别，节点之间联系的方式与程度，网络成分的层次结构，成分之间的联系等都予以形象的展现。更重要的是，有些网络分析软件，如 Pajek 既可以将各子群作为新的节点从而达到缩减大型网络的目的，形成清晰的宏观图景，也可以按照需要提取子网，对局部网络进行更细致的分析。另外，有些网络分析软件或其内嵌的绘图程序还可以对网络图进行平面或空间旋转，以便从不同角度对网络进行观察，同时用鼠标也可以轻松地移动每个点。所有这些操作都可以进行非常细致的控制。所生成的图形可以用各种形式导出，以利于打印、网络浏览或后期编辑。

5.3.2 网络分析与统计分析的结合

在引文分析中，网络分析与统计分析可在以下方面结合使用。

①鉴于因子分析的精确性，和网络分析的解释力及可视化优势，正如第四章对作者学科分布的研究，可将因子分析与位置分析、角色分析或其他网络分析法相结合，对网络分群或网络结构做出全面、精确的判定，之后运用网络分析软件将结果可视化。

②对于小样本的研究，或者经过缩减数据不会导致损失大量信息的样本可以直接采用多元统计分析方法，因为以"地图"形式显示的知识节点更符合人们的认知习惯。对于大型引文网络，也可以先运用网络分析简化网络，然后再运用多元统计方法进行分析和显示。

③在网络分析中，可先运用一般统计方法了解引文网络的基本静态特征，或运用多元统计分析检测研究对象是否符合某种网络分析法的使用条件。例如，可以用聚类分析检验引文网络是否为单一核心及核心、亚核心大致的分布情况。

5.3.3 知识结构分析方法导图

为了便于查看、使用，表 5.1 总结了对应于不同的知识结构分析目的，网络分析方法的选择及适用情况。

表 5.1 网络分析方法的选择与适用情况

研究目的	分析方法	适用情况
节点核心性	特征向量中心度	无向网络、双向网络
	核心度	有向网络
节点中介性	中介中心度	二值网络
	结构洞约束系数	赋值网络
	媒介角色系数	基于子群内部和子群之间的中介性
网络嵌套结构	k-核分析	二值网络
网络等级结构	核心-边缘结构分析	单一核心网络
	角色分析	有向赋值网络
	位置分析	有向赋值网络
网络分群	凝聚子群分析	二值网络
	位置分析	有向赋值网络
网络整体特性	规模、密度/簇系数、凝聚力、平均距离、可达性、幂指数	各种网络
网络演化	关键路径分析	非循环网络
	以上各方法的时序分析	对应的各种网络
	BA无标度网络模型、适应度模型	动态网络

需要强调的是，网络分析方法是图论结合代数方法、概率统计等发展起来的，它从来也不排斥其他数学方法的运用。尤其是通过近年来的迅速发展，网络分析方法已经涉及了一些较为复杂的数理分析和高级统计方法。应在方法论的层面充分挖掘网络分析的优势，将其更好地融入对知识结构的探测与识别中。另外，网络分析不仅是对关系或结构加以分析的一套技术，它还是一种理论方法，是一种结构分析观点。因此，不仅要了解网络分析的具体方法，还要理解其基本原理，从而更好地加以应用。

下篇▼

创新测度与评价

第六章 知识创新扩散过程

扩散是创新产生之后，经过一段时间，经由特定渠道，在某一社会团体的成员中传播的过程。它是特殊类型的传播，所含信息与新观念有关。而学术创新的扩散就是学术领域新知识的扩散。知识扩散对于知识创新有重要影响。国家哲学社会科学研究"十二五"规划中明确提出"大力促进基础学科之间、基础学科和应用学科、哲学社会科学和自然科学的渗透融合，在推动各学科互为借鉴、共同发展中培育新的学科增长点"。当前，知识扩散的特征与规律已经成为文献计量学领域重要的研究问题。其中，研究某一学科领域或不同学科领域之间知识扩散现象的成果已逐渐出现，但是针对某项学术创新在不同学科领域中的知识扩散研究还非常少。这一研究将对我国高等学校的学科建设，跨学科研究的组织，科技攻关，项目选题，把握学科前沿及发展趋势，对科研管理部门在战略规划、政策制定、项目评审、科研评价等方面具有参考价值。

国内外对于知识扩散现象的定量研究持续升温，从方法上来看，越来越多地利用网络理论与方法，测度对象一般为期刊、论文、专利的引文网络。引文网络不仅体现了科学知识纵向的连续性和继承性，而且记录着学科之间横向的交叉与渗透，是研究知识扩散的天然入口。网络理论与方法为知识扩散的测度与可视化提供了有力工具，但目前此方面的研究还存在不足。①利用复杂网络理论对知识扩散的演化过程进行仿真和建模，虽然可从宏观上模拟和解释其网络结构与动力学特征，但是只能提供知识扩散的整体性描述，并不能深入到微观层面揭示个体的知识扩散行为。因为该方法往往将网络中的个体看作是同质的，然而个体的异质性正是扩散发生的前提，并且不同的个体在知识扩散中起到的作用也大不相同，忽略个体的异质性无法揭示知识扩散的本质。②在利用社会网络分析的常规指标与方法对知识扩散进行的实证研究中，网络节点虽然被看作是异质的，但是其仅能刻画知识扩散的静态特征，如核心节点、网络分群、凝聚程度等，既不能直接反映知识扩散与知识增长的动态过程，也不能提示哪些节点和路径对知识扩散起到关键作用。因此，从结果而非过程的角度进行测度，会丢失知识扩散中的重要信息，从而无法准确揭示知识扩散现象。③已有成果一般仅从某一角度揭示知识扩散的某一特征，处于知识扩散测度指标与方法的探索阶段，对于知识扩散现象无法整体把握和全面测度，缺乏系统的研究范式与步骤。

针对以上不足，本章立足于知识扩散的过程角度，采用包含时间维度的扩散理论和分析时间流的主路径分析方法，兼顾宏观和微观两个层面，进行知识扩散实证研究。绘制扩散曲线，得出扩散拐点，确定扩散阶段；识别扩散主路径、主路径成分及关键节点；测度扩散广度及在不同学科扩散的延时、速度及强度。在实证分析的基础上，总结学术创新扩散过程及再创新与再扩散的特征、模式与规律，归纳研究学术创新扩散过程的一般方法与步骤，试图为学术创新的扩散过程研究提供一个相对清晰的研究思路。

6.1 创新扩散理论与方法

6.1.1 创新扩散理论

创新扩散的研究是在一系列相互独立的领域同时进行的，如社会学、人类学、教育学、传播学、心理学、行政管理、市场营销和流行病学。尽管这些扩散研究各具特色，但是每个研究领域都得出了相似的结论：一项创新的扩散遵循以时间为横轴的S形曲线。

创新扩散的整个过程之所以呈现为S形曲线，是因为系统内不同成员的采纳时间呈正态分布，而钟形曲线的累积曲线即为S形曲线。采纳时间正态分布的形成过程可简述为：一项创新首先被少数人接受，随着扩散过程中信息的有效传播及不确定性的逐渐减少，随后的采纳人数迅速增加，等到有大量人员接受创新时，由于对创新毫不知情的人越来越少，创新采纳人数增长速度反而放缓，最后新增加人员的数量迅速下降，传播过程逐渐停止。由此，可以将S形曲线分为4个对应的阶段：起步阶段、起飞阶段、成熟阶段、衰退阶段。然而，并不是所有的创新扩散都会呈现S形曲线，S形曲线只能说明创新成功扩散的情况，不成功的扩散在扩散曲线上表现为水平状态。

扩散理论的主要概念与指标如下。

①采纳速度（adoption rate）：在特定时间点上新增采纳者的数量或百分比。

②采纳加速度（adoption acceleration）：采纳速度的变化量。

③临界量（critical mass）：用以维持扩散过程的最少采纳者数量。一旦达到临界量，就会触发系统的连锁反应，从而出现大范围的快速扩散，此时，扩散过程自动自发进行，不需要外界刺激来维持。临界量一般在S形扩散曲线的二阶拐点处达到。

④二阶拐点（second-order inflection point）：采纳加速度最高的点。此后，采纳加速度放缓，但是采纳速度仍然不断增加。

⑤一阶拐点（first-order inflection point）：采纳速度最高的点。此时，新增采纳者的绝对量达到最大。通常情况下，一阶拐点出现在已采纳者人数占到最终总采纳人数约50%的时候。

6.1.2 主路径分析

由新发现所带来的科学革命，即突发的范式变革，可以由引文网络结构的急剧变化反映出来。利用主路径分析，可以发现隐藏在引文网络中的科学发展脉络，并找到那些在一定时间段内影响特定研究领域的文献。

主路径分析的理论前提是将引文网络看作一个输送知识信息的渠道系统。如果一篇论文能够把之前一些论文的知识整合到一起，并且为新知识的增长做出实质性贡献，那么这篇论文就有可能被大量引用，而且有可能使今后再引用此前论文变得有点多余。因此，这种论文就成了渠道系统中的重要枢纽，大量知识信息从此处流过。显然，参与许多论文之间路径的引文关系就要比很少参与论文之间路径的引文关系更重要。那些重要的引文关系构成了一条或多条主路径，这就是一个研究领域的框架结构。

主路径分析的主要概念与指标如下。

①源点（source vertex）：在非循环网络中，入度为0的节点。

②宿点（sink vertex）：在非循环网络中，出度为0的节点。

③遍历权值（traversal weight）：对一条弧或一个节点来说，它的遍历权值是指，在源点与宿点之间的所有路径中，含有这条弧或这个节点的路径所占的比例。此处，节点即文献，弧即引文关系。

④主路径（main path）：从源点指向宿点的路径，要求该路径所含的弧

的遍历权值最高。

⑤主路径成分（main path component）：从源点指向宿点的路径，要求该路径所含的弧的遍历权值大于等于设定的阈值。阈值的设定一般等于或略小于主路径中最低的遍历权值。

主路径分析的计算原理是：如果要把其他文献连接到一起，要计算在多大程度上需要某条引文关系或某篇文献，所得结果称为某条引文关系或某篇文献的遍历权值。计算过程分两步：首先，找出从每个源点指向每个宿点的所有路径，并且算出含有某条指定引文关系的路径数量；接着，用含指定引文关系的路径数量，除以网络中源点与宿点之间路径的总数量，由此得到的比值就是指定引文关系的遍历权值。同理，可以算出每篇文献的遍历权值。

根据得到的遍历权值提取主路径和主路径成分。提取主路径的方法有多种，选取最常用的方法，具体如下：选取与权值最高的弧相连的源点，然后选定弧及其头端，重复上述过程，最终到达宿点。提取主路径成分，需要设定一个大于0小于1的阈值，然后从网络中删除所有遍历权值低于该值的节点，在提取出来的网络中所含的大规模成分就是主路径成分。通常要使最终得到的成分至少含有一个源点和一个宿点，因此取值实际上等于各条主路径上的最低遍历权值。

6.1.3 基础测度指标

对创新扩散的广度、速度、强度及延时等进行测度可以描述扩散的基本特征，根据扩散理论、社会网络分析和引文分析，提出相应指标的定义及计算公式。

①扩散速度（diffusion rate，dr）：在扩散理论中，创新的扩散速度用采纳速度来衡量，即，某时刻新增采纳者的数量。计算公式为：

$$dr_t = ca_t - ca_{t-1}$$

其中，dr_t 为 t 时刻的扩散速度，ca_t 为 t 时刻的累计采纳量（cumulative adopters）。

②扩散加速度（diffusion acceleration，da）：某时刻扩散速度的变化量。计算公式为：

$$da_t = dr_t - dr_{t-1}$$

其中，da_t 为 t 时刻的扩散加速度。

③扩散广度（diffusion breadth, db）：采纳某创新的研究领域数量。

④扩散强度（diffusion strength, ds）：是矢量，即关于某创新的知识信息从一个研究领域到另一个研究领域的流量，可以用后者对前者的引用次数来衡量。

⑤扩散延时（diffusion delay, dd）：某研究领域采纳某创新的时间与该创新出现在源发领域的时间差。计算公式为：

$$dd = t_a - t_o$$

其中，t_a 为某研究领域的采纳时间（adoption time），t_o 为某创新的出现时间（occurrence time）。

6.2 理论创新与创新扩散

案例方面选取发端于社会学并广布于各社会学科的结构洞理论为学术创新实例。Ronald Burt 于 1992 年在《结构洞：竞争的社会结构》一书中提出了著名的结构洞概念。当前，结构洞理论已经扩散至社会科学的许多学科，相关研究非常活跃，同时其扩散过程也已经历经了二三十年的时间。因此，以结构洞理论为例研究理论创新的扩散过程具有典型意义。

数据来源包括专著《结构洞：竞争的社会结构》及国际权威引文索引数据库《社会科学引文索引》（SSCI）的相关研究论文。在"Topic"字段输入检索词"structur* hole*"以保证检全率和检准率，文献类型设定为"ARTICLE"，时间跨度为 1992—2013，命中文献数 397 篇。建立这 398 篇论著的引文网路。

6.2.1 理论创新扩散网络

结构洞理论引文网络包括 398 个节点和 2241 条弧。由于只能是后发表的文献引用先发表的文献，因此该网络为单向非循环网络。据此特点，将网络节点按发表年代分列，得到结构洞理论的扩散时序网络，如图 6.1 所示。图中箭头由被引文献指向引用文献，箭头方向表示创新扩散的方向。

从图 6.1 可以看出结构洞理论扩散的总体趋势。由 1992 年结构洞概念提出开始，时间越近，文献节点越密集。Burt 在此期间发表的 12 篇相关论著已在图中标注。由此可见，在提出结构洞理论之后的 5 年中，该理论并没有得到迅速传播，相关论文仅有 2 篇（节点 397、396），是 Burt 自己在

1993 年和 1995 年发表的。直到 1977 年，Walker（节点 395）将该理论引入到商业与经济学研究领域，结构洞理论才开始其传播历程。显然，扩散时序网络无法反映更多的扩散特征与细节，需要利用原始数据做进一步分析。

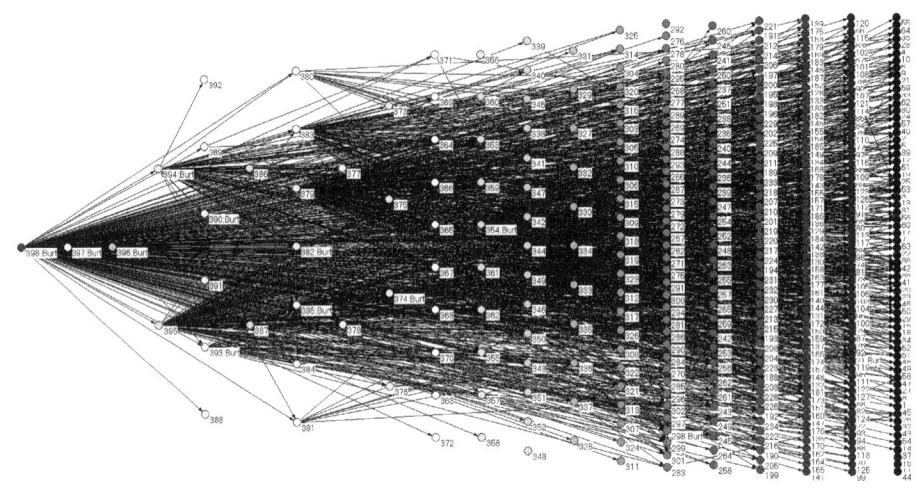

图 6.1　结构洞理论扩散时序网络

6.2.2　理论创新扩散曲线

结构洞理论是一项重要的学术创新，其知识扩散过程毫无例外地显示为一条 S 形扩散曲线，如图 6.2 中的累积曲线所示。其中，x 轴表示时间，y 轴表示采纳该创新的文献数。结构洞理论的扩散速度和加速度如表 6.1 所示。2010 年的扩散加速度最高，为 16，是 S 形曲线上的二阶拐点。扩散在此时达到了临界值，由此可以预见结构洞理论将成功扩散，完成整个 S 形扩散过程。但是，由于扩散速度还在不断增长，无法判断何时到达 S 形曲线的一阶拐点。从扩散阶段上看，成熟阶段和衰退阶段还未显现。由于 2007 年加速度明显增加，因此，1992—2006 年为扩散的起步阶段，从 2007 年开始为起飞阶段。

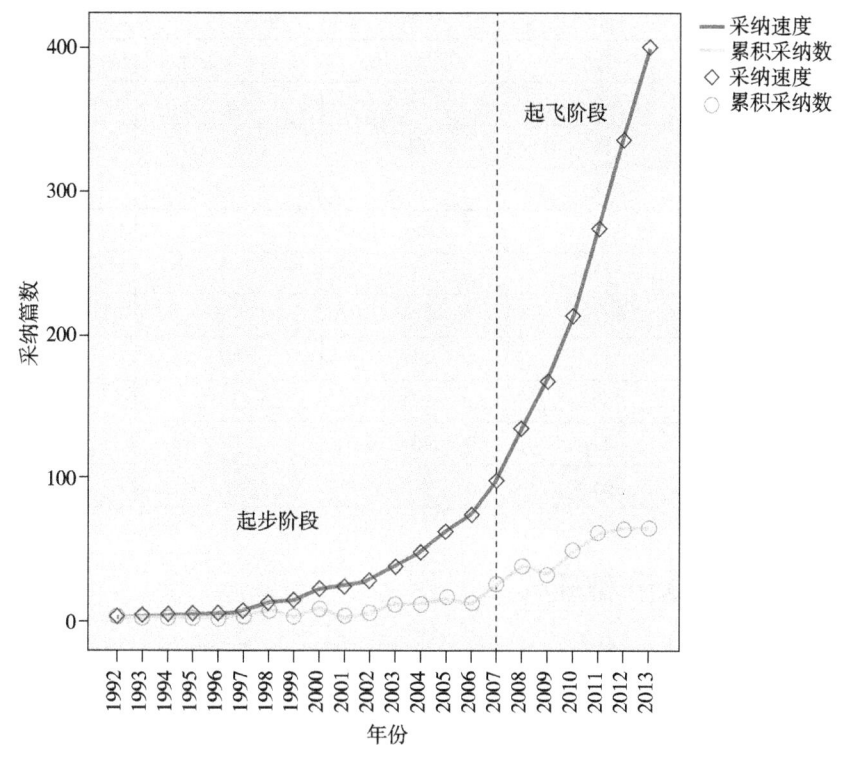

图 6.2 结构洞理论扩散曲线

表 6.1 结构洞理论的扩散速度和加速度

年份	扩散速度	累积采纳数	扩散加速度	累积采纳（%）
1992	1	1	0	0
1993	1	2	0	1
1994	0	2	-1	1
1995	1	3	1	1
1996	0	3	-1	1
1997	2	5	2	1
1998	6	11	4	3
1999	2	13	-4	3
2000	7	20	5	5
2001	2	22	-5	6
2002	4	26	2	7
2003	10	36	6	9

续表

年份	扩散速度	累积采纳数	扩散加速度	累积采纳（%）
2004	10	46	0	12
2005	15	61	5	15
2006	11	72	−4	18
2007	24	96	13	24
2008	37	133	13	33
2009	31	164	−6	41
2010	47	211	16	53
2011	60	271	13	68
2012	63	334	3	84
2013	64	398	1	100

6.2.3 理论创新扩散领域

Web of Science 对其收录的每篇论文都标注了"研究领域"（research areas），相当于学科或学科中的特定领域。如果是跨学科的研究论文，则会注明所涉及的每个研究领域。根据引文网络中每篇论文所属研究领域的详细分类，结构洞的有关研究分布在 38 个学科领域，即扩散广度为 38，见表 6.2。其中，个别学科领域拥有大量相关成果，而大多学科领域仅有少量相关文章，是一种长尾分布，说明其学科扩散符合幂律分布特征。

表 6.2 结构洞理论学科领域分布及采纳时间

序号	研究领域（简写）	文献数	占总文献数的比例（%）	采纳时间
1	BUSINESS & ECONOMICS（BE）	279	70.10	1997
2	SOCIOLOGY（SO）	47	11.81	1992
3	PUBLIC ADMINISTRATION（PA）	33	8.29	1998
4	PSYCHOLOGY（PS）	30	7.54	1999
5	INFORMATION SCIENCE & LIBRARY SCIENCE（LIS）	21	5.28	2005
6	ENGINEERING（EN）	19	4.77	2005
7	SOCIAL SCIENCES OTHER TOPICS（SOT）	18	4.52	2000
8	OPERATIONS RESEARCH & MANAGEMENT SCIENCE（OM）	17	4.27	2005

续表

序号	研究领域（简写）	文献数	占总文献数的比例（%）	采纳时间
9	GEOGRAPHY（GE）	16	4.02	2002
10	ENVIRONMENTAL SCIENCES & ECOLOGY（EE）	16	4.02	2002
11	COMPUTER SCIENCE（CS）	15	3.77	2005
12	ANTHROPOLOGY（AN）	15	3.77	1993
13	COMMUNICATION（CO）	8	2.01	1998
14	URBAN STUDIES（US）	6	1.51	2002
15	MATHEMATICS（MA）	6	1.51	2007
16	SCIENCE TECHNOLOGY OTHER TOPICS（TOT）	5	1.26	2007
17	EDUCATION & EDUCATIONAL RESEARCH（ED）	5	1.26	2005
18	CRIMINOLOGY & PENOLOGY（CP）	4	1.01	2003
19	MATHEMATICAL METHODS IN SOCIAL SCIENCES（MM）	3	0.75	2007
20	GOVERNMENT & LAW（GL）	3	0.75	2007
21	AGRICULTURE（AG）	3	0.75	2011
22	GERIATRICS & GERONTOLOGY（GG）	2	0.50	2009
23	TRANSPORTATION（TR）	1	0.25	2006
24	TELECOMMUNICATIONS（TE）	1	0.25	2012
25	SOCIAL WORK（SW）	1	0.25	1998
26	RESEARCH & EXPERIMENTAL MEDICINE（RM）	1	0.25	2012
27	REHABILITATION（RE）	1	0.25	2013
28	PUBLIC, ENVIRONMENTAL & OCCUPATIONAL HEALTH（PO）	1	0.25	2011
29	PHYSICS（PH）	1	0.25	2013
30	INTERNATIONAL RELATIONS（IR）	1	0.25	2013
31	HISTORY & PHILOSOPHY OF SCIENCE（HP）	1	0.25	2010
32	HISTORY（HI）	1	0.25	2011
33	HEALTH CARE SCIENCES & SERVICES（HC）	1	0.25	2009
34	FAMILY STUDIES（FS）	1	0.25	2013
35	ENERGY & FUELS（EF）	1	0.25	2013
36	BIOTECHNOLOGY & APPLIED MICROBIOLOGY（BA）	1	0.25	2013
37	BIOMEDICAL SOCIAL SCIENCES（BS）	1	0.25	2011
38	AREA STUDIES（AS）	1	0.25	2011

结构洞理论发端于社会学，而在商业与经济学得到深入研究与应用。这两个领域的累积采纳百分比超过了80%。主要的扩散领域还有公共管理、心理学和图情学。此外，有些研究已不局限于社会科学，还涉及理工、农医和人文学科，如工程学、地理学、环境科学与生态学、计算机科学、通信、数学、农业、交通运输、电信、物理学、能源和燃料、生物技术与应用微生物学、老年病学、研究与实验医学、康复、护理学、科学史与科技哲学、历史学等。

由表6.2还可以看出采纳时间与发文量的关系。文献数大于5的学科领域，采纳结构洞理论的时间基本都在总扩散曲线的起步阶段，即2007年以前；而文献数小于5的学科领域，采纳时间大多在起飞阶段之后，是在扩散处于快速增长期时加入的。其中，仅有1篇相关论文的学科领域，绝大部分是在近3年才引入结构洞理论的。

结构洞理论在5个主要学科领域的扩散曲线形态与图6.2相似，但是曲线的起始时间和显示的扩散阶段不同。采纳时间方面，结构洞理论在1997年至1999年扩散至商业与经济学、公共管理和心理学，而在图情学中的扩散起步较晚，是在2005年。但是图情学与其他2000年以后才进入扩散起步阶段的学科领域相比，其发文量是最大的，可见该学科对结构洞理论的研究与应用相对活跃。

扩散阶段方面，商业与经济学与总扩散曲线阶段相同，于2007年进入起飞阶段，社会学进入起飞阶段是在2011年，而公共管理、心理学和图情学还需要根据后续数据才能判断它们目前是处于起步阶段的末尾还是起飞阶段的初期。另外，商业与经济学、社会学均于2010年达到二阶拐点，与总扩散曲线相同。由于达到了临界值，可以推断结构洞理论在这两个领域将实现成功扩散，而后3个学科的扩散曲线还未出现二阶拐点。

根据扩散曲线，可以对结构洞理论在各学科领域的扩散做一些预测：①未来几年，处于起飞阶段的社会学、商业与经济学这两个领域仍然会有大量相关研究成果问世；②对于处于起步阶段末尾的学科领域来说，将面临一次研究成果数量上的激增，如图情学；③对于刚刚迈入起步阶段的学科领域，如理工、农医及一些人文学科，可以预见以后几年的相关研究成果仍然会比较少，但同时意味着这些领域可能会出现高创新性的研究成果，因为一项学术创新的大部分创新工作是在起步阶段完成的。

6.2.4 理论创新扩散路径

扩散时序网络和扩散曲线,共同反映了结构洞理论扩散过程的概况与趋势。而扩散的脉络、关键路径和关键文献,则需要利用主路径分析进行提取。引文关系和文献的遍历权值计算结果如表6.3、表6.4所示。据此析出的扩散主路径只有一条,且结构比较单一,主路径上没有分支,见图6.3。

表6.3 结构洞理论扩散引文关系遍历权值分布区间

引文关系遍历权值区间	频数	频数百分比	累积频数	累积频数百分比
(⋯ 0.0000]	0	0.0000	0	0.0000
(0.0000 ⋯ 0.0356]	1799	97.9847	1799	97.9847
(0.0356 ⋯ 0.0711]	21	1.1438	1820	99.1285
(0.0711 ⋯ 0.1066]	9	0.4902	1829	99.6187
(0.1066 ⋯ 0.1421]	2	0.1089	1831	99.7277
(0.1421 ⋯ 0.1777]	2	0.1089	1833	99.8366
(0.1777 ⋯ 0.2132]	0	0.0000	1833	99.8366
(0.2132 ⋯ 0.2487]	1	0.0545	1834	99.8911
(0.2487 ⋯ 0.2842]	2	0.1089	1836	100.0000

表6.4 结构洞理论扩散论文节点遍历权值分布区间

节点遍历权值区间	频数	频数百分比	累积频数	累积频数百分比
(⋯ 0.000]	0	0.0000	0	0.0000
(0.000 ⋯ 0.125]	386	97.2292	386	97.2292
(0.125 ⋯ 0.250]	6	1.5113	392	98.7406
(0.250 ⋯ 0.375]	3	0.7557	395	99.4962
(0.375 ⋯ 0.500]	0	0.0000	395	99.4962
(0.500 ⋯ 0.625]	0	0.0000	395	99.4962
(0.625 ⋯ 0.750]	1	0.2519	396	99.7481
(0.750 ⋯ 0.875]	0	0.0000	396	99.7481
(0.875 ⋯ 1.000]	1	0.2519	397	100.0000

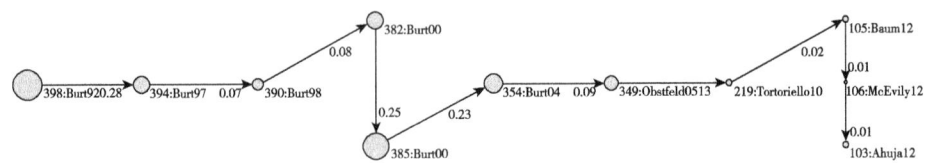

图 6.3 结构洞理论扩散主路径

主路径以 2004 年为界，前半段主要在社会学领域，后半段全部在商业与经济学领域。主路径中的 11 篇文献，有 6 篇为 Burt 所发表，且集中在主路径的前半段，后半段的 5 篇文献由不同作者发表，但都属于商业与经济学领域。这一结果与上文结构洞理论发端于社会学、发展于商业与经济学的描述相吻合。

由此还可以看到，Burt 不仅创立了结构洞理论，而且对该理论的扩散起到重要作用。他在该领域持续研究，共发表相关论著 12 篇，其中 6 篇主导了 1992 年至 2004 年的知识扩散研究。这 6 篇文献是对结构洞理论在社会学、商业与经济学及社会科学其他领域中的应用进行的研究。其中有两条引文关系非常重要，分别是 Burt 在 2000 年发表的文献 385 对自己同年发表文献 382 的引用，以及 2004 年发表的文献 354 对 385 的引用，它们的遍历权值仅次于 398 发出的引文关系，远高于其他引文关系，分别为 0.25 和 0.23。而文献 385 正是扩散网络中遍历权值仅次于 398 的节点，为 0.647，该文对于结构洞理论在商业与经济学领域的迅速扩散起到重要作用。2004 年以后，扩散主路径在商业与经济学领域延伸，研究主题越加深入、多样。

主路径只是创新扩散过程的主干，而主路径成分可在扩散主干上增加重要枝叶，呈现扩散的完整脉络，相当于主干的发展有了背景和参照物。因此，主路径成分展示了比主路径更丰富多彩的精细演化结构，更翔实地刻画了创新扩散的过程。而且，近期涌现的研究主题可能成为引领特定领域未来发展的核心，是非常值得关注的对象。

主路径上引文关系的最低遍历权值为 0.01，以此为阈值获得主路径成分。结果只有一个主路径成分，它将主路径完整地包含其中，是主路径的扩展网络，如图 6.4 所示。主路径成分由 55 个节点和不小于 0.01 遍历权值的引文关系构成。其中，拥有较高遍历权值的节点是关键文献，对知识扩散的走向及进程起主导作用。图示中，节点越大表示其遍历权值越高；黑色节点为主路径中的节点，共 11 个，其余 44 个为灰色节点；节点标签的格式为"编号：作者 – 发表年 – 领域"。

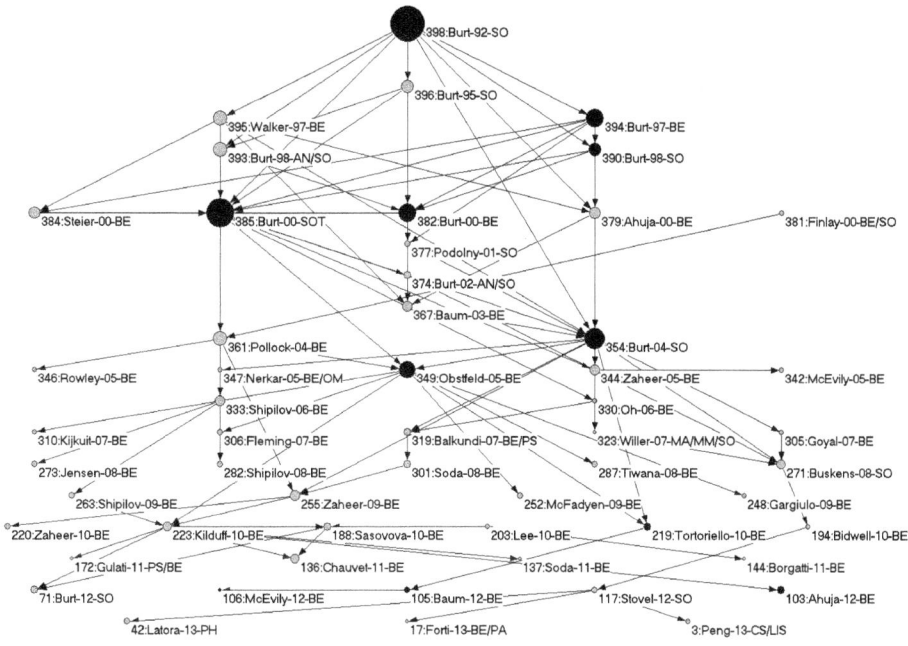

图 6.4 结构洞理论扩散主路径成分

从学科领域来看,主路径成分主要是社会学、商业与经济学的阵地,除此以外,人类学、心理学各有 2 篇文献,运筹与管理学、公共管理、数学、物理学、计算机科学和图情学也各有 1 篇文献。以下简述其中的关键文献和传播关系,揭示结构洞理论在扩散过程中发生的再创新与再扩散的过程与规律。

①Burt 于 1992 年发表的《结构洞:竞争的社会结构》为主路径成分的源点,该节点拥有最高遍历权值 1,属于社会学研究领域。

②Walker 于 1997 年将结构洞理论引入商业与经济学(文献 395),同年 Burt 也涉及了该领域,发表文献 394,遍历权值排名第四,为 0.284 2。这两篇文献使得结构洞理论在扩散的最初阶段就与商业与经济学紧密相连,为结构洞理论提供了广阔的发展空间。

③Burt 于 1998 年发表的文献 393 是结构洞理论与人类学的融合,其后续研究为 2002 年的文献 374。此外,结构洞理论在人类学的研究并不活跃,参考这 2 篇文献的内容,可以认为,是 Burt 利用社会人类学中的相关理论扩充、丰富了结构洞理论。

④拥有第二大遍历权值的节点文献 385 是 Burt 于 2000 年发表的,该文献

对 Burt 以往的研究成果进行了全面总结，并利用结构洞理论对社会资本进行深入研究，是结构洞理论在商业与经济学领域迅速扩散的先导文献。

⑤在商业与经济学领域，有 2 篇起到枢纽作用的关键文献，是 379 和 349。都是关于企业创新的研究。文献 379 于 2000 年发表，承接 Burt 和 Walker 对结构洞理论在社会学和商业与经济学的研究，并被包括 349 在内的商业与经济学文献所引用。但是该文献在扩散主路径成分中仅起到了阶段性作用，其地位随后被 2005 年发表的文献 349 所取代。随着 2007 年创新扩散起飞阶段的到来，文献 349 被广泛引用，并孕育了近年来在该领域产生重要影响的文献 223。

⑥2005 年运筹与管理学（文献 347），2007 年数学（文献 323）对结构洞理论的采纳，以及心理学文献 319，均受到 Burt 于 2004 年发表的文献 354 的直接影响。该文献拥有第三大遍历权值 0.363 0，是 Burt 对自己以往研究的集大成之作，其内容是研究代理行为（brokerage）促成社会资本形成的运作机制。由此可见，关键问题的解决与完善将促使更多领域采纳该创新。

⑦将结构洞理论运用于心理学和商业与经济学的跨学科研究始于 2007 年（文献 319），随后还有文献 172，它们都是研究组织绩效的，其结构洞理论更多地参考来自商业与经济学的文献，而非社会学。这一现象说明创新在扩散至某一领域后产生的再创新成果，能够有效推动该创新的进一步扩散，增加扩散广度。

⑧2013 年，文献 42 将结构洞理论引入物理学，它和同一年的公共管理学文献 17、计算机科学与图情学文献 3 都引用了主路径成分中的同一篇文献 117。该文献属于社会学领域，研究的是结构洞理论中的重要议题——代理行为。文献 42 针对社会资本研究中遇到的问题提出了新的分析方法；文献 17 研究发明家的社交网络；文献 3 利用期刊引文网络研究期刊影响力。可见，结构洞的理论研究为方法和应用研究均提供了理论支撑。

6.2.5 学科领域扩散网络

为了清晰展现结构洞理论在主要学科领域间的扩散关系，将相互之间引用或被引次数大于 10 的学科提取出来，建立它们的知识扩散交互网络，见图 6.5。网络规模为 11，箭头表示扩散方向，连线粗细代表扩散强度，连线上的数字为引用次数。

下篇　创新测度与评价

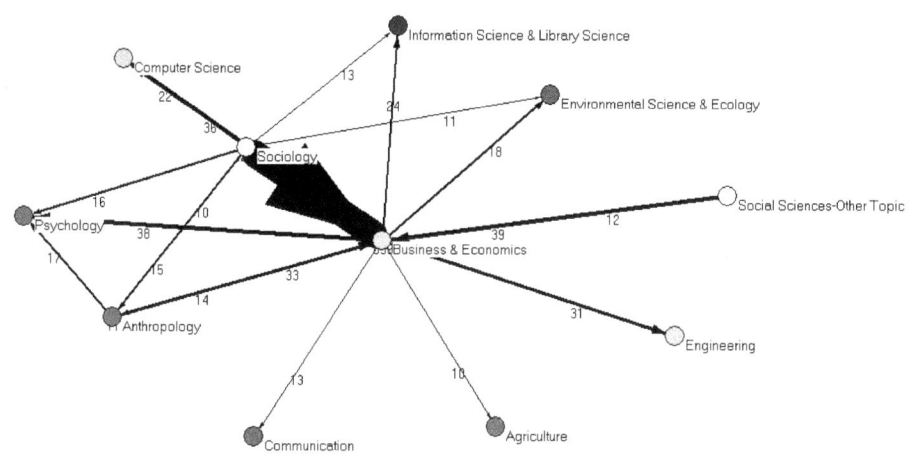

图 6.5　结构洞理论学科领域扩散网络

学科领域扩散网络是双中心网络，社会学和商业与经济学共同组成结构洞理论扩散的中心。中心的网络动力结构是：结构洞理论从社会学强力扩散至商业与经济学。而其他学科领域与中心的扩散模式有两种：一种是其他学科领域与中心的双向扩散，有人类学、社科其他主题、计算机科学，这些学科不仅将结构洞理论纳入其研究领域，而且利用自身的某些理论与方法进一步完善了结构洞理论；另一种是中心向其他应用型学科的单向扩散。在这种扩散模式中，有以双中心为知识源的图情学、环境科学与生态学、心理学，也有仅以商业与经济学为知识源的工程、农业、通信等学科。

综合主路径成分的分析结果，结构洞理论扩散过程可以概述为：结构洞理论在社会学和商业与经济学中融合发展，相互促进，并激发其他领域采纳结构洞理论，同时，也利用其他领域的专业知识进一步完善结构洞理论。在各学科领域知识信息的交互过程中，结构洞理论相关研究逐渐发展壮大，该项学术创新的扩散过程进展顺利。

6.2.6　创新扩散过程研究步骤

全面研究学术创新的扩散过程，需要从多角度进行分析。具体来说，分析维度包括时间维度和学科维度。分析层次包括：宏观层次，创新扩散全貌与概况；中观层次，分学科领域或分时段、分阶段分析；微观层次，创新扩散的关键路径与关键节点。分析视角包括：整体视角，全学科或某学科领域的创新扩散过程，创新扩散学科领域分布及学科领域间知识扩散模式研究；

局部视角，提取部分创新扩散网络进行分析；个体视角，提取某个节点或弧进行自我中心网络分析。

学术创新的扩散过程研究需要从上述角度全面考虑，而且不同角度的分析往往是融合在一起的。以主路径分析为例，这种分析知识扩散框架结构的方法，从宏观层面深入到微观层面，在整体视角、局部视角和个体视角中变换，分析既包括时间维度，也包括学科维度。鉴于研究的复杂性，基于实证研究的探索，厘清研究方法和研究角度的关系，总结学术创新扩散过程研究的一般步骤如下。

①建立创新扩散时序网络。网络节点可以是文献、作者、期刊等，可以研究学术创新在不同主体中的扩散过程。

②创新扩散曲线研究。测度扩散速度与加速度，根据曲线类型判断扩散成败，确定扩散阶段和扩散拐点，预测扩散趋势。研究层次包括宏观和中观，后者如学术创新在单学科领域的扩散曲线研究。

③创新扩散学科领域分布研究。测度扩散广度和在不同学科领域的扩散延时。

④创新扩散脉络分析。提取扩散主路径和主路径成分，识别关键节点和关键路径，并揭示扩散过程中再创新与再扩散的交替过程，同时可根据近期涌现的节点推测未来发展方向。

⑤创新扩散信息交互模式研究。截取某时刻创新成果在学科领域间的信息交互网络，测度扩散强度与方向，确定扩散中心与边缘，分析中心内部及中心与边缘之间的信息交互模式。结合步骤④的时间流分析，总结学术创新扩散的信息交互过程。

本节仅对学术创新扩散过程研究的一般方法与步骤进行了探索及归纳，实际上，围绕扩散过程的研究主题，有很多具体工作有待展开。例如，学术创新的扩散是由创新和扩散引起的，并且二者通常是相继发生的，因此，对扩散过程中再创新与再扩散的深入研究，可以探寻学术创新扩散的发生与发展机制。再如，首批采纳者在网络中所处的位置，以及网络中意见领袖的采纳时间等都会对扩散速度产生影响，对此研究进行深入研究将会对扩散进程与扩散阶段的演进有更清楚的认识。又如，个体的创新性可以通过其在创新扩散过程中的表现加以衡量。如此这些方面的研究将在以下章节中述及。总之，从过程的角度研究知识扩散，能够还原、提炼学术发展的历程，为学术研究及科研管理提供可靠依据。

6.3 指数创新扩散与再创新

知识创新是通过科学研究，获得新的基础科学和技术科学的过程，其目的是追求新发展、探索新学说、积累新知识并应用到产品和服务中去，以促进企业获得成功，社会取得进步。知识扩散在整个知识创新的构思—研发—扩散—评价—构思过程中起关键作用。然而知识扩散不是简单的知识传播过程，而是该项创新在理论、方法和应用等不同层面不断迭代形成的再创新过程。对于某项创新的扩散及再创新过程进行研究，有利于探知知识创新的规律与机制。

h 指数由美国加州大学圣迭哥分校的物理学家 Hirsch 教授于 2005 年提出。该指标是根据文献数量和文献的被引频次设计的一项评价科学家个人业绩的指标，其定义为：如果一位科学家的 N 篇论文中有 h 篇论文被引次数至少为 h，其他 $(N-h)$ 篇论文中每篇的被引次数都≤h，那么这位科学家的 h 指数就为 h。h 指数提出后，不仅掀起了学界的研究热潮，各大数据库和著名搜索引擎也陆续引入 h 指数。美国科技信息研究所在 h 指数问世后很快看准了该指数的评价潜力和应用价值，及时投入人力为 SCI-Expanded 的网络版 Web of Science 数据库开发并提供了适时更新的 h 指数评价指标。荷兰 Elsevier 设计开发的 Scopus 数据库 2007 年开始便能在检索结果中直接提供 h 指数链接，免去了排序、浏览和比对之劳。谷歌学术和百度学术也引入了 h 指数，便捷、直观地反映学者的科研绩效。

本节以 h 指数为案例，研究指数创新扩散与再创新过程的原因有二：①目前对于指数创新扩散的研究很少，而再创新的研究更为鲜见。希望提供这种较为特殊的创新类型的实证案例，以初步探索指标创新与理论创新、方法创新或技术创新在扩散和再创新特点上的不同；②h 指数是继期刊影响因子之后，科研评价领域的重要创新指标，并且产生了大量的衍生指标，对该项创新进行研究有其典型意义。

对于知识扩散过程中再创新的宏观涌现采用创新扩散理论来揭示，并利用知识创新扩散的"基础测度指标"划分扩散阶段。对于知识扩散与再创新的过程与细节，采用引文网络分析方法获得。该方法利用复杂网络理论和社会网络分析对传统引文分析方法进行了重构，便于对引文网络节点和节点间的关系进行研究。对于再创新脉络的提取采用 Search Path Count 算法，该算法将计算扩散网络中所有源点和收点之间的路径权重。而对于再创新路径的展开与演化借助基于时间流的主路径分析方法。

选择 Web of Science 核心合集获取国际相关成果，以在保证样本数据质量的同时兼顾对国家和地区的覆盖。在该检索平台的"Topic"字段中检索"h index" or " h-index" or "Hirsch index " or "Hirsch-type index" or "h indice*"，时间跨度为 2005 年 1 月至 2019 年 3 月，文献类型为"article" or "review"，检出文献 2389 篇。进行数据清洗，删除 114 篇非相关文献，共得到 2275 篇有关 h 指数的研究文献，建立这 2275 篇文献的引文网络。该网络为有向无环网络，其中文献为节点，节点间的弧表示知识扩散路径及方向。

6.3.1 创新指数扩散阶段

根据 h 指数的扩散速度和扩散加速度绘制 h 指数的扩散曲线见图 6.6。其中，2015 年的扩散加速度最高，为 76。根据创新扩散理论对扩散阈值的界定，h 指数的扩散在该年到达临界值，此后 h 指数将成功扩散，完成 S 形扩散过程。从扩散阶段上看，由于 2009 年扩散加速度明显增加，因此 2005—2009 年为创新扩散的起步阶段，从 2010 年开始为起飞阶段，扩散的成熟阶段和衰退阶段还未出现。

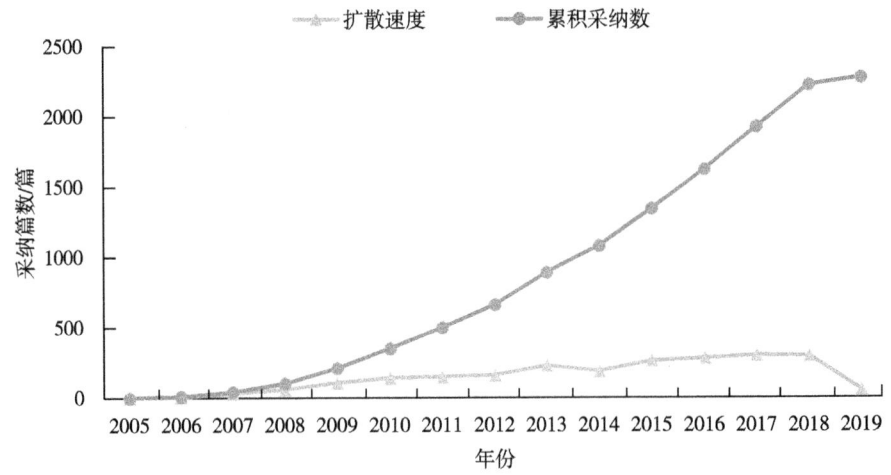

图 6.6 h 指数扩散曲线

6.3.2 扩散及再创新过程

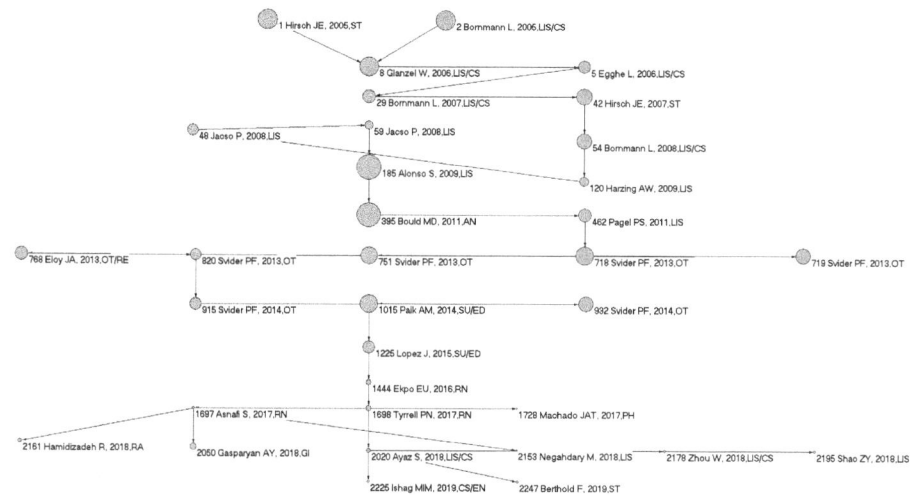

图 6.7　h 指数研究扩散主路径

为提取 h 指数扩散脉络，显示在扩散过程中起到关键作用的文献和路径，采用主路径分析方法从微观角度分析 h 指数的扩散状况。该方法的核心是对"遍历权值"的计算。遍历权值是指，在有向无环网络中，对于一条弧或一个顶点，计算它在该网络的源点和收点之间的所有路径中所占的比例。在本例 h 指数的引文网络中，计算的便是某条引文关系或文献的遍历权值。图 6.7 为根据遍历权值计算结果绘制的 h 指数扩散主路径，节点标签的格式为"文献号，作者，发表年，研究领域"。

2005—2009 年，主路径中的文献主要集中在图书情报学（LIS）、计算机科学（CS）和科学技术（ST）三大领域。2011 年以后，主路径出现多学科扩散趋势，以医学各相关领域为主，其他领域有教育学与教育研究、经济发展研究、社会工作、商业与经济等学科。因此，h 指数起源于科学技术领域，发展于图书情报学和计算机科学领域，后扩散至医学及其他学科领域。

为展示 h 指数扩散过程中的详细信息，在原始引文网络中提取 h 指数扩散脉络，见图 6.8。绘制方法为，以主路径上引文关系的最低遍历权值 0.02 为阈值，删除引文网络中低于该阈值的路径，由此获得 h 指数扩散脉络。扩散脉络由 101 个节点和遍历权值不小于 0.02 的引文关系构成。直径越大的节点表示其遍历权值越高，对知识扩散的走向及再创新进程起主导作用，黑色节点为主路径中的节点。节点标签的格式为"文献号，作者，发表年，研领域"。

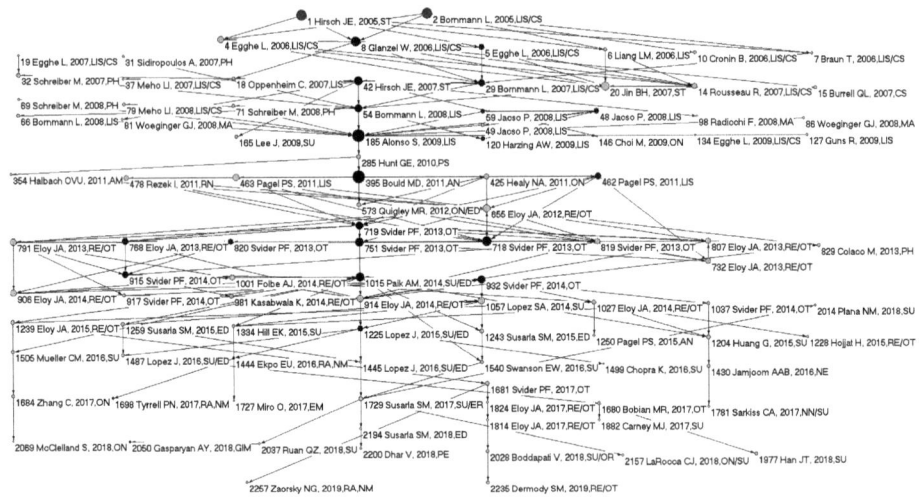

图 6.8 h 指数扩散脉络

根据扩散脉络，分析 h 指数的扩散及再创新的主要过程如下。

① 2005 年，Hirsch 发表的"An index to quantify an individual's scientific research output"一文为 h 指数的发端，属于科学技术领域。就在同一年，Bornmann L 对 h 指数的引用将 h 指数从科学技术领域引入图书情报学领域和计算机科学领域，为 h 指数的发展提供了广阔空间。

② 2006 年以后，h 指数的衍生指数相继产生，在不同方面弥补了 h 指数的缺陷。例如，2006 年，Egghe Leo（文献 4）在 h 指数的基础上提出 g 指数；2007 年，Jin BiHui，Liang LiMing，Rousseau Ronald，Egghe Leo（文献 20）等人提出 R 指数和 AR 指数；2008 年，Bornmann L（文献 54）提出 m 指数。在扩散脉络中，g 指数、R 指数、AR 指数及 m 指数等衍生指数是 h 指数在扩散过程中主要的指数再创新，它们丰富和完善了 h 指数。

③ 2009 年，Alonso 发表的 h-Index: A review focused in its variants, computation and standardization for different scientific fields（文献 185）一文遍历权值最高，为 0.7725，该文对 h 指数及其衍生指数，如 g 指数等进行详细分析，总结 h 类指数的优缺点、应用领域及应用标准。该成果提高了 h 指数在其他领域应用的可能性，进一步扩大了 h 指数的应用领域范围，为 h 指数在其他领域的扩散起到了指导作用。

④ 2011 年，在 h 指数扩散主路径中出现了医学领域，Bould 发表的文献 395 将 h 指数引入麻醉学领域，且遍历权值较大，为 0.6853。Bould 等人通过

对 268 位麻醉学科研究人员进行教师、助理教授、副教授、全职教授等不同学术等级划分研究，其结果表明，h 指数能作为评价麻醉学科研究人员科研产出的指标。而在 h 指数的整个扩散脉络中首次出现医学领域是于 2009 年发表的文献 146，该文献利用 h 指数评估 1996—2007 年美国学术机构放射肿瘤学专业的研究效率，研究结果表明 h 指数可作为评价研究效率的指标，且与学者学术排名相关。这两篇文献对 h 指数的应用，为 h 指数在医学领域的扩散奠定了基础。

⑤ 2013 年，Svider 在耳鼻喉学科引用了 h 指数（文献 751），其遍历权值为 0.3654，该文献研究耳鼻喉科医生的 h 指数与学术排名之间的关系，结果表明 h-index 是一种可靠的工具，可用于定量分析耳鼻喉学科医生的学术生产力，但不同领域的医生之间 h 指数比较并不可靠。同年，学者 Eloy 也引用了 h 指数，该研究利用 h 指数来审查医疗事故中代表原告和被告的专家证人的相对资格，对医疗事故中专家证人的选择提供了参考和帮助，研究表明 h 指数相对高的人会获得专家证人的资格。两位学者都认为 h 指数可以作为学术水平的一项评价指标，进一步提高了 h 指数在医学学术评价领域的认同。

⑥ 2014—2017 年，医学领域仍然为 h 指数主要扩散领域，尤其是外科学，耳鼻喉科学，麻醉学，研究实验医学等学科。此外，h 指数还扩散到关于医学领域的教育教学研究方面，这为 h 指数扩散到其他领域的教育教学研究方面提供了借鉴。

⑦ 2018—2019 年，扩散脉络的主要领域除医学相关学科外还涉及教育学与教育研究。同时，研究内容呈多样化，涉及 h 指数与学者学术地位、薪资、性别、毕业年限等的讨论。如 Boddapati、Venkat（文献 2028）等人采用非参数检验对 h 指数与作者总发文量进行比较，发现当学者按照学术职位进行分层时，那些获得更多行业报酬的学者比那些获得较低报酬的学者的 h 指数和总发文量都更高；Zaorsky、Nicholas G.（文献 2257）等人主要研究并描述放射肿瘤学领域的行业支付，利用 h 指数探讨行业薪酬与学术生产率之间的潜在相关性。研究发现，研究经费与研究者的 h 指数呈正相关，行业报酬与个人研究生产率指标的提高之间存在关联；Dermody、Sarah M.（文献 2235）等人将医生的 h 指数，性别、毕业年限作为变量，来研究职位退伍军人健康管理局（VHA）雇用的耳鼻喉科医生之间是否存在性别薪酬差异。结果显示，毕业年限和 h 指数是影响薪酬的独立因子，而性别、职位则不影响医生薪酬。

6.3.3 衍生指数再创新路径

随着学术人员对 h 指数的深入研究，h 指数的局限性也逐渐显现出来，如 h 指数对绩效核外的低被引文章和绩效核内的高被引文章均不敏感等局限性。为了解决这些问题，研究人员在 h 指数的基础上提出了一系列衍生指数作为修正与改进。因此，衍生指数是 h 指数再创新的主要形式，研究它们之间的关系能更清晰的了解 h 指数的再创新过程。为揭示该过程，从原始网络中提取 h 指数和衍生指数之间的扩散关系，见图 6.9。节点标签的格式为"作者，发表年，研究领域"。其中，主要的衍生指标有 g 指数、R 指数和 AR 指数、H_w 指数、m 指数、H_t 指数、e 指数、F 指数、t 指数和 w 指数。

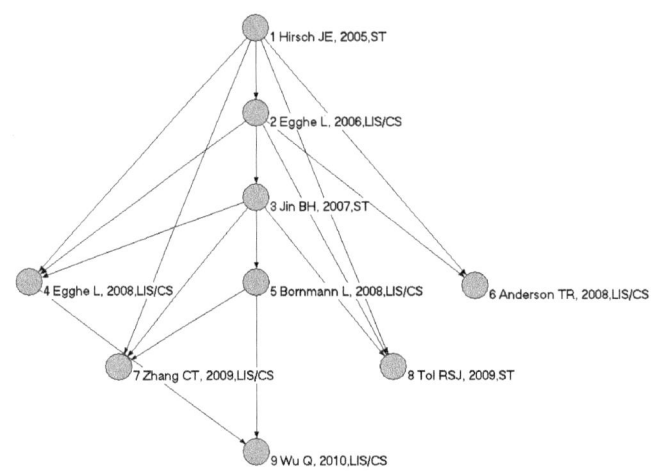

图 6.9 h 指数及其衍生指数创新扩散关系

由图 6.9 可知，2005 年 Hirsch J E 提出了 h 指数，该节点向外发出 8 条弧指向其他衍生指数文献，是其他指数再创新的原型。以下从内容角度揭示 h 指数和衍生指数之间的传承与再创新关系。

2006 年 Egghe Leo 提出 g 指数，属于图书情报学和计算机科学的跨学科研究领域。其定义为：论文按被引次数排序后相对排前的累积被引至少 g^2 次的最大论文序次 g，亦即第 $(g+1)$ 序次论文对应的累积引文数将小于 $(g+1)^2$。g 指数弥补了 h 指数不能很好的反映高被引论文的缺陷。

R 指数和 AR 指数是在 g 指数和 h 指数的基础上发展而来，2007 年由 Jin BiHui 和 Rousseau Ronald 提出，属于科学技术领域。该指数试图解决 h 指数功能扩展后在科学家个人科研绩效评价中的 3 个缺陷，即缺乏灵敏度，缺乏区分度，缺乏波动性。其中，R 指数是指 h 指数划定的绩效核内总被引频次的平方根，为绩效核内论文被引用的量，用于解决 h 指数的灵敏度和区分度的问题。AR 指数是指 h 核内每篇论文的年均被引频次总和的平方根，即为绩效核内论文被引用量的平均值，用于解决 h 指数只升不降的问题。实测数据证明 R 指数和 AR 指数是 h 指数功能扩展的补充指标。

H_w 是加权 h 指数，成果引用了 h 指数、g 指数、R 指数和 AR 指数，而后又对 w 指数产生影响。2008 年 H_w 指数由 Egghe L、Rousseau R 提出，属于图书情报学和计算机科学交叉领域。H_w 指数的计算依赖于文章的引用次数。H_w 中的连续设置和离散设置是参考函数中的离散型变量和连续型变量，相对于离散设置条件，在连续设置情况下可以使用微分学和积分学等工具对 H_w 进行数学计算，使得指数计算结果更加精确。实证结果表明，在连续的设置过程中，新指标具有许多良好的性能。在离散设置中，可能会出现一些与理想值稍有偏差的情况。

m 指数受 h 指数、g 指数、R 指数和 AR 指数的影响，而后又对 e 指数产生影响，主要弥补 h 指数对文献质量描述的不足，2008 年由 Bornmann L 提出，属于图书情报学和计算机科学交叉领域。m 指的是在 h 核心中，被引数的中位数，描述的是文献的影响力，反映的是文献的质量维度，将 h 核心的所有被引数按降序排列，选择最中间的一个即为 m 值。

H_t 指数是在 h 指数和 g 指数的基础上的再创新，2008 年由 Anderson T R、Hankin R K S、Killworth P D 提出，属于图书情报学和计算机科学交叉领域。H_t 是 h 指数的一个补充，当两个学者 h 指数相同的时候，可以利用 H_t 进行区分。H_t 指数的原理是在传统的 h 指数被引次数和高被引论文数的两个维度基础上增加时间维度，将高被引论文的距今年数考虑在内，从而实现 3 个维度对学者学术成就的科学评价。

e 指数在 h 指数、R 指数、AR 指数和 m 指数的基础上进行创新，2009 年由 Zhang Chunting 提出，属于科学技术领域，主要弥补 h 指数对高被引论文不敏感的问题，适合对论文少而单篇论文被引频次高的作者的评价。

f 指数和 t 指数是对 h 指数、g 指数、R 指数和 AR 指数的传承，2009 年由 Tol R S J 提出，属于图书情报学和计算机科学交叉领域。二者是 h 指数的简单变形，采用了几何平均值和调和平均值，修正了 g 指数受出版论文数量限制的局限，较好地弥补了 h 指数不能很好地评价低发文量作者的缺陷。

w 指数由 Wu Qiang 于 2010 年提出，在 h 指数的基础上，综合了 g 指数、

R 指数、AR 指数、m 指数和 H_w 指数的成果，属于图书情报学和计算机科学交叉领域。w 指数的含义为如果一个科学家的 w 篇论文每篇都至少被引用了 $10w$ 次，且其他论文每篇引用次数都低于 $10(w+1)$ 次，该指数试图突出有影响力的高被引的论文，来弥补 h 指数不能很好地反映高被引论文的缺陷。

6.3.4 指数创新的学科扩散模式

根据 Web of Science 对每篇论文"研究方向"的分类，h 指数有关研究分布在 123 个领域，因而 2005—2019 年，h 指数的扩散广度为 123。h 指数在研究领域中的扩散呈现明显的集中与分散趋势。

h 指数在 4 个主要学科领域的扩散曲线的大致趋势与图 6.6 相似，但是曲线的起始时间和显示的扩散阶段不同。在采纳的起始时间方面，2005—2007 年，h 指数相关研究主要集中在图书情报学、计算机科学和科学技术领域，发文量相对较大，而外科领域关于文献 h 指数研究的起始时间则为 2009 年。在扩散阶段方面，图书情报学与计算机科学在 2008 年进入起飞阶段，而科学技术领域则在 2010 年进入起飞阶段。可见，图书情报学与计算机科学在 h 指数再创新的学科领域中始终发挥引领作用。

为考察 h 指数在学科领域间的扩散与再创新，将引用大于 10 的学科提取出来，共有 28 个学科领域。建立这些领域之间的知识扩散交互网络，见图 6.10。图中有 29 个节点，增加了一个节点，是由于单独设立了节点"Information Science & Library Science/Computer Science"（简称"图情 – 计科领域"）。同属于图书情报学和计算机科学的跨学科研究成果占两学科总文献的一半以上，有必要单独列类。其他学科的跨学科文献比例较低，不再单独列类。图 6.10 中箭头表示扩散方向，连线上的数字为引用次数，代表扩散强度。

h 指数学科领域扩散网络的整体结构是以 3 个学科为中心的扩散模式。扩散中心领域为图情 – 计科领域、图书情报学领域、科学技术领域；扩散边缘领域为计算机科学、化学、外科等。以下详细介绍中心领域和边缘领域及两者之间的扩散关系。

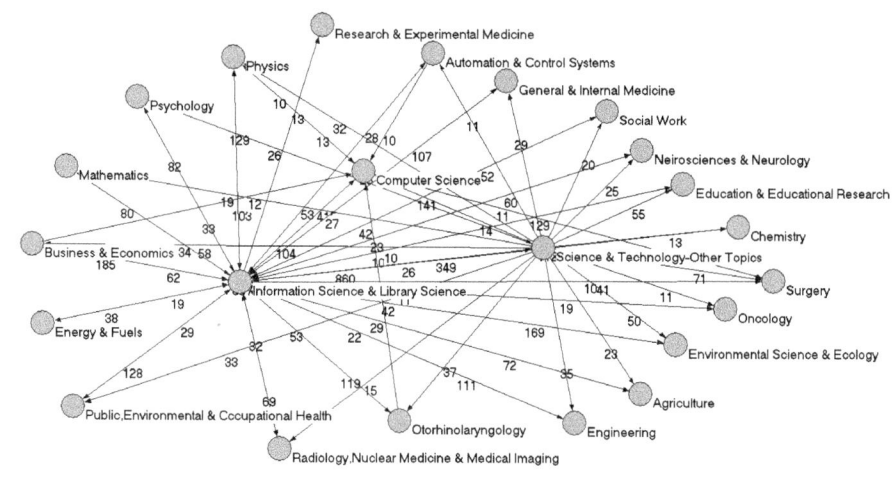

图 6.10　h 指数学科领域扩散网络

（1）中心领域之间的关系

3 个中心领域中，图情 – 计科领域和科学技术领域之间相互引用，扩散方向为双向扩散。图书情报学领域与图情 – 计科领域、科学技术领域之间皆为单向扩散，是图书情报学领域向图情 – 计科领域和科学技术领域的扩散。因此，3 个中心领域为 h 指数的发展做出了不同贡献。科学技术领域为 h 指数的发展源头，属于创新源头学科，提出了 h 指数及部分 h 指数的衍生指数，如 R 指数、AR 指数和 e 指数等被其他领域采纳，奠定了 h 指数衍生指数的创新基础。图情 – 计科领域是图中最大的中心领域，属于创新输入 – 输出型学科，不仅采纳了科学技术领域关于 h 指数的研究成果，而且也提出了部分衍生指数。图书情报学领域，属于创新输出型学科，向源头学科科学技术领域输出再创新成果。

（2）中心领域和边缘领域之间的关系

图情 – 计科领域均被其他 22 个边缘学科引用，其中与 16 个边缘学科存在相互借鉴的关系，其余单向扩散边缘学科主要为教育研究、医疗实验等领域。科学技术领域被 20 个边缘学科引用，与化学、商业与经济、自动控制技术等 12 个边缘学科存在互引关系，其余单向扩散的边缘学科主要为社会工作、教育研究等领域。图书情报学领域向 10 个边缘学科单向扩散，主要为物理、外科、化学等学科。这些边缘学科引入 h 指数时间较短，主要在应用层面提供了 h 指数的应用案例。综合来看，中心领域和边缘领域之间的单向扩散，主要扩大了 h 指数的影响力，增加 h 指数应用学科领域的多样性；中心领域和边缘领域之间的双向扩散除了能够扩大 h 指数应用范围以外，更有助于完善 h 指数，使其应用到更多的领域。

（3）边缘领域之间的关系

22 个边缘学科之间无相互引用关系，对于 h 指数的贡献主要在于扩展了应用领域。这些研究增加了 h 指数应用场景的多样性，有助于 h 指数向更多领域扩散，同时也为 h 指数的创新发展提供更多机会。

6.3.5　指数创新扩散特征

本节对 h 指数的扩散与再创新过程进行研究，该指数创新扩散的特征如下。

（1）扩散阶段特征

扩散阶段的主要特征为扩散阶段历时短。h 指数创新扩散的起步阶段很短，仅 4 年即完成初始扩散，到达临界值的时间也很短，为 10 年。而已有研究中，结构洞理论扩散的起步阶段时长为 14 年，且在提出的最初 5 年并无扩散迹象，达到成功扩散的临界值用了 18 年。扩散阶段历时短的主要原因是创新类型不同。h 指数作为一项直接用于科研评价的指标，容易受到各学科领域的关注。并且 h 指数是一项定义明确，算法易懂的指数创新，相比于内容丰富的理论创新，非常容易理解和应用。因此，无论是应用研究还是再创新研究的周期都比较短。

根据再创新内容，h 指数扩散起步阶段和起飞阶段的扩散动力分别为"衍生指数驱动"和"应用领域驱动"。衍生指数驱动主要发生在 h 指数扩散的起步阶段，此时，h 指数的发展以衍生指数创新为主。应用领域驱动主要发生在 h 指数扩散的起飞阶段。在该阶段，衍生指数创新成果减少，同时，由应用领域推动的学科扩散广度大大增加。

（2）扩散广度特征

h 指数的扩散广度远大于结构洞理论的扩散广度。扩散广度是采纳某项创新的研究领域的数量。h 指数在 14 年的发展过程中，扩散广度达到 123，而结构洞理论在 21 年中，扩散广度仅为 38。这与科研评价指数创新的学科属性低有关，不同学科领域均可采用，也便于不同领域根据自身学科的科研特点对该指数进行再创新。

（3）学科扩散特征

h 指数学科领域扩散有明显的中心－边缘结构。中心由 3 个学科构成，分别为创新源头学科、创新输入-输出型学科和创新输出型学科。其中,虽然科学技术领域为 h 指数创新发源地,但是图书情报学领域为最大创新输出领域,这与学术评价是图书情报学的一个重要研究领域有关。边缘领域之间缺少交流,均是与中心领域的单向或双向扩散。因此,h 指数学科扩散拓扑结构为以 3 个学科为中心的辐射状扩散。

(4) 主要再创新形式

衍生指数是 h 指数再创新的主要形式,且再创新周期短。在 h 指数起步阶段的每一年都会出现新的衍生指数,2006—2010 年共产生了 8 个衍生指数。衍生指数的学科分布主要集中在 h 指数扩散的中心领域,即图情-计科领域、图书情报学领域、科学技术领域。这与 3 个学科的性质有关,图书情报学和计算机领域提供的评价理论、方法与技术能够快速孵化新的衍生指数,而科学技术领域是 h 指数产生的问题域,有改进指数的需求。

(5) 特殊应用领域

医学相关领域对 h 指数的采纳非常积极。在扩散主路径中,2009 年外科学将 h 指数引入了医学领域,2011 年以后医学领域成为 h 指数扩散的主导应用领域。主路径中的文献多数是医学文献,如麻醉学科、耳鼻喉学科和整形外科等。但是 h 指数在医学领域的扩散处于应用层面,并未产生再创新。这从侧面说明医学相关领域本身的活跃,善于吸纳其他领域的研究成果,以及医学相关领域对科研评价的关注与需求。

本节揭示了 h 指数创新扩散与再创新的过程,并总结了该指数扩散与再创新的特征。作为被权威数据库和学术搜索引擎采纳的一项指标创新,其研究结论对于指标创新的研究具有一定启发意义。但是,对于指标创新这一创新类型扩散与再创新规律的探索,还需要更多针对不同指标的研究案例,才能得出一般性、规律性的结论。

第七章 科研创新评价指标

7.1 科研创新评价概述

7.1.1 科研创新力评价实践

准确测度、评价科研成果的创新力,是激发我国科研领域原始创新的关键问题之一。当前,科研成果创新力评价在研究与实践两个方面存在以下问题。①使用替代指标。期刊影响因子被频繁用作比较成果、个人和机构科研产出的基本参数。然而,无论是 JCR 的 IF 还是 GSM 的 h5,都是对期刊被引用和受关注情况的测度,并不能反映其中单篇论文的质量。再好的期刊计量指标,若将其直接用于论文评价也是不合适的。②同行评议的局限。由于科研创新一般都逸出通常的学科范式和学术视野,因此同行评议存在对创新做出不公正评价的可能。提供给评议专家用于辅助判断的成果发表和获奖情况对于评议结果也有循环论证,增强马太效应之嫌。③以影响力指标测度创新力。在以影响力测度为主导的评价体系中,评价客体的创新力不仅难以被充分体现,而且还可能被埋没或压制。

鉴于以上情况,有必要在科研评价体系中确立可与影响力评价相参照的创新力评价维度,并在该维度下设置若干针对成果评价的创新力指标,避免使用替代指标。如此,成果创新力指标将偕同影响力指标,配合同行评议制度,共同为促进科研创新和优化科研管理服务。

7.1.2 科研创新力评价研究

近年来的科研成果评价指标研究,仍以测度成果影响力为主导。通过这些指标能够筛选、衡量已经展现出影响力的那些成果,而对于揭示新近发表的创新成果，以及被埋没的"睡美人"文献的作用甚微。在成果创新力评价的专门研究中，一方面存在将创新力和影响力混为一谈，用影响力指标，如被引量等来说明成果创新力的问题；另一方面存在将成果新颖性等同于创新力的情况。在此，有必要明确成果影响力与创新力，以及新颖性与创新力之间的关系。

首先，科研成果影响力与创新力的区别体现在，有影响力的成果，其创新力不一定高；同样，创新力高的成果，在一定时期内，其影响力也不一定高。成果创新力与影响力的联系体现在，创新力虽然从成果完成之时就完整地蕴含在成果之中，但是创新力的彰显是随着成果被理解，继而被传播、被利用而逐渐展开的。因此，一方面，影响力不能代表创新力，但是可以用影响力指数的增长情况，表达成果创新力被认可的情况；另一方面，成果创新力不能决定其影响力指数最终的大小，因为影响力不完全是由成果的创新力引起的，还受到作者声誉、发表平台、成果内容属性等其他因素的影响。

其次，新颖性或者更绝对的唯一性，或曰独创性是成果具备创新力的必备条件，但并非充分条件。新的不一定就是好的，有些新颖的"高见"或概念不一定具有理论或实践上的价值。因此，具有新颖性的成果是否拥有创新力，还需进一步判别。关于新颖性的识别，有些学者提出可将"新颖性检索"（Novelty Track）或科技查新的结果作为重要依据。然而，这种通过检索得出成果的重复率或新颖性的方法，要求检索人员具有领域专家级别的水平，且不同检索人员的检索水平还应具有一致性。因此，该方法可行性较低，结果的可靠性较低，执行成本较高。

杨家栋、秦兴方在讨论测度社会科学研究成果创新力度时提出了"互引比率"。该指数是成果中引证其他成果的次数与本成果的被引次数的比率。互引比率越小，说明引证他人成果少，而自己的成果被别人引用多，创新力度强。实际上，在同行评议和编辑的严格把关下，作者所列的参考文献里应该囊括所有与其研究直接相关的重要文献。因此，随着学术写作规范、学术文献出版规范的日臻完善，从参考文献列表考察成果的新颖性是适当和可行的。需要注意的是，鉴于引证类型的多样性，某成果所列的参考文献虽然一定与该成果的内容有关，但不一定与其创新点直接相关。因此，若将其所有参考文献考虑在内就失去了考察成果新颖性的意义，应该只考虑与该文研究主题直接相关的参考文献。另一不能将所有参考文献数量计算在内的重要原因，是参考文献的数量与作者写作习惯有关，而且很易被作者操控。Kosmulski 提出的界定"成功论文"（successful paper）的方式受到质疑，与其在公式中采用了不可靠的文后参考文献总量有很大关系。因此，在利用参考文献考察成果新颖性时，只应考虑那些与成果研究主题直接相关的部分。如此，只要是通过了较为严格的同行评议的成果，其参考文献列表中对该主题起到重要作用的前期成果就不易被遗漏，因而这部分参考文献的数量就较为可靠。

下面通过对成果创新力指标设计原则、原理的探讨，以及相应指数的提出与实证，为科研评价体系中创新力评价维度的确立提供理论与指标参考。

7.2 成果创新力指标设计

7.2.1 成果创新力指标设计原则

（1）从科学发展过程考虑

设计科研成果创新力评价指标应回到关照科学发展这个根本问题上。只有对科学发展过程有本质上的理解，才能生成较为合理的科研评价指标。从根本上讲，科学发展过程是由科研创新和创新扩散相继发生共同推动的。科研创新扩散即科学领域新知识的扩散，其过程表现为"创新—扩散—再创新—再扩散"的循环往复与交叉重叠。因此，科研成果创新力评价指标应是对某一科研成果所蕴含的新知识在大多程度上推动科学发展的一个测度。

（2）单一的测量维度

2014年，"爱思唯尔宣言"关于评价指标的原则中明确提出应避免采用复合指标，同时提出，多种指标的结合能提供最可靠的量化信息。以上两条评价指标的设计原则是相辅相成的。一方面，复合指标由于失去了指标的原始性、基础性，加之复合过程中不可避免的人为干预，往往导致指标在适应科研评价复杂性的同时，与其设计的初衷渐行渐远，并且在应用中损失了灵活性，对测度结果的解释力降低。另一方面，由于科研评价的复杂性，评价应具有多个维度，没有一个指标能单独提供关于科研评价的权威评估，需多种指标结合使用。而具有单一测量维度的指标更利于与其他指标相互参照，结合使用，便于形成对科研成果的多维测度，达成较为客观的评价结果。

（3）具备简单性

无论是影响因子 IF 还是 h 指数，凡是能够被普遍认可，得到广泛应用的评价指标都遵循简单性原则。人们偏好简单的东西，而简单并不意味着落后。

构造简单的指标，易于理解，能够直观反映其表征的维度，其测度结果也往往让人有一目了然的感觉，能使评价主体迅速掌握评价客体某方面的特征，并留有深刻印象。况且，在任何评价方法与指标对评价客体的测度都无法完全准确的前提下，简单而合理的设计能使指标最为高效，避免由于无限提高指标精度而导致方法上的复杂性和运用时的高成本。

（4）基于结构属性

根据库恩的科学范式转换理论，革命性的科学进展是可以通过观察它们对现有知识结构的改变而识别和检测出来的。以被引量、转载量、下载量等数量为基础的指标无法准确反映成果的创新力。例如，成果类型因素就会对被引量产生较大影响。Oliver Lowry 于 1951 年发表的一篇方法类论文，截止 1990 年，已获得 205000 次引用。这种"洛瑞现象"反映方法类论文往往会获得高被引。而综述类论文也比一般的研究论文更容易获得引用。再如内容因素，较早介绍国外某概念或某研究的论文容易引起国内同行的大量引用，但是这类论文并不具有创新力。开拓新的研究领域，能够引领科学发展路径发生变迁与转移的成果才是真正具有创新力的成果。相应地，创新力较低的成果在科学发展的知识变革中起到的作用也较小。因此，成果创新力指标应能捕捉到由于各个成果节点的加入所导致的知识网络结构变化，并基于结构属性而非累积数量衡量成果的创新力。从更广阔的意义上讲，科研评价指标的设计正面临从基于数量到基于网络结构的跃升。

（5）内含时间属性

蕴含在成果之中的创新力会随着创新成果的扩散而逐渐彰显。换言之，能够被观测到的成果创新力，大多都需要一定的时间才能较为充分地表达。而所需时间有长有短，有的一经发表即引起轰动，成为关注焦点；有的则需要经过几年的渗透与扩散，逐渐成为热点；还有的发表后就成为"睡美人"，静静等待"王子"的出现。鉴于此种情况，兼顾科研评价的时效性，创新力指标最好能够在第一时间就识别出具有创新力的科研成果，如若遇到识别力不足的情况，则应能够在时间进程中即时自我修正，使测度结果趋于客观值。

7.2.2 成果创新力指标设计原理

（1）科学发展过程在成果中的映射

从科学发展过程的视角入手设计科研成果创新力评价指标，其问题就归结于如何设计，才能使该指标能够测度某一科研成果所蕴含的新知识对科学发展的推动程度。而新知识对科学的推动体现在创新的产生和扩散过程中。创新的产生需要考察的是该新知识建立在哪些以往的研究之上，其变异程度如何；创新的扩散需要考察的是该新知识产生以后对科学发展的影响。以上两个方面的信息均蕴含在引文网络之中。引文网络承载着科学发展的轨迹，是分析科研成果创新力的绝佳载体。原始的引文网络是时序网络，一个节点即是一个科研成果，由于只能是后发表的文献引用先发表的文献，因此该网络为单向非循环网络。每个科研成果的研究基础和后继影响都记录在该网络及网络结构的变化之中，而变异程度也可用与该成果直接相关的前期研究成果的数量来表达。

（2）科研创新的产生机制

对于科研创新的产生机制，以往研究已有揭示。格式塔心理学家指出，当问题求解者换一个角度看问题的时候，新的见解就会出现。克兰发现，对独创性的渴望，促使科学家愿意与其他领域的科学家保持联系，了解其他领域的工作，激发新的思路。陈超美认为洞察力、创造性思维和革命性的科学发现都得之于中介构建及领域交叉的研究机制。这些研究有一个共同的指向：跨越不同的知识领域边界更有可能产生新的想法。基于这种对科研创新产生机制的认识，一些测度科研创新潜力的指标被提出，主要有陈超美提出的变革性潜能指标和宋歌提出的创新潜力指标。利用这些指标可以在大量科研成果中筛选出具有创新潜力的成果。而在这些成果中，真正具有创新力的部分将发展出一个个新的研究领域，引领科学发展路径的变迁与转移。

一个研究领域中最重要的成果是原始创新成果。原始创新成果的首要特征是原创性，表现为首次提出某一新理论、新发现、新方法等，是史无前例的变革性研究。但是原始创新并非真的是无中生有，而是将一些风马牛不相及的知识领域联系在一起形成的独创性研究。反映在引文网络中，原始创新成果会引用多个研究领域的文献，但是如果利用原始创新成果提出的新主题限定其参考文献，则没有与该主题直接相关的参考文献。因此，在不同的研究领域之间形成结构洞是识别成果具有创新潜力的引文网络结构属性；而与其主题直接相关的引用弧为0，则是识别原始创新成果的引文网络结构属性。对于非原始创新成果而言，它们对一个创新领域所做的贡献大小不一。非原始创新成果是对已有创新的发展。体现在引文网络中，它们会引用该主题领域中对其具有参考价值的前期研究。因此，与成果主题直接相关的引用弧数量是考察其创新力高低的结构属性。

(3) 科研创新的扩散机制

"科学的突破点往往发生在社会需要和科学内在逻辑的交叉点上。"因此，如果一项创新有利于解决当前社会面临的紧要问题，则更容易被发现，被发展，从而快速地传播、扩散，衍生一系列相关的创新性成果，逐渐或迅速地形成研究热点。"信息觅食理论"可以很好地解释这一现象。在科学发现中找出具有创新性的想法就像是觅食，科学家们会对多个主题、领域的成果进行评估，判断哪一项研究更值得关注，并决定探索该领域所应投入的时间。这一决策过程是根据预期的收益和成本做出的。那些具有现实意义的创新成果无疑大大增加了预期收益，同时，由于原始创新成果为将以前不相干的知识领域进行连接提供了成功案例，就降低了沿着该研究路径采取行动的风险成本。而科学家们普遍采取收益最优化决策就会带来引文网络中相应结构的变化，即有选择地触发创新的扩散。一项将不同研究领域联系起来的原始创新研究，被大量前来觅食的科学家选定；从该原始创新成果发出的弧越来越多，产生的相关研究成果越来越多；相关创新成果的不断加入及其出度的不断膨胀逐渐汇集成网络中新的密集知识流，从而在宏观上显现出网络结构的变化，即知识领域的扩张或新的知识领域的诞生，并伴随核心研究领域的迁移。

从扩散过程可知，创新扩散在宏观层面的涌现，是由引文网络中创新节点的加入及其出度的增加实现的。因此在设计能够测度每个成果创新力的指标时，不仅要考虑创新成果产生时入度的情况，同时也要考虑创新成果扩散时出度的表现。成果的出度是科学家们信息觅食的轨迹，代表他们对创新成果价值的肯定。但是由于科学家自身知识结构的局限造成的信息不对称，发表平台、语种等信息壁垒，以及作者学术地位等影响因素，一些对社会发展有着重大意义的创新成果仍然有可能被埋没，造成"迟滞承认"。例如，青蒿素的发现，从其研究成果的首发到被国际学术界认可就历经了几十年的时间，而"睡美人"现象在其他诺贝尔奖获得者的重要成果中也时有出现。因此，成果出度不能作为评价成果创新力的决定性因素，但是由于其在时间维度上的变化反映了成果产生以后对研究领域的后继影响，即创新力彰显的情况，因此可以利用它实时修正成果创新力的数值表达。如此，一方面，能够弥补成果入度在揭示创新力时可能产生的偏差；另一方面，能够凸显科学家信息觅食的结果，使应运而生的创新成果更具显示力。然而最终，创新力指标内含的时间属性将促使成果创新力指数不断趋近客观值。

(4) 参照客体的确立

"参照客体"是可以用来比较价值客体在同类客体中地位的客体。成果创新力评价的参照客体是该成果所属的研究主题或领域中的其他成果。研究主题或领域是科学发展的基本单元。多个研究主题构成一个研究领域，而研究领域不但有大有小，而且也有层次区分。随着时间的推移，主题、领域及主题与领域之间又有融合、转移和突变。因此，只有根据科学发展状况和评价目的灵活地限定研究主题与领域，科研成果的创新力评价才能获得一个适当的参照客体，评价指标才能适应知识版图复杂的结构层次和随时间变化的属性。也正因如此，同一个成果在不同的参照客体中，其创新力指数是不同的。例如，提出了"结构洞"概念的成果，在结构洞理论的研究中属于原始创新，而在社会网络分析的研究领域中并非是原始创新。通过确立参照客体，创新力指标能够明确每个成果在科学发展过程中贡献的创新力，同时又使得创新力指标可以根据不同的评价目的进行不同评价视域下的创新力测度。

7.3 成果创新力指数

7.3.1 S 指数及计算公式

依托原始引文网络，根据成果创新力指标设计原则和原理，提出"S 指数"作为评价科研成果创新力的一项指标。该指数的设计基于原始引文网络中成果节点最基础、最直接的结构属性，即节点的点度，因此是一种"点度创新力指数"。在有向网络中，点度是一个节点所拥有的弧的总数，包括出度和入度。入度是节点接收的弧的数量；出度是节点发出的弧的数量。S 指数所规定的出度和入度是基于参照客体的，是对从原始引文网络中截取的关于某一研究主题或领域的引文网络而言的。如此，成果入度，即与该成果主题直接相关的参考文献数；成果出度，即该成果在其主题领域中的被引量。

S 指数的计算公式如下：

$$S_y = \frac{D_{in}}{D_{in} + D_{out}}$$

S_y 为某成果在 y 年的 S 指数，D_{in} 和 D_{out} 是成果节点在参照客体构成的引文网络中的入度和出度。其中，D_{in} 为与该成果主题直接相关的参考文献数，D_{out} 为该成果在该主题领域中从发表年至 y 年的总被引次数。由公式可以推知,S 指数的取值范围是 [0,1],S_y 为 0 时,成果创新力最高,为原始创新成果,为 1 时,创新力最低。D_{in} 取值一经发表既已确定,而 D_{out} 的取值是随时间变化的,从而导致 S_y 的变化。

从引文网络结构来看,D_{in} 代表成果创新的变异程度,值越小,其变异程度越高;D_{out} 代表新知识产生以后对科学发展的影响,值越大,影响力越大。由于 S_y 与 D_{in} 成正比,与 D_{out} 成反比,因此 S_y 越小表示成果的创新力越高。然而,S_y 为何不是入度与出度的商,而是入度与点度的商。如此设计是从指标含义和使用性来考虑的。除了没有确立参照客体,"互引比率"的计算公式与 S_y 很接近,就是 D_{in} 与 D_{out} 的商。该指数在实际应用中存在很大局限性。首先,由于 D_{out} 的滞后性,刚发表的成果很可能没有被引用,在计算其互引比率时就会经常遇到分母为零的情况。其次,互引比率取值范围的最大值不确定,不便于与其他指数结合使用或进行加权等数值运算。而在 S_y 的计算公式中,D_{in} 不仅构成了分子,而且也是分母中的一部分。如此,不仅体现了设计原理中以知识变异程度作为主导因素,后继影响力作为辅助因素来衡量成果创新力的思想,而且也避免了绝大多数成果在发表时指数计算公式分母为零的情况,且将 S 指数的取值范围限定在了 [0,1],非常便于指数的应用、比较与运算。S_y 的计算公式,仅在原始创新成果还未有引用时会出现分母为零的情况。此种情况可在利用网络分析软件进行指数计算时通过简单的设置来解决。具体见实证部分。

7.3.2 S 指数实证及结果

7.3.2.1 数据来源

为进一步阐明 S 指数的性质,以结构洞理论的创新扩散为例进行实证。结构洞理论是一项重要的科研创新。根据创新扩散理论,其扩散曲线已在 2010 年达到成功扩散的临界点,可以预知该项创新将完成整个 S 形扩散过程。以该项典型的科研创新为例,可以较好地考察 S 指数的实际应用效果。选择的数据源包括提出了结构洞概念的《结构洞:竞争的社会结构》一书,以及《社会科学引文索引》(Social Science Citation Index,SSCI)中有关结构洞理论的研究成果。在"Topic"字段执行短语检索"structur* hole*"以保证检全率和检准率,文献类型设定为"ARTICLE",时间跨度为 1992—2014,命中文献数 468 篇。参照客体得以确立。建立这 468 篇论著的引文网络,该网络包含2737条边和11个孤立点。考察孤立点文献，结构洞理论在其中均为次要主题。这些成果与结构洞理论的发展脉络没有关联。因此仅提取由458个成果节点构成的连通网络进行实证。

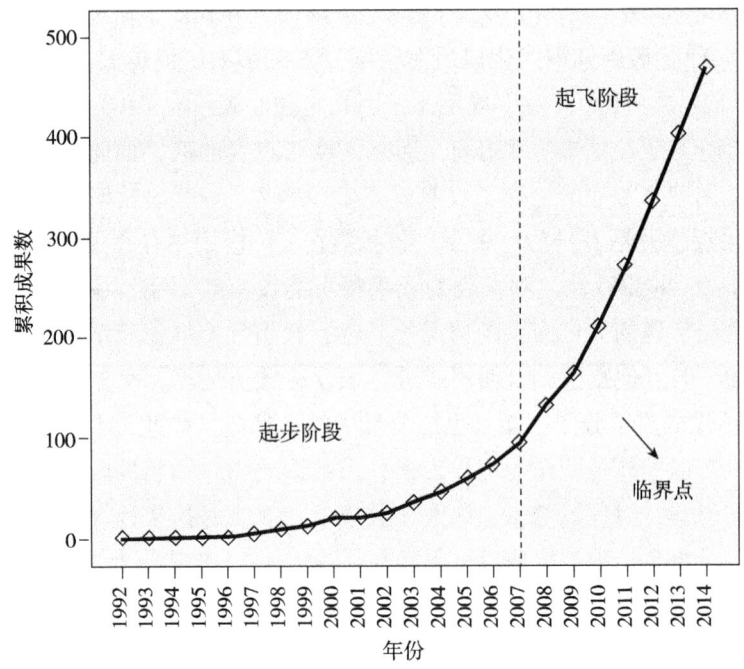

图7.1　结构洞理论扩散曲线

7.3.2.2　计算S指数

完整的S形曲线包括起步阶段、起飞阶段、成熟阶段和衰退阶段，结构洞理论的发展处于起飞阶段，见图7.1。为便于对网络结构的细节进行观察，将结构洞理论引文时序网络中的主要脉络提取出来，得到图7.2。

根据公式，利用Pajek计算458篇成果的历年S指数，结果见表7.1。计算前，须将Options菜单下Read - Write中0/0栏目的取值设置为0。如此，当分母$D_{in}+D_{out}$为0时，S_y为0。每个节点在创新扩散网络中，既可以是创新的采纳者，也可以是创新的发布者，S指数计算公式对每个节点的这两种关系角色进行计量，同时，每个节点关系结构的变化，也被S_y记录下来。以下，结合表7.1和图7.2，说明S指数的性质。

①成果0是Burt于1992年发表的《结构洞：竞争的社会结构》。该成果作为结构洞理论的开山之作，D_{in}为0，即成果0在发表时$S_{1992}=0$，此后虽然

D_{out} 不断膨胀,但 S_y 不变。因此,对于原始创新成果,S 指数能够在第一时间确认其创新力。

② 1997 年 Walker 发表的成果 3 是将结构洞理论引入到商业与经济学领域的重要文献,为结构洞理论开启了广阔的发展空间。其发表年的 S 指数为 1,在发表后的第三年,指数陡然下降至 0.2,此后持续下降,S_{2014} 为 0.007 519。实际上,在发表年,除了原始创新成果以外,其他成果的 S 指数大多为 1,不具有区分度。但是由于该类成果 D_{in} 很小,一旦有个别引用,D_{out} 非 0,则 S 指数就能迅速凸显。此外,指数公式中的 D_{in} 能够在发表时就发挥识别创新成果的作用。即对于并非原始创新的重要创新成果,可以在第一时间根据极小的 D_{in} 进行识别,并通过专家判断确认其创新性。该例中,D_{in} 为 1。

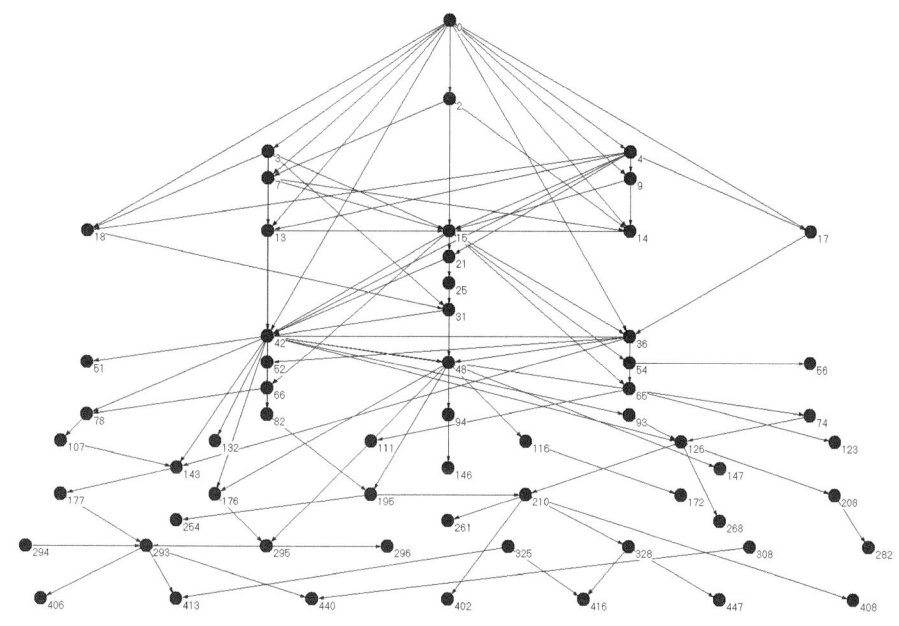

图 7.2　结构洞理论扩散主路径

③对于 D_{in} 不是很低,但是具备一定创新力的成果,可以通过迅速增加的 D_{out} 修正 S 指数。这一过程不会十分低效,因为这类成果往往出现在创新扩散的起步阶段之后,在该项创新已被大多同行知晓的情况下,很难出现"睡美人"现象,其内在价值会被较快认可。一旦被引量达到峰值(一般在发表后 25 年),S 指数就能很好地对该类成果的创新力做出区分。例如,在起飞阶段发表的 123、132、143、147、176 等成果。

表 7.1　结构洞理论成果历年 S 指数

Label	1997	1998	1999	2000	2001	2002	2003	2004	2005	2006	2007	2008	2009	2010	2011	2012	2013	2014
0	0.000 000	0.000 000	0.000 000	0.000 000	0.000 000	0.000 000	0.000 000	0.000 000	0.000 000	0.000 000	0.000 000	0.000 000	0.000 000	0.000 000	0.000 000	0.000 000	0.000 000	0.000 000
1	1.000 000	1.000 000	1.000 000	1.000 000	1.000 000	1.000 000	1.000 000	1.000 000	1.000 000	1.000 000	1.000 000	1.000 000	1.000 000	0.500 000	0.500 000	0.500 000	0.500 000	0.500 000
2	0.250 000	0.500 000	0.500 000	0.250 000	0.250 000	0.250 000	0.250 000	0.250 000	0.250 000	0.250 000	0.250 000	0.250 000	0.250 000	0.250 000	0.250 000	0.250 000	0.250 000	0.250 000
3	1.000 000	1.000 000	0.333 333	0.200 000	0.166 667	0.142 857	0.090 909	0.071 429	0.052 632	0.047 619	0.031 250	0.020 833	0.017 544	0.012 821	0.010 753	0.009 009	0.008 197	0.007 519
4	1.000 000	0.333 333	1.000 000	0.100 000	0.090 909	0.076 923	0.066 667	0.052 632	0.041 667	0.040 000	0.033 333	0.026 316	0.022 727	0.017 544	0.015 152	0.013 514	0.011 905	0.010 526
5		1.000 000	1.000 000	1.000 000	1.000 000	1.000 000	1.000 000	1.000 000	1.000 000	1.000 000	0.333 333	0.333 333	0.200 000	0.142 857	0.090909	0.071 429	0.062 500	0.052 632
6	1.000 000	1.000 000	1.000 000	0.500 000	0.400 000	0.333 333	0.333 333	0.333 333	0.333 333	0.333 333	1.000 000	1.000 000	1.000 000	1.000 000	1.000 000	1.000 000	1.000 000	1.000 000
7	1.000 000	1.000 000	1.000 000	1.000 000	1.000 000	1.000 000	0.500 000	0.400 000	0.400 000	0.250 000	0.250 000	0.166 667	0.133 333	0.105 263	0.095 238	0.071 429	0.058 824	0.047 619
8	1.000 000	1.000 000	1.000 000	0.500 000	0.500 000	0.500 000	0.400 000	0.333 333	0.333 333	0.333 333	0.333 333	0.333 333	0.333 333	0.333 333	0.250 000	0.250 000	0.250 000	0.250 000
9	1.000 000	1.000 000	1.000 000	0.500 000	0.500 000	0.500 000	1.000 000	0.400 000	0.333 333	0.333 333	0.285 714	0.250 000	0.250 000	0.250 000	0.250 000	0.250 000	0.222 222	0.222 222
10	1.000 000	1.000 000	1.000 000	1.000 000	1.000 000	1.000 000	1.000 000	1.000 000	1.000 000	1.000 000	1.000 000	1.000 000	1.000 000	1.000 000	1.000 000	1.000 000	1.000 000	1.000 000
11			1.000 000	0.750 000	0.750 000	0.750 000	0.750 000	0.750 000	0.750 000	0.750 000	0.750 000	0.600 000	0.600 000	0.600 000	0.600 000	0.500 000	0.500 000	1.000 000
13				0.833 333	0.833 333	0.833 333	0.833 333	0.714 286	0.714 286	0.625 000	0.625 000	0.500 000	0.416 667	0.416 667	0.312 500	0.294 118	0.263 158	0.428 571
14				1.000 000	1.000 000	0.888 889	0.888 889	0.666 667	0.571 429	0.444 444	0.400 000	0.320 000	0.258 065	0.195 122	0.166 667	0.140 351	0.129 032	0.112 676
15				1.000 000	1.000 000	0.750 000	0.750 000	0.500 000	0.333 333	0.250 000	0.150 000	0.100 000	0.076 923	0.058 824	0.044 118	0.038 961	0.032 967	0.029 703
16					1.000 000	1.000 000	1.000 000	1.000 000	1.000 000	1.000 000	0.500 000	0.500 000	0.400 000	0.400 000	0.333 333	0.222 222	0.200 000	0.200 000
17				1.000 000	0.400 000	0.750 000	0.333 333	0.666 667	0.166 667	0.142 857	0.083 333	0.052 632	0.041 667	0.030 612	0.024 590	0.020 000	0.016 854	0.014 151
18				1.000 000	1.000 000	1.000 000	1.000 000	0.272 727	1.000 000	1.000 000	1.000 000	0.400 000	0.285 714	0.181 818	0.166 667	0.153 846	0.125 000	0.095 238
19					1.000 000	0.750 000	0.750 000	0.750 000	0.750 000	0.750 000	0.600 000	0.500 000	0.375000	0.272 727	0.214 286	0.200 000	0.187 500	0.166 667
20					1.000 000	1.000 000	1.000 000	1.000 000	1.000 000	1.000 000	0.333 333	0.166 667	0.125 000	0.095 238	0.080 000	0.066 667	0.057 143	0.046 512
21						1.000 000	1.000 000	0.666 667	0.400 000	0.666 667	0.666 667	0.400 000	0.400 000	0.400 000	0.400 000	0.400 000	0.400 000	0.333 333
22							1.000 000	1.000 000	1.000 000	1.000 000	1.000 000	1.000 000	1.000 000	1.000 000	1.000 000	1.000 000	1.000 000	1.000 000
23							1.000 000	1.000 000	1.000 000	1.000 000	1.000 000	1.000 000	1.000 000	1.000 000	1.000 000	1.000 000	1.000 000	1.000 000
24								1.000 000	1.000 000	1.000 000	1.000 000	1.000 000	1.000 000	1.000 000	1.000 000	1.000 000	1.000 000	1.000 000

④成果 6、10、11 虽然都发表在起步阶段，D_{in} 均很小，但是由于他们对该理论的发展没有发生作用，S_y 始终为 1。说明 S 指数对于新的不一定是有价值的这一实际情况有所反映。

7.3.3 与影响力指数的对比分析

为直观展现作为创新力指标的 S 指数与现行科研成果评价中影响力指标的区别与关联，选取最常用来评价成果影响力的被引量作为对比指标，进行两个指标的相关分析。458 篇成果截至 2014 年的被引量和 S 指数的排序对比见表 7.2，散点图见图 7.3，相关分析结果见表 8.3。Pearson 相关分析显示 S 指数与被引量在 P 为 0.01 的水平上显著相关，相关系数为 -0.492。相关系数不高的原因在图 7.3 中有所揭示，即创新力高的成果，其影响力不一定高，甚至有可能很低；反之，影响力低的成果，其创新力有可能很高。

表 7.2 S 指数与被引量排序

成果编号	S 指数	成果编号	被引量
0	0.000 000	0	341
3	0.007 519	18	209
4	0.010 526	42	158
18	0.014 151	3	132
16	0.029 703	16	98
42	0.042 424	54	95
21	0.046 512	4	94
7	0.047 619	48	72
54	0.050 000	15	63
5	0.052 632	21	41
48	0.076 923	7	40
31	0.083 333	31	33
19	0.095 238	37	33
61	0.096 774	143	30
25	0.100 000	61	28
37	0.108 108	25	27
15	0.112 676	56	23
56	0.115 385	65	23

续表

成果编号	S 指数	成果编号	被引量
29	0.125 000	19	19
164	0.153 846	5	18
20	0.166 667	126	17
36	0.166 667	14	16
47	0.166 667	94	16
171	0.166 667	20	15

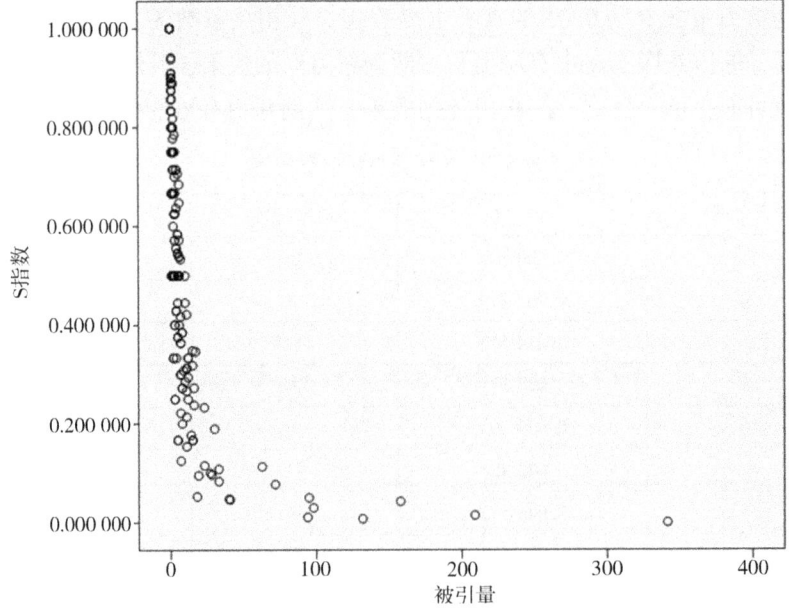

图 7.3　S 指数与被引量

7.3.4　基于扩散阶段的创新力评价

创新扩散过程中，在不同的扩散阶段会产生不同性质的创新成果。一般来说，开创性成果大部分是在起步阶段完成的；起飞阶段可能发生创新在各学科领域的大范围扩散；成熟阶段的应用创新成果较多；衰退阶段的高创新力成果往往预示新研究领域的诞生或研究范式的转变。因此，有必要结合宏观扩散过程，利用 S 指数筛选出不同扩散阶段的创新成果，避免其他阶段的重要创新被起步阶段的开创性成果所淹没。此例中，S 曲线于 2007 年达到扩散加速度的最高值,因此1992—2006年的71篇论著为起步阶段成果,2007年至今的成果属于起飞阶段,这两个阶段高创新力成果如表7.3所示。

表7.3 不同扩散阶段的高创新力成果

起步阶段		起飞阶段	
成果编号	S指数	成果编号	S指数
0	0.000 000	164	0.153 846
3	0.007 519	171	0.166 667
4	0.010 526	93	0.176 471
18	0.014 151	143	0.189 189
16	0.029 703	127	0.266 667
42	0.042 424	94	0.272 727
21	0.046 512	158	0.272 727
7	0.047 619	95	0.285 714
54	0.050 000	120	0.294 118
5	0.052 632	78	0.300 000
48	0.076 923	109	0.312 500
31	0.083 333	146	0.312 500
19	0.095 238	176	0.318 182
61	0.096 774	92	0.333 333
25	0.100 000	123	0.333 333
37	0.108 108	132	0.333 333
15	0.112 676	126	0.346 154
56	0.115 385	111	0.347 826
29	0.125 000	86	0.363 636

7.3.5 累加S指数及成果创新力分区

在S指数的基础上,提出"累加S指数"。该指数可用于创新成果分区。具有创新力的成果与具有影响力的成果一样,在分布上呈现幂律分布。对于一项科研创新,做出杰出贡献的成果总是很少,做出一定贡献的成果会相对多一些,而大部分成果贡献甚微。在科研评价与管理中,需要将这些科研成果按照创新力的大小进行分区,此时就可以利用累加S指数来完成。其计算公式如下,其中,r为一组创新成果按照S指数升序排列的名次。

$$\sum_{r=1}^{n} S_r = S_1 + S_2 + S_3 + \cdots + S_n$$

具体操作步骤如下。①将成果的 S 指数按照大小升序排列。②确定累加 S 指数增量。由于一个成果的 S 指数最大为 1，因此可以用 1 或 1 的倍数作为累加增量，本例中设定为 1。③对每个增量中的成果计数。根据表 7.4，前 18 项成果的 S 指数累加值超过了 1，继续累加 1 个单位，则需要累加从排名第 19 位至排名第 24 位的 6 项成果的 S 值，以此类推。④将成果分区。根据表 7.4 和图 7.4，第一个增量空间的 18 项成果可作为第一区，该区成果对结构洞理论的发展起到奠基作用，其中成果 0 为原始创新；增量空间 2 至 6 的 23 项成果可作为第二区，对该项创新的发展起到重要作用；增量空间 7 至 31 的 57 项成果可作为第三区，对该项创新的发展起到一定作用。

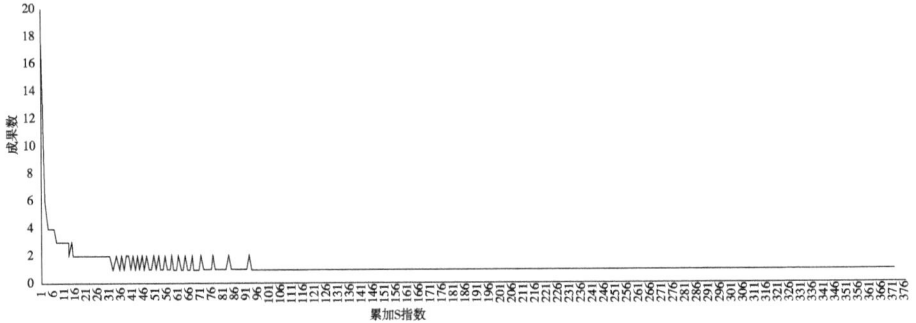

图 7.4　累加 S 指数单位增量对应的成果数分布

表 7.4　累加 S 指数单位增量对应的成果数分布情况

增量空间	累加 S 指数	成果个数
1	1.089 523	18
2	2.035 036	6
3	3.037 204	5
4	4.008 632	4
5	5.070 753	4
6	6.223 313	4
7	7.143 505	3
8	8.107 520	3
9	9.107 520	3
10	10.134 833	3

续表

增量空间	累加 S 指数	成果个数
11	11.237 106	3
12	12.381 337	3
13	13.181 337	2
14	14.419 056	3
15	15.276 199	2
16	16.149 215	2
17	17.093 659	2
18	18.093 659	2
19	19.093 659	2
20	20.093 659	2
21	21.093 659	2
22	22.093 659	2
23	23.093 659	2
24	24.093 659	2
25	25.093 659	2
26	26.093 659	2
27	27.126 992	2
28	28.203 915	2
29	29.294 824	2
30	30.405 936	2
31	31.548 793	2

7.3.6 S 指数特性与应用前景

S 指数的计算公式蕴含了创新成果相对已有研究的变异程度和对科学发展的影响，如此，该指数能够测度一项科研成果在大多程度上推动了科学发展。不仅如此，结合公式中的 D_{in} 和 D_{out} 还可以对成果创新力做出更加具体、及时的分析与解释。根据实证过程与结果，得出以下结论。

① S 指数能够在第一时间识别原始创新成果；也可以根据 D_{in} 在第一时间识别非原始创新但具有高创新力的成果，同时，此类成果只要 D_{out} 非 0，就可以利用 S 指数快速识别；对于具备一定创新力的成果，S 指数识别速度也较快。

② S 指数与创新扩散理论结合，可以筛选研究主题或领域中不同发展阶

段的创新成果,为成果创新力的精细评价提供方法路径和理论支撑。

③基于成果创新力幂律分布规律,利用累加S指数对成果进行分区非常便捷,并且可将分区结果与成果影响力分区情况进行对比。

④方法类、综述类等在影响力指标中容易突显的论文类型,在利用S指数评价其创新力时,由于指数公式中D_{in}的限制,其创新力能够获得较为客观的评价。

对于S指数的理解与使用还需注意以下几点。

①S指数不仅是一个创新力指标,其计算公式也是判断成果创新力的思维公式。对于某项科研成果,在没有计算S指数时,也可以根据公式含义,通过了解研究主题、参考文献和被引用情况,大致判断该成果在其研究领域中的创新价值。

②对于非国内首创的科研创新,数据源须包含国外相关研究成果。科研创新不分国界。科研成果创新力评价不应仅限于国内相关成果的比较,而应将其置于科学发展的大框架下。如此,一方面可以打压对从国外引进的新概念、新事物的跟风炒作,鼓励深层次研究;另一方面可以凸显我国一些特有研究领域和关注点的创新成果,避免科学研究在与国际接轨的同时丧失差异性和活力。

③应根据评价目的,同时兼顾便利性,对数据源进行合理筛选。S指数计算的是某项科研创新中相关成果的创新力。理论上,数据源应包括所有对该项创新的发展起到作用的成果。因此,可能同时包含专著、论文等多种资源类型的成果形式。本例中,Burt关于结构洞理论的专著不止一部,但是通过预分析,在加入Burt的其他相关专著时,无论是对于该理论宏观扩散过程的描述,还是对于其他成果的创新力指数都没有明显影响,所以数据源中仅选入了首次提出该理论的专著。

④与创新潜力指标结合使用,可在海量科研新成果中筛选出高创新力成果。首先利用创新潜力或变革性潜能指标将可能是原始创新或高创新力的成果筛选出来,确定创新领域;其次利用S指数计算领域中每项成果的创新力。

⑤利用S指数识别科学前沿。前沿与热点的区别在于,后者已凝聚了较大的吸引力,其优秀成果能够被迅速采纳;而前者还未受到普遍关注,但是具备前瞻性和新颖性。因此,热点成果的被引量高,而前沿成果的被引量低,后者可通过S指数及D_{in}识别。

⑥谨记任何科研评价指标只是辅助同行专家对成果价值进行判断的工具

与手段。对于表征高创新力成果的 S 指数或提示可能为高创新力成果的 D_{in}，必须结合领域专家的判断方可确认，以防数据来源不全或不当的研究领域限定等造成的误判。

将参考文献作为科研评价指标参量具有很大风险，而引入参照客体，使得 D_{in} 仅为与研究主题直接相关的参考文献，就大大增加了 S 指数的可靠性。这是 S 指数与互引比率、判定成功论文等类似指数相区别的重要方面。而数据源须包含国际相关研究成果及选择经过同行评议的数据源的操作方式也会增强 S 指数计算结果的客观性。2015 年 5 月 16 日发布的"关于科研评价的旧金山宣言"（DORA），提出让科研评价更加科学的倡议，建议"取消对于研究论文参考文献列表进行再利用的限制，按照'创作共用公共领域使用协议'授权公开利用"及"取消或减少对研究论文参考文献数量的限制。在任何可行情况下，要求引用原始文献而不是第二手评述文献，以便把贡献归功于首次报道科研成果的团队"，预示着基于引文网络的科研创新力评价的良好前景。有关 S 指数的展望如下。

首先，S 指数可为科研创新扩散现象及规律研究提供帮助。关于零被引、低被引、"睡美人"、迟滞承认、"早起的小鸟"的研究日益为人关注，而这些研究的实质均是对创新成果的识别与发现，目的是促进科研创新和创新扩散。S 指数及公式中的 D_{in} 与 D_{out} 为在大量零被引、低被引文献中识别出"睡美人"文献提供标识物；它们的演变情况可为迟滞承认、首次被引的研究提供数据档案，为"睡美人"的发现提供监测数据；而大量样本的累积数据将为科研创新与扩散的规律性认识提供基础素材。

其次，S 指数的应用对于规范学术出版与写作具有积极作用。在影响因子、被引量作为期刊和成果评价主要指标的现阶段，过渡自引、为提高指标值的非必要他引，已形成危害学术规范的暗流。而如果科研评价中采用 S 指数作为成果创新力评价指标，则可在客观上对这一现象起到遏制作用。创新力指标与影响力指标配合使用，可避免长期采用单一评价维度对学术风气的负向驱动，有利于将各学术主体的行为导向规范。

最后，S 指数是测度科研成果创新力指标之一种。若要确立科研评价的创新力维度，还需要更多的指标才能形成一类指标。只有在科研评价指标体系中确立不同的评价维度，每个评价维度下都有丰富的评价指标可供选择，在进行科研评价时，才能根据不同的评价客体与目的，选择适当的指标参与评价，最终形成对评价客体立体、客观的评价结果。

第八章 创新潜力评价指标

8.1 创新潜力评价概述

8.1.1 创新潜力评价实践

在科研评价中,对评价客体的创新潜力进行测度,是预测科学前沿,判定新的学科生长点,遴选青年杰出人才,评审科研基金项目等工作的重要依据,对科研管理具有现实意义。然而,现有科研评价系统缺乏对创新潜力进行有效量化的评价方法,其评价指标主要关注作者、机构、期刊、成果等评价客体的核心性,即它们在各自领域中具备怎样的地位、等级和影响力。评价客体的创新潜力在以核心性测度为主导的评价体系中不能被充分体现出来,甚至被埋没或压制。例如,新的学科生长点往往出现在研究热点的边缘或多个研究领域的交叉地带,由于这些生长点在现有指标和可视化图谱上的显示度都比较低,就不易被识别和发现。再如,有研究表明,以核心性为基础的期刊排名对跨学科研究有负面效应。因此,有必要单独设立创新潜力测度指标,与核心性测度指标一起,更全面地为科研管理服务。

8.1.2 创新潜力评价研究

当前对于创新潜力指标的研究还比较少。钱玲飞提出以关键词交叉率来测度学科创新潜力,认为"主关键词的交叉情况可以反映学科内部不同研究领域的交叉情况,从而可以反映学科创新潜力",即交叉越多,创新潜力越大。该方法的理论前提与本研究相近,即占据优势资源的创新主体更具创新潜力。但是关键词交叉率指标只考虑了创新主体跨研究领域的数量,没有综合考虑跨界的程度和类型,指标内涵过于单一。

社会网络分析理论认为，网络结构对其中个体的成长、发展具有重要影响。在理论研究方面，结构洞理论创始人 Burt 认为，占据结构洞的行动者易于出现创新想法，因为处于该位置的个体通过信息过滤（information filtering）获得了更多竞争优势与创新能力；而媒介角色分析可以识别在子群内部或子群之间起到不同媒介作用的节点，其中子群间的边界跨越者通常是具有创造性的节点。对此，武夷山有更为精炼的表述，即"不同路径的交汇可能孕育创新"。在理论应用及实证研究方面，企业创新网络的研究表明，经理人掌握信息的新颖性和多样性关乎其职位的升降；跨学科研究认为，对于不同学科而言，学科之间交叉越多，越容易出新成果，学科创新潜力越强，对于学科内部而言，学科内部不同研究领域的交叉越多，该学科创新潜力越强。总之，理论研究和对社会网络、信息网络、技术网络和生物网络等复杂网络的实证研究方面的成果均表明，创新主体的创新潜力主要由其在网络结构中占有的优势位置和资源决定，边界跨越者和占据较多结构洞的个体更具有创新力。

　　据此，本章论述并实证用于度量网络结构洞和边界跨越者的结构洞理论和媒介角色分析可用于科研评价中对评价客体创新潜力的测度。测度时可依据相应的引文网络。引文网络遍布科学发展的足迹，体现了科学知识纵向的累积性、连续性和继承性，以及横向上多个学科之间广泛的交叉与渗透。去除引文网络中杂乱的脚印，所得到的主要结构即是科学发展的轨迹。另外，引文网络是复杂网络中信息网络的典型例子，非常适用于基于网络结构的分析算法。Burt 早在 1992 年就提出媒介角色分析能够用于引文网络。在国内，2011 年有学者提出可以将媒介角色理论运用于引文网络分析。

　　以下即采用结构洞理论和媒介角色分析两种网络结构算法，以作者为例，发现其引文网络中隐藏的结构，找出易于出现创新思想和成果的研究人员，提出且实证创新潜力测度指标，并阐明这两种指标的特性、关系和使用方式，强调两种指标应配合使用达成综合评价，而不仅仅是计算排名。

8.2　基于结构洞的创新潜力指标

8.2.1　结构洞理论

　　结构洞（structural holes）是 Ronald Burt 于 1992 年在弱关系理论的基础上提出的，该理论对个体在群体之中的关键位置进行了深入的解释，是研究如何有助于获取多样化知识和其他资源的理论之一,也是一种能够发现未知视野的工具,在组织创新和知识传递方面有很多研究。所谓结构洞是指社会网络中的某个或某些个体和有些个体发生直接联系,但与其他个体不发生直接联系或关系间断的现象,从网络整体看好像网络结构中出现了洞穴,其实质是研究两个关系人之间的非重复关系。非重复关系是说他们彼此之间没有直接联系,或一个人拥有的关系对另一个人而言具有排他性。

结构洞存在的条件与凝聚力和结构对等有关,其定义也表明,结构洞存在于这两个条件都缺失的地方。两个人如果拥有一样的关系人,他们在结构上就处于同等位置,不管结构对等的人们之间的关系如何,他们因为导向同样的信息资源而产生冗余,即信息相似。在凝聚力标准下,如果两个关系人之间是强关系的话,他们就是重复的关系人。强关系意味着缺乏结构洞。而如果两个关系人之间是非重复关系,他们各自占有的资源异质性较大,双方更可能拥有彼此稀缺又需要的信息。

结构对等是第二个测量结构洞的有用指标。凝聚力关注直接联系,结构对等关注对称的非直接联系。两个人如果拥有一样的关系人,他们在结构上就处于同等位置。如果从凝聚力的角度看是非重复的,但是每个人都把你导向远处的同一群人。那些人获得的信息,以及他们向之传递这些信息的人都重复了。由于所谓"结构对等"在现实生活中极少是完全等位的,人们只是或多或少地在结构上对等而已,因此凝聚力指标比结构对等指标更能确定是否存在结构洞。

结构洞在不同集中化程度的网络中表现形式不同,如图8.1所示。图8.1a网络是典型的"明星网络",中心节点与所有其他节点相连,而其他节点之间均无联系。因此,中心节点拥有所有其他节点之间的结构洞。此时,中心节点的信息收益和信息控制力是最强的。图8.1b网络是由5个小型网络组成的大型网络,每个小型网络都有一个中心节点,各个小型网络的中心节点又连接在一起,这样中心节点就在小型网络内部和大型网络之间拥有双重结构洞。图8.1c网络没有中心节点,所有节点均匀分布在网络中。因此,虽然也存在结构洞,但是由于任意一个结构洞之间的中介(agent)节点并不是唯一的,因此结构洞带来的收益也相对较弱。

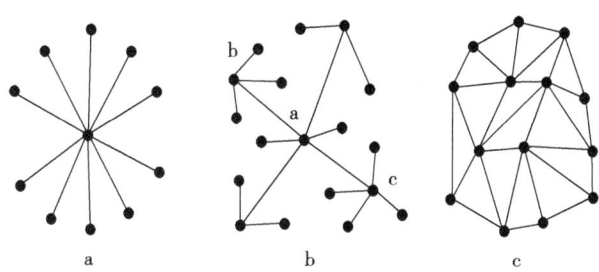

图 8.1　不同类型结构洞示意

在作者共被引网络中，结构洞表现为一个科学共同体内及不同科学共同体之间形成的空洞。在一个科学共同体内，作者之间存在密集的共被引关系，占据更多结构洞的作者占有更多研究领域的信息资源，其创新潜力更强，相当于图 8.1a 网络的弱化形式。而在科学共同体之间，共被引关系稀疏，只有少数作者跨越学科边界成为不同学科之间信息交流的桥梁，占据多学科知识背景，他们具有更强的创新潜力，更容易出新成果，相当于图 8.1b 网络的情况。此时，中心节点 a 不但占有本科学共同体内部的结构洞，而且占有本科学共同体所有节点与 b 所在科学共同体之间的跨学科结构洞，以及 b 所在科学共同体与 c 所在科学共同体之间的跨学科结构洞。正如 Burt 建议的，个体的最佳策略是在群体的结构网络中找寻结构洞，接着跨越结构洞，使原来没有关系的群体形成联结，而个体成为信息流动的媒介（Brokerage，或称中介）。

8.2.2　约束系数创新潜力指标

对于如何计算网络中各节点所占有的优势位置，Burt 提出了网络约束系数（Net Constraint index）。它描述的是网络中某个节点与其他节点直接或间接联系的紧密程度。系数越高，结构洞越少。拥有越低的结构洞约束系数的节点，越具有获取多样化知识的能力，是潜在的创新节点。计算步骤如下：

第一步，计算节点 i 与 j 相连受到的约束程度；

第二步，计算节点 i 受到的约束总和。

其中，q 为与 j 相连的第三方，P_{ij} 为 i 在 j 上花费的时间、精力等占其到所有相连的节点花费的总时间、精力等的比例，可以把它称为比例强度（proportional strength）。P_{iq} 是在节点 i 的全部关系中，投入 q 的关系占总关系的比例。当 j 是 i 的唯一连接节点时，C_{ij} 取最大值 1；当 j 不通过其他节点与 i 间接相连时，C_{ij} 取最小值 P_{ij}^2。约束系数 C_i 即 i 到与其连接的所有节点的约束值之和。

8.2.3 约束系数指标的计算与结果

借助 4.2 节经济学高被引作者的分群结果，确定各个作者子群的人员和边界。利用 Pajek 计算这些作者的约束系数，见表 8.1，绘制作者共被引网络结构洞分布图，见图 8.2。以约束系数的倒数表示节点大小以突出占据更多结构洞的作者，作者节点的颜色代表作者所在子群。

表 8.1 作者结构洞约束系数排序

排名	约束系数	作者	排名	约束系数	作者
1	0.088 223	刘树成	96	0.164 870	陆建桥
2	0.088 498	刘力	97	0.166 218	刘金全
3	0.088 530	樊纲	98	0.168 723	张春霖
4	0.089 403	陈小悦	99	0.168 986	林伯强
5	0.090 733	刘国光	100	0.171 939	李实
6	0.091 321	江小涓	101	0.178 659	钱小安
7	0.092 713	林毅夫	102	0.179 164	黄群慧
8	0.093 141	刘世锦	103	0.185 295	杨瑞龙
9	0.093 603	武剑	104	0.188 786	汪丁丁
10	0.095 125	周业安	105	0.207 261	张新
11	0.095 134	金碚	106	0.209 052	周其仁
12	0.096 835	陈晓	107	0.221 674	赵人伟
13	0.096 913	白重恩	108	0.253 833	何洁
14	0.097 906	袁志刚	109	0.315 060	鲁明泓
15	0.099 556	卫兴华	110	0.364 468	方竹兰

观察图表可以发现，约束系数很低的作者分为两类：一类是子群中的核心作者，如樊刚，林毅夫；另一类是处于子群交汇处的节点，其数量较多。他们在科学共同体中处于优势位置，占有更丰富、更多元的学科知识。而约束系数很高的作者是处于网络边缘或子群边缘，与其他子群无交汇的作者，如方竹兰、鲁明泓、何洁、赵人伟等。下面对这三种情况进行解释。

①对于处于子群交汇处的作者：约束系数最低的刘树成虽然在第一子群的负载值并不突出，但在因子 1、因子 3、因子 8 中的负载值都在 0.4 以上，其高被引论文涉及经济周期、金融、消费等，在众多作者的研究领域间形成

结构洞。其研究领域的多元化及其论文较高的参考价值使得他成了占有最多结构洞的研究者。与此相似，刘力在股票市场、金融理论、地区差异、对外贸易方面都有高被引的论文。同类典型的作者还有刘国光、江小娟。这些作者的特点是虽然并未成为某研究领域的核心作者，但是他们站在不同研究领域的交叉点上，其研究成果被广泛传播、引用，是具有创新潜力的群体。该群体的创造力在现有科研评价体系中易被低估。

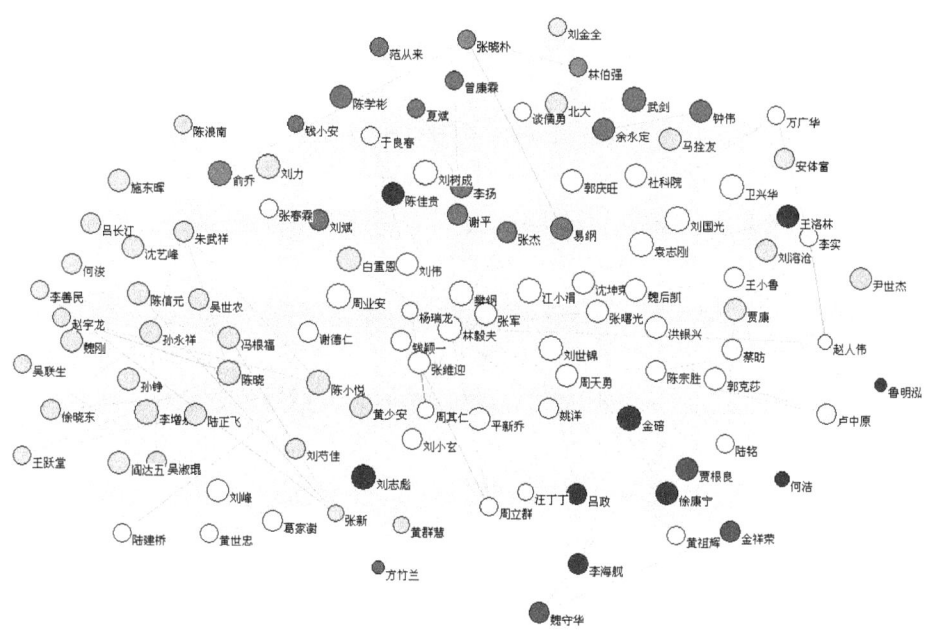

图 8.2　作者共被引网络结构洞分布

②对于处于子群核心的作者：樊钢是第一子群的核心作者之一，而且除了宏观经济研究以外，他在中小企业融资，银行体制改革，收支规范等与第三子群相近的领域也有高被引论文。而林毅夫在因子 1 中的负载值最高，达到了 0.92，他是整个共被引网络的核心作者，各子群作者与其共被引的概率都很高，很多作者与其产生共被引的次数都要高于他们与其他作者的共被引频次，因此他也拥有很多结构洞资源，约束系数较小。陈小悦的情况类似。这些作者的特点是他们既是某研究领域的核心作者，也对相关研究领域贡献颇大，是兼具影响力和创新潜力的作者。

③对于处于网络或子群边缘的作者：方竹兰、鲁明泓、何洁、赵人伟分别研究人力资源，投资环境，外国直接投资和收入分配，研究领域单一，研究范围相对狭窄，虽然被引频次不低，但在控制知识信息流方面比较被动，

共被引发生率较低,占据的结构洞较少,其研究成果还未有所突破。

8.3 基于媒介角色的创新潜力指标

8.3.1 媒介角色理论

对于结构洞的不同类型,可利用媒介角色理论(brokerage roles)进行精细的分析。媒介角色系数独具特色的地方是可以识别在子群内部或子群之间起到不同媒介作用的节点,其中包括对边界跨越者所做贡献的测度。那些从自己所在的子群连接到别的子群的节点往往在整个网络中发挥重要作用,这类节点被称为边界跨越者。他们通常是具有创造力的节点,因为他们能够从不同的群体中获得多方面的信息,因此能够综合不同的知识或思路形成新的创意。

媒介角色理论是基于桥连结发展起来的。所谓桥(bridge)是指连接那些不相连接的行动者的结构性位置。桥连结即为占据桥的行动者。媒介角色根据桥连结所属派系将代理行为分为5类,见图8.3所示的三方组。图中节点V是分析对象,轮廓线代表子群边界。该算法原理非常简单,就是计算网络中每个节点分别"扮演"这5种角色的频数。前两种角色是协调同一子群中信息交流的。其中"协调员"(coordinator)是指在同一子群内传递信息的中介角色,占据某科学共同体中的内部结构洞;而如果同一子群的两个节点通过子群外一点沟通信息,则该节点称为"巡回员"(itinerant broker),作为外部节点中介处于同一群体中的两个节点在科学知识共享中是低效的表现。后三种媒介角色是用来描述协调不同子群间成员信息交流的。一种是控制本子群信息流,作为"代表"(representative)与其他子群交流信息;另一种作为其子群的"守门员"(gatekeeper),控制群外信息的流入;最后是"联络员"(liaison),他协调不同子群成员的信息交换,但其本身不属于其中任何一个子群。

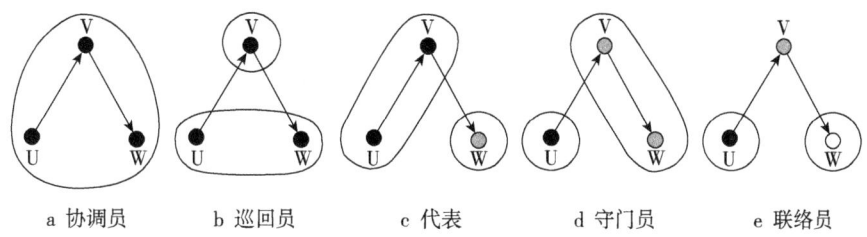

图 8.3 媒介的 5 种角色

8.3.2 媒介角色创新潜力指标

由于经常存在多重角色,所以判断一个网络或其中一个节点究竟属于什么媒介角色,可以参考以下两点:①一个网络中出现的占据多数的媒介角色可以用来表示这个网络的特征,同样,一个节点更多扮演的媒介角色可以用来表示这个节点在网络中的特征;②由于媒介角色的算法只累计角色出现的次数,因此不能说某种角色频次最高的节点就一定具备这种角色的功能,因为也有可能的情况是,与其直接相连的节点具有更加显著的其他角色特征,这会使得该节点的角色优势丧失。以下实证过程中,对 5 种媒介角色的具体分析就是遵循以上两点的。

8.3.3 媒介角色指标的计算与结果

由于在无向网络中,守门员和代表的角色是等同的,因此在本例中仅计算其中一种就可以了,可将这两种角色统称为"代表"。经统计,在作者共被引网络中,协调员的角色出现过 4810 次,巡回员 2922 次,代表 27809 次,联络员 20399 次。计算结果表明作者共被引网络中的信息媒介是以协调不同子群间的知识信息流通为主的,协调子群内信息流通的相对较少,经济学研究各研究领域互相渗透,交流情况较好。表 8.2 是各角色中最突出的 10 个节点。

表 8.2 角色排序

排序	协调员	频次	巡回员	频次	代表	频次	联络员	频次
1	樊纲	205	易纲	169	林毅夫	1416	林毅夫	1177
2	林毅夫	205	张杰	160	樊纲	1268	张维迎	1026
3	张军	189	谢平	157	张维迎	1264	樊纲	961
4	袁志刚	153	李扬	123	张军	1111	杨瑞龙	840
5	陈宗胜	148	张维迎	103	杨瑞龙	943	张军	816

续表

排序	协调员	频次	巡回员	频次	代表	频次	联络员	频次
6	钱颖一	145	马拴友	87	钱颖一	894	钱颖一	667
7	张维迎	143	林毅夫	81	陈小悦	739	谢平	655
8	张曙光	132	谢德仁	81	周其仁	665	谢德仁	552
9	蔡昉	131	张军	78	魏后凯	577	李扬	530
10	魏后凯	124	余永定	75	沈坤荣	573	张杰	513

角色总体分布图连线过于密集，无法辨清起到角色作用的结构洞，因此根据各角色特征通过缩减子群和提高连线阈值等办法得到简明清晰的媒介角色拓扑图，见图 8.4 至图 8.7。

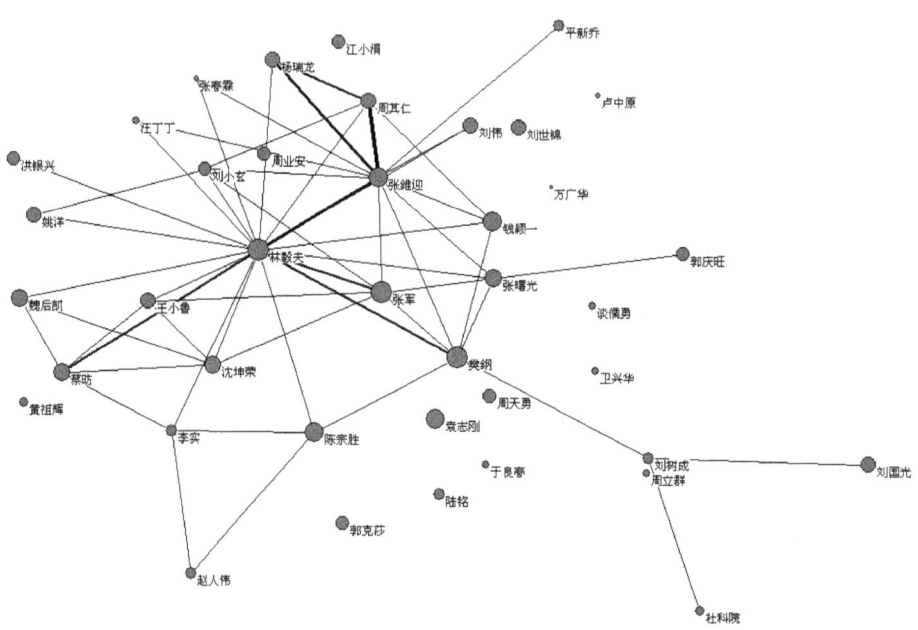

图 8.4 第一子群协调员角色拓扑结构

图 8.4 是协调员角色拓扑图。协调员指子群内的角色，又因为典型的协调员角色主要集中在第一子群，因此将第一子群从网络中抽取出来，删除了共被引频次小于 20 的连线，以便在局部网络内观察其拓扑结构。由于是赋值网络，较细的连线也可以看成是结构洞。如图可以直观地看到樊刚、林毅夫、张军、钱颖一和张维迎拥有最多的结构洞，而角色出现频率也很高的袁志钢在删除频次较低的连线后，拥有的结构洞数量为零，这说明他作为信息媒介

主要是以共被引比较广泛"取胜"的，研究主题比较分散（从其论文主题可以得到印证），固定的高频共被引作者较少。在同一研究领域中具有优势位置不足以说明其具有创新潜力，还需要参考其他类型角色的分析。

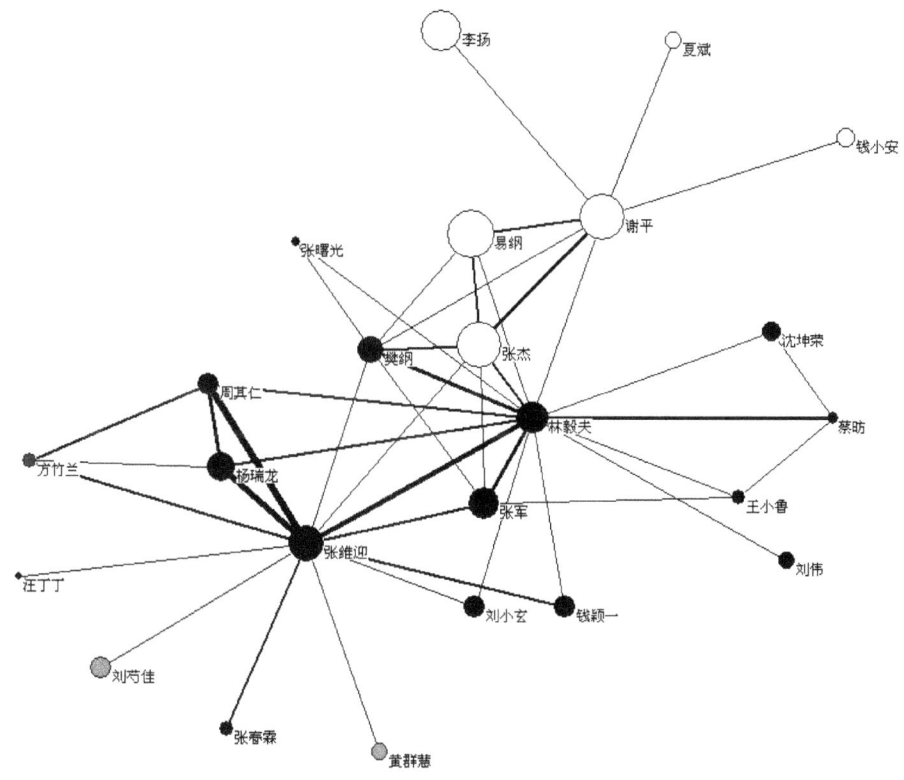

图 8.5　巡回员角色拓扑结构

巡回员角色出现频次最高的几位作者在第三子群。在删除了共被引频次小于 30 的连线后得到一个主成分，由图 8.5 可以初步判断：巡回员角色在该网络中确实不明显。几个角色频次最高的作者节点并没有在其他子群内部起到实质性的协调信息的作用。进一步分析，他们主要与第一子群的几位作者存在较高的共被引，但几位作者之间的连接比他们与"巡回员"的联系更加紧密。因此，在作者共被引网络中实际上不存在巡回员角色。这也说明了在经济学研究领域的知识流通过程中，不存在一个子群的作者为处于其他同一子群的两个作者疏通信息的不经济的情况。

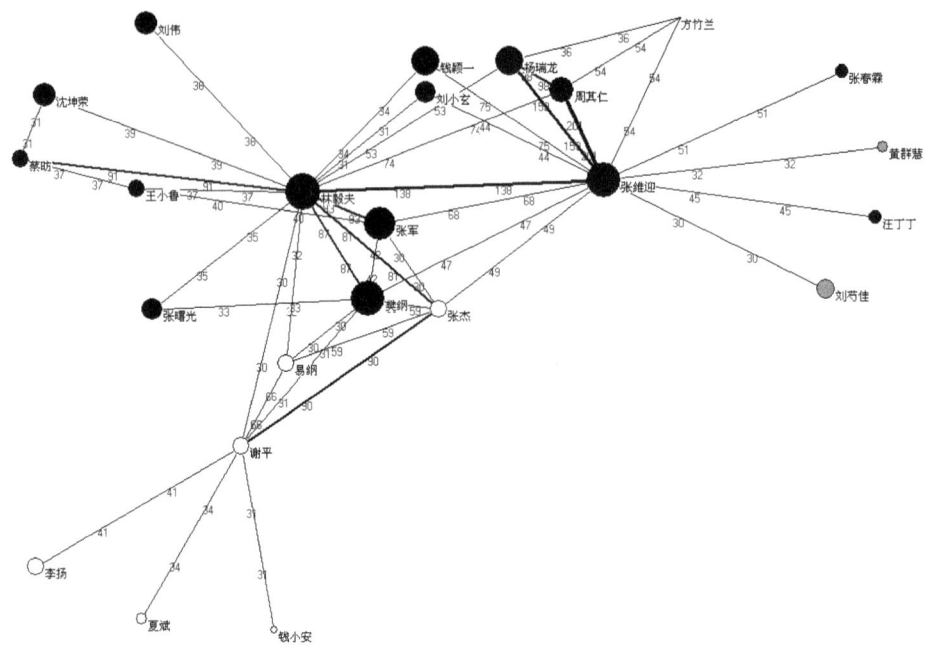

图 8.6 代表角色拓扑结构

用与图 8.5 相同的方法得到图 8.6，它们的节点与拓扑结构相同，节点大小代表的角色不同。代表主要集中在第一子群。从图 8.6 右侧可以看到，张维迎经常作为第一子群的代表通过黄群慧、刘芍佳与第二子群交流知识信息。或者说第二子群与第一子群的知识信息交流主要是通过张维迎进行的。在图 8.6 的反向对角线附近，第一子群以林毅夫、樊刚、张维迎和张军为代表向第三子群输出信息，反过来说，第三子群的信息主要是通过这 4 位作者传递到第一子群的。以上 4 位作者占据自身子群与其他子群之间的结构洞，是具有创新潜力的节点，其中张维迎尤为突出，与另外两个子群之间都形成了结构洞。

由于联络员角色考察的是占据各子群之间结构洞的情况，为清晰起见，将各子群成员收缩（shrink）为一个团体，每个子群用一个新的节点表示。删除共被引频次低于 30 的连线得到图 8.7（与删除共被引频次低于 20 的相同）。由于该角色的媒介系数相差过于悬殊，因此未设置节点大小。观察连线的粗细仍然可以清楚地看到第一子群作为联络人角色的突出地位，它占据着其他大部分子群之间的结构洞，占有率为 91%。即其他子群之间的结构洞数目为 35 个，而第一子群占据了 32 个。在第一子群的联络员角色中，林毅夫、张维迎、樊纲、杨瑞龙和张军起到了主要作用。综合代表与联络人两种协调不同子群间成员信息交流的媒介角色，林毅夫、张维迎、樊纲和张军是极具创新潜力的作者，参考其以往的学术贡献可以预见他们仍然会有高水平的研究成果问世。

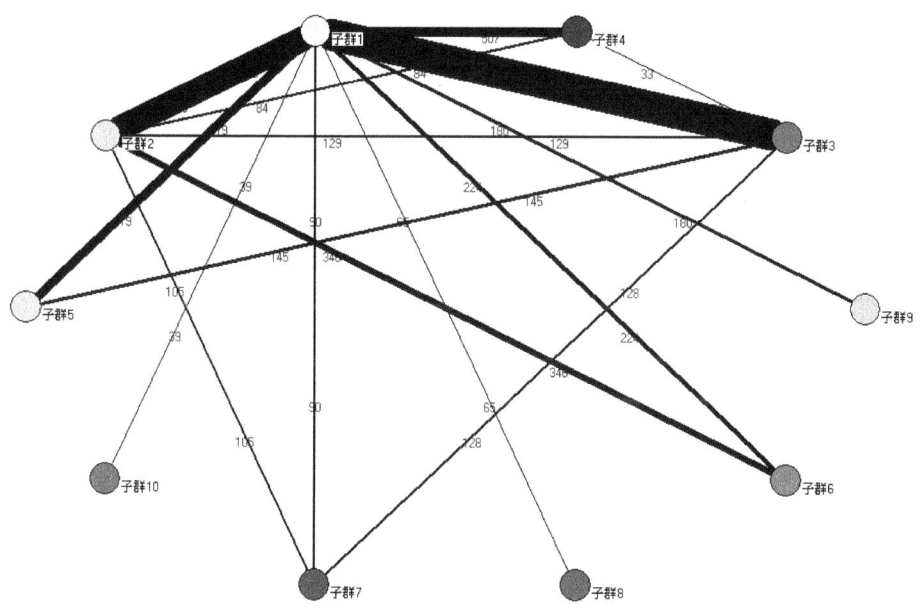

图 8.7 联络员角色拓扑结构

8.4 创新潜力指标的特性与使用

8.4.1 两种指标的特性与关系

正如无形学院的提出者戴安娜·克兰所说"各领域的领袖人物彼此之间通过非正式的途径、横跨整个学科进行信息的交流和传播，这就使他们能够追踪急速变化着的科学前沿"，而结构洞的存在可以帮助他们在整体环境中获得知识资源，为知识创新的群体或个人提供切入点。因此可以说，跨学科交流促生了研究领域新的生长点，而约束系数和媒介角色系数测度的即是节点跨学科的学科数量、程度和跨界类型，由此判断创新潜力的大小。

约束系数指标的特性在于它得出的是一个单一数值，而计算公式已经将跨界类型、跨学科的数量和程度包含其中。这就使得在科研评价中，约束系数既是一个较全面的综合评价指标，又是一个可以排名、便于利用的指标。媒介角色系数的特性在于，可以细分跨界类型，给出更加深入、具体的综合评价。其中，协调人角色作为圈内中介者，不具有判断创新潜力的功能，但是如果网络节点为各学科领域，则功能上等同于联络人角色。桥接人角色在引文网络中显示的是低效的网络结构，非常少见。因此，在测度创新潜力时，需要考虑的媒介角色只有三种：发言人、守门人和联络人。如果是双向或无向引文网络，则只需要计算代表（发言人/守门人）和联络人角色就可以了。

两种指标的关系可做如下表述：无论是哪种媒介角色，都已经包含在结构洞约束系数的计算中了；要细分网络或节点的结构洞类型，需要借助媒介角色分析。例如，图8.1b的结构洞中就包含了协调人、发言人、守门人和联络人4种角色。

另外，从实证过程中可以看出，约束系数指标排名在前者不一定是核心人物，这就挖掘出了那些显示度不高但具有创新潜力的作者。而媒介角色系数最终得出的极具创新潜力的作者却是众所周知的。究其原因在于，媒介角色分析是以自我中心网络（ego networks）为取向的。一个行动者及其所有邻点所构成的网络称为这个行动者的自我中心网络。因此，应将需要分析的节点的自我中心网络从整体网络中提取出来再进行媒介角色分析。以上的实证证明将媒介角色分析应用于整体网络只适用于判断该网络的特征，而不适于测度作者的创新潜力，否则得出的结果将集中于网络中的核心人物，失去作为创新潜力指标的意义。

8.4.2 两种指标的使用方式

根据实证过程和指标特性，总结这两个指标的使用方式如下：

①两个指标既适用于有向网络，也适用于无向网络，在期刊互引网络、作者共被引网络等引文网络中均可使用，对于学科、作者、机构等的创新潜力均可测度。

②无论是约束系数还是媒介角色系数，都要求群体边界较为清晰。其中节点所居位置的重要程度很大部分取决于网络分群情况。因此可以借助因子分析进行分群。之所以选择因子分析，是因为"在多元统计分析方法中，因子分析所提供的分类比聚类和多维尺度更为细致、精确，可以知道每个作者在各个因子中的负载值"，并且与社会网络分析中的位置分析（positions analysis）相比，对于研究领域比较独特的作者，因子分析不会将其强行归入某类，而是显示其在某因子中的负载值。

③两种指标配合使用达成综合评价。需要说明的是，评价不仅仅指排名，排名只是展示评价结果的方式之一。有些评价适合在定量分析的基础上采取定性描述的方式来表达。具体过程可以是：首先，计算约束系数，该指标生成的数值结果可用于科研评价中传统的显示方式——排名；其次，从网络中抽取排名较前或需要进一步分析者进行基于自我中心网络的媒介角色分析，来确定这些节点指标得分的实际意义，以便进一步确定其创新潜力大小及创新点所在；最后，基于以上分析对筛选出的具有创新潜力的节点进行综合评价，从而获得与排名相比，更加客观、具体的评价结果。

8.4.3 创新潜力指标的应用前景

"对于专业职位的可获得性和对承认的渴求，使得科学家们不去进入学科的边缘领域。这些领域有受到冷落的倾向，因为科学家们似乎更愿意从事对其学科来说是中心的研究，从而得到奖励。"因此，如果希望科学研究能够产生更多的创新成果，那么科研评价体系就必须具有包容性和扩展的能力，以便吸收创新并允许甚至鼓励其发展。当前的科研评价指标，仍然以数量为主要统计特征，虽然通过改善数据显示方式，以及利用知识图谱等减轻了认知负担，但是那些易于出现创新思想和成果的研究人员往往被淹没在大量繁杂的数据中。结构洞理论和媒介角色分析采用一种有效的分析角度——结构角度，提供了一种能够发现未知视野的工具。

2011年，肖宇锋就提到了可以将媒介角色理论运用于引文网络分析，但是认为由于牵涉到5种角色各自的划分依据和归属问题，因此目前媒介角色分析用于引文网络中的研究仍以理论为主。在当前的大数据环境下，随着数据挖掘技术的不断提升，引文网络的构建更加容易，另外网络分群问题也可借助因子分析等方法解决。而本节不仅从理论上，并且从实证上证明了约束系数和媒介角色系数两个创新潜力指标的适用性和实用性。需要说明的是，虽然这两种创新潜力指标能够揭示网络中有利的知识获取位置，定位具有创新潜力的评价客体，但是验证其是否对科学研究产出有重大贡献，是需要进一步研究的课题。

第九章 科研评价维度

在当前的科研评价指标体系中，无论是科研成果、科研人员、科研机构，还是学术期刊的评价指标，均是围绕着测度评价客体的"影响力"展开的，而同行评议也存在同样的问题。"它可能对影响力而不是'真实的'科学质量更敏感"，受到学者声望、以往成就、刊物级别、出版平台、获奖等一系列外在标识的影响。长期采用单一评价维度，对学术风气的负向驱动已经十分明显。例如，为提高指标值，个人、研究团队、期刊的过度自引和不当他引已经成为危害学术规范的暗流。又如，为片面追求影响力，各学科领域不断掀起概念炒作和跟风研究的热潮。再如，近年来论文造假事件和手段不断升级，论文造假产业也不断壮大。

实际上，科研成果在科学发展过程中所起到的作用是多元的，而科研评价体系应囊括其中的主要维度。如此，不仅能较为真实地反映评价客体对科学的推进，而且不同维度相互制约，形成立体、客观的评价结果，有利于将各学术主体的行为导向规范。为此，构建科研评价中的主要维度是科研评价研究中的重要议题。

9.1 科研评价基本维度

9.1.1 创新力维度

科学发展的原动力是科研创新力；科学发展路径由高创新力成果所标记；科学发展过程表现为科研创新与扩散及再创新与再扩散的循环往复和交叉重叠。因此，从维护、促进科学发展的角度来说，科研评价中最重要的评价维度就是创新力维度。然而，由于同行评议自身的局限及影响力指标的易得，创新力评价维度始终模糊不清，难以确立。半个多世纪以来，越来越多的研究、调查揭示：科学突破往往需要经过很长时间才能被广泛接受。最好的例证莫如诺贝尔奖（以下简称"诺奖"）奖励的常常是几十年前的成果，而诺奖级成果常遭到拒稿和发表后的冷遇。据研究，Web of Science 数据库中，睡美人文献存在概率不足1%，而在诺奖获奖者的论文中，睡美人文献存在概率约为20%。虽然这些成果后来获得了认可，但很难估计有多少潜在的重要发现因其价值没有得到及时认可而不得不中断。

原始创新、超前创新或曰突破性成果遭遇科学共同体的排斥或抵制，是由于其跃出了现有的学术范式。每个科学领域都会对所研究的复杂内容做一些简单假设，并将其纳入指导该领域进行研究的学术范式中。这些范式为学者提供连贯的研究方向，降低研究过程中出现的大量不确定性，但是同时也形成了一系列假设、概念和偏见，并使之标准化。"科学家们通常意识不到这些假设的存在，即使它们已经影响到一些重要的因素，例如，研究了什么，忽略了什么，以及哪些研究方法应该受到重视，哪些应该遭到摒弃。"因此，当一个科学家遵循一个理论范式时，他的理性盲点会妨碍他看到真实情况。并且，这些东西一旦存在，就很难被认识到并加以克服。而创新者一直在领域的薄弱环节处工作，在"无疑处有疑"。正如诺贝尔物理学奖得主丁肇中多次指出的："科学是多数服从少数，只有少数人把多数人的观念推翻以后，科学才能向前发展。因此，专家评审并不是绝对有用的，因为专家评审是依靠现有的知识，而科学的进展是推翻现有的知识。"诺贝尔生理学或医学奖得主 S. Prusiner 也认为"虽然科学家对不符合公认的科学知识领域内的新理念持怀疑态度是很合理的，但是最好的科学发现通常来自并不符合公认范式的实验结果"。

近年，在测度评价客体创新力方面的研究有所进展。例如，"成功论文"（successful paper）的界定方式，以"关键词交叉率"测度学科创新潜力，基于网络结构变化的"变革性潜能指标"，根据结构洞理论衍生的"创新潜力指标"及判断成果创新力的 S 指数等。相对于已经较为成熟的影响力指标体系，创新力相关指标的研究还很少，也没有指标进入常规的科研评价体系。

9.1.2 影响力维度

当前，常用的科研评价指标均属于影响力维度。例如，评价期刊的影响因子 IF、评价成果的被引量指标、用来考察科研人员高被引论文数的 h 指数及这些指标的改进形式，包括特征因子、引用中位数、Nature Index、Google Scholar Metric 的 h5、众多的 h 类型指数等。在同行评议中，提供给评议专家用于辅助判断的成果发表平台、论文转载和获奖情况等也反映的是影响力维度。评价客体的影响力对于科学发展有巨大推动作用。然而，如果仅仅关注影响力维度，科研评价就无法打开新局面。

影响力的形成是"信息觅食"的结果。在科学发现中找出具有创新性的想法就像是觅食。科研人员作为知识的觅食者和创造者，要找的是一个新想法、新理论或者科学争论中的一个新证据，因此，就涉及对前沿领域、相关知识的识别。同时，还要考虑时间、精力及其他资源的投入成本，而且要承担预期收益的不确定性。觅食过程可以表述为：科研人员对多个主题、领域的成果进行评估，判断哪一项研究更值得关注，并决定探索该领域所应投入的时间。而最优觅食，即最大限度地提高所获收益与所付出的成本之比。从收益考虑，那些具有现实意义的创新成果无疑大大增加了预期收益。因此，如果一项创新有利于解决当前社会面临的紧要问题，则更容易被发现、被发展，从而被快速地传播、扩散，衍生一系列相关的创新性成果，逐渐或迅速地形成研究热点，产生热点文献和舆论领袖，形成影响力。从成本考虑，主要方面包括创新与现存观念的相容性、技术可行性、易获得性、易理解的程度、经济因素等。因此，一些目前不具备充足的社会、经济、技术条件来实现的创新可能被觅食者放弃，而一些颠覆当前学术范式、难以被科学共同体接受的创新更加不易扩散，无法在短时期内形成影响力。科研人员普遍采取最优觅食决策就会有选择地触发创新。一些创新成果，会被大量前来觅食的科学家选定，汇集成新的密集知识流，从而在宏观上涌现科学知识结构的变迁，即知识领域的扩张或新的知识领域的诞生及核心研究领域的迁移。

影响力与创新力之间的关系颇为微妙。通过对影响力形成过程的分析，可见二者的联系体现在：创新力虽然从成果完成之时就完整地蕴含在成果之中，但是创新力的彰显是随着成果被理解，继而被传播、被利用而逐渐展开的。因此，一方面，影响力不能代表创新力，但是可以用影响力指数的增长情况表达成果创新力被认可的情况；另一方面，成果创新力不能决定其影响力指数最终的大小，因为影响力不完全是由成果的创新力引起的，还受到其他诸多因素的影响，包括作者声誉、发表平台、可见度、语种、表达技巧、学科属性、创新扩散阶段等。基于以上原因，甚至一些对社会发展有着重大意义的创新成果仍然有可能被埋没，造成"迟滞承认"。例如，青蒿素的发现，从其研究成果的首发到被国际学术界认可就历经了几十年的时间。

影响力维度的评价指标较为丰富，但是对于评价结果的解释需要进一步澄清。在科研评价相关研究中，存在将影响力与创新力混为一谈，用影响力指标（如影响因子、被引量等）来说明创新力的情况。实际上，有影响力的成果，其创新力不一定高；同样，创新力高的成果，在一定时期内，其影响力也不一定高。《英国医学杂志》主编 F. Godlee 认为，一篇质量非常高的生物技术研究论文可能因为不符合杂志发表范围被直接拒稿，而且论文引用多少不能作为论文质量的标准。《自然》杂志也发现被引用次数最高的科学论文基本是一些方法类论文，而不是真正的科学突破。

9.1.3 传承力维度

没有传承，就没有创新。虽然具有创新力的成果必然具有新颖性，或曰独创性，甚至是史无前例的变革性研究，但是"创新并非真的是无中生有，而是将一些风马牛不相及的知识领域联系在一起形成的独创性研究"。科学作为一个整体，其中每个学科领域的增长都十分重要，正是因为"发现了在旧领域中的纽带和联系"导致了"新的领域不断出现"。具有传承力的成果形成各个研究领域的主要脉络，而在不同脉络节点上的链接促生了科研创新。因此，科研成果乃至学术流派的传承力是科学发展和科研创新的基石。而出版机构、科研机构甚至国家地区对于学术传承所起到的作用也值得深究。

对于成果传承力的讨论由来已久。克兰提出"倒金字塔"现象，认为主要的创新在一个领域的全部历史中不断出现，然而，这些成果是通过对这一领域早期论文的引证而联系起来的。大量论文都直接或间接地与处于塔顶的几篇论文发生联系。此外，在每一组新发表的论文的参考文献中，大约有一半使这些论文和早些时候的一小组出版物联系起来，这些出版物中的大多数和引证它们的论文在时间上是很接近的；另一半参考文献，显然是任意地把这些论文与科学文献中范围很广的一部分联系起来。加菲尔德的实证未将样本限定在单一领域，而是对有关遗传密码的多个研究领域的引证作分析，同样也验证了把论文联系起来的传承路径。

时至今日，科学家们越来越倾向于引用新近的研究成果，针对老成果是否在加速淘汰的话题，谷歌学术搜索研究团队在分析了其自有的大量论文索引后发现：引文比原文至少晚 10 年的论文比例呈稳定上升趋势，从 1990 年的 28% 上升到 2013 年的 36%。这一趋势在九大研究领域中占到 7 个，并占

261项主题中的231项。因此，尽管每年学术期刊及发表的科研论文数量均呈现出巨大增长，但科学家的集体记忆仍在向历史深处蔓延。而其余淘汰率稳步增加的30项主题通常是那些在过去20年中新近成为主流研究领域的学科，如纳米科技和艾滋病病毒。这些研究领域还没有足够的历史积淀可以被引用。

9.1.4 "三力"维度模型

科研评价维度的构建应基于对科学发展过程本质的认识，并对有利于科学发展的主要方面进行提炼，使之成为科研评价体系中相互促进，且互为制约的多元评价维度。科研发展过程是由科研创新和创新扩散相继发生后共同推动的。根据上文对科研创新力、影响力、传承力的解读可知：科学的演进依靠高创新力成果的产生，借助高影响力成果加速，通过高传承力成果形成脉络，由脉络间的链接激发新一轮创新。因此，基于科学发展过程，可以形成"创新力—影响力—传承力"的科研评价维度。维度构建的基础和3个维度之间的关系如图9.1所示。

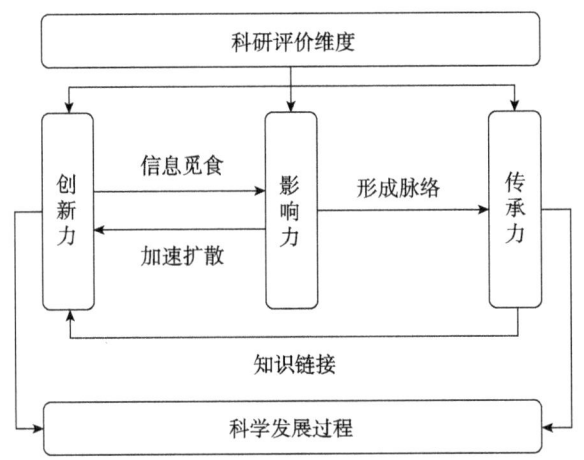

图9.1 科研评价维度构建模型

其中，创新力维度的确立，将提高创新成果的预期收益，降低信息觅食成本，有利于科研人员在信息觅食中触发更多、更前沿的科研创新，从而加速创新成果的产生及扩散，缩短科研创新周期，激发科研创新领域，助力我国科研创新进入快车道。传承力维度的确立，不但是对那些在科学发展史上做出贡献的科研主体的明确认可，而且可以标记各个学科领域的增长与变革、萎缩与转移、融合与分离，为创新主体在不同层次和领域的知识版图中跨越边界、激发创新提供标志物。创新力和传承力维度的确立将使得影响力维度的内涵更加清晰，指向更加明确，便于澄清影响力指标在科研质量和学术水平评价中遭受的质疑。

9.2 科研成果多维评价

9.2.1 多维评价指数选择及计算

科研成果评价是一切科研评价的基础。因此，以成果评价为例，分别选取能够表征科研成果创新力、影响力、传承力三个维度的常用或适当的指标进行实证。

结构洞理论是一项重要的科研创新，发端于社会学，在商业与经济学领域得到深入研究与应用，并对社会科学领域有着广泛渗透。借助该项创新 20 多年中发展累积的成果进行实证。除了 R. Burt 提出结构洞概念的著作 *Structural Holes: The Social Structure of Competition* 以外，在 Web of Science 平台的 SSCI 数据库以"structur* hole*"为检索词进行主题检索，限定文献类型为 ARTICLE 或 REVIEW，时间跨度为 1992—2015 年，结果命中文献 581 篇。这 582 篇论著构成的引文网络共有 3309 条弧、10 个孤立点。单独考察孤立点文献，发现结构洞理论在其中均为次要主题。因此，样本确定为构成连通网络的 572 个成果。

一项成功的扩散，其完整过程包括 4 个阶段：起步、起飞、成熟和衰退。结构洞理论的扩散曲线见图 9.2。其中，X 轴表示创新扩散年代，Y 轴表示创新的累积成果数。该 S 形曲线在 2007 年的扩散加速度（diffusion acceleration）增量最大，而于 2014 年达到扩散速度（diffusion rate）的最大值 74，形成了 S 形曲线的一阶拐点。因此，可以认为 1992—2006 年为结构洞理论扩散的起步阶段，2007—2014 年为起飞阶段。如果 2015 年以后的扩散速度不再高于之前年份，则结构洞理论扩散的成熟阶段可自 2015 年始。

影响力维度采用被引量作为测度指标。被引量通常被视为测度学术出版物影响力的合理指标，至少可以用来体现同行科学家对其关注的程度。创新力维度采用专门测度成果创新力的 S 指数。传承力则利用"遍历权值"（traversal weight）得出。

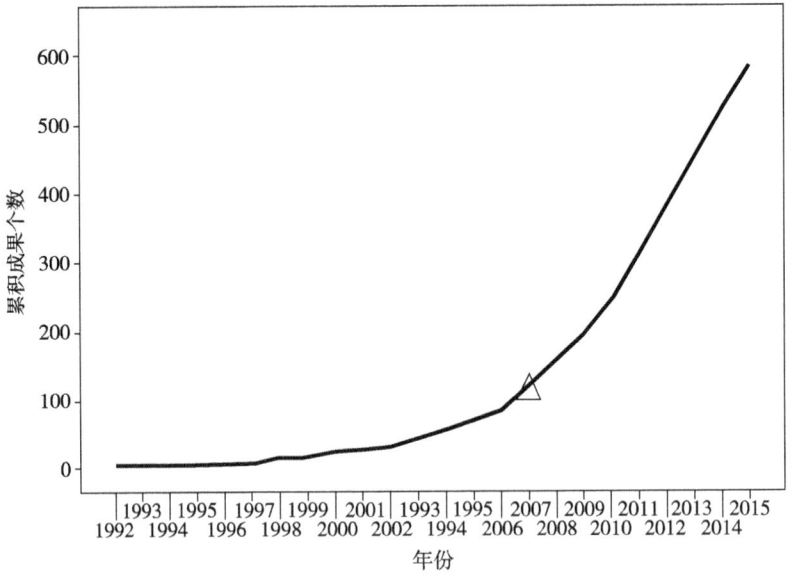

图 9.2　结构洞理论扩散曲线

9.2.2　多维指数相关性分析

572 篇成果在 2015 年的 S 指数、被引量和遍历权值的排序对比见表 9.1，散点图见图 9.3。Pearson 相关分析显示 3 种指标在 p 为 0.01 的水平上两两显著相关。其中，S 指数与被引量的相关系数为 -0.468。相关系数不高的原因在图 9.3 中有所揭示，即创新力高的成果，其影响力不一定高，甚至有可能很低；反之，影响力低的成果，其创新力有可能很高。被引量和遍历权值的相关系数较高，为 0.731。由散点图可知，大量成果的影响力和传承力都处于低位；而高影响力成果，其传承力大多也高；还有部分影响力中等的成果同时拥有中等水平的传承力。以上情况导致了两种指标的高度相关。而不相关的部分在于：一些影响力或传承力处于中等水平的成果，其传承力或影响力较低。相关系数最低的是 S 指数与遍历权值，为 -0.372。散点图显示，在高创新力成果中，其传承力从高到低均有分布。

表 9.1　创新力、影响力、传承力维度指数

排名	文献编号	S 指数	文献编号	被引量	文献编号	遍历权值
1	0	0.000 000	0	432	0	0.999 987
2	4	0.006 289	20	266	16	0.710 428
3	20	0.011 152	48	214	48	0.466 205

续表

排名	文献编号	S 指数	文献编号	被引量	文献编号	遍历权值
4	5	0.016 260	4	158	5	0.380 830
5	18	0.024 194	5	121	41	0.334 132
6	48	0.031 674	18	121	2	0.296 386
7	62	0.040 650	62	118	17	0.295 051
8	6	0.045 455	55	99	55	0.254 614
9	23	0.051 724	16	82	193	0.227 538
10	12	0.055 556	23	55	10	0.209 430
11	8	0.056 604	8	50	165	0.160 959
12	55	0.066 038	42	45	8	0.160 839
13	34	0.069 767	165	43	89	0.144 039
14	70	0.076 923	34	40	60	0.141 457
15	42	0.081 633	89	37	242	0.137 528
16	21	0.083 333	70	36	74	0.120 023
17	54	0.083 333	27	32	345	0.107 090
18	27	0.085 714	64	29	3	0.105 808
19	64	0.093 750	146	29	329	0.101 905
20	16	0.098 901	74	28	15	0.101 704

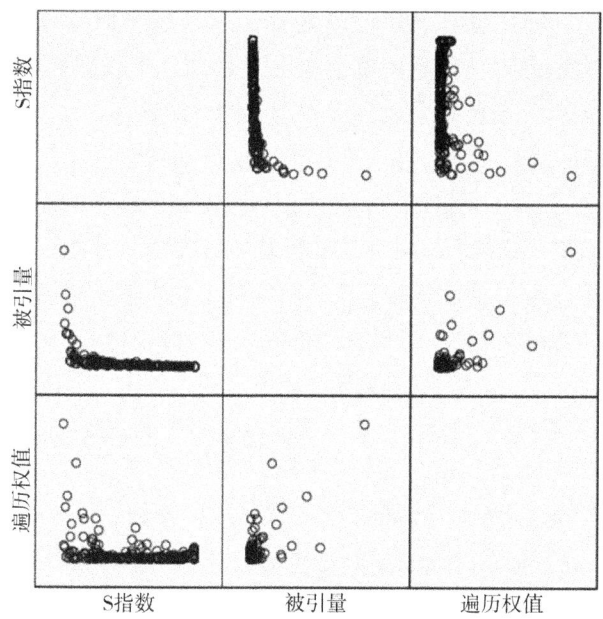

图9.3 创新力、影响力、传承力维度指数散点图矩阵

9.2.3 多维指数关联评价

若将一项评价客体 3 个维度的指数排名做相对高、低之分，则"创新力 – 影响力 – 传承力"关联评价可能出现 $2^3=8$ 种结果，如表 9.2 所示。

表 9.2 "创新力 – 影响力 – 传承力"关联评价结果类型

维度	一	二	三	四	五	六	七	八
创新力	高	高	高	高	低	低	低	低
影响力	高	高	低	低	低	低	高	高
传承力	高	低	高	低	低	高	低	高

根据发生概率，这结果可分为 5 种情况。

①在一个研究领域中，大部分成果处于低水平的第五类，在任何评价维度中没有显示度。如在本例的 572 篇论著中，有 307 篇的 S 指数为 1，被引量为 0，遍历权值接近 0。

②在一个研究领域中，会有极少部分的成果属于第一类，它们在各个评价维度中均处于高水平状态。如结构洞理论的开山之作文献 0，以及文献 5、8、48 等在理论、应用创新、领域影响和学术传承方面均发挥了重大作用。这类成果在现有的各评价体系中都会被凸显。而且不仅其影响力在评价指标中被彰显，其创新力与传承力也会得到同行的普遍认可。

③第二、四、六、八类成果时有出现。现分别举例说明其原因。G. Walker 于 1997 年发表的文献 4 是将结构洞理论引入商业与经济学的开创性成果，创新力排名第二，仅次于文献 0，同时，影响力排名第四，而其传承力仅排第二十二名，相对较低。部分原因是由于 R. Burt 于同年也发表了将结构洞理论运用于商业与经济学领域的文献 5。虽然文献 5 在创新力和影响力方面的排名为第四和第五，都低于文献 4，但它的传承力排名第四，在很大程度上分流了文献 4 的传承作用，见图 9.4。因此，可以认为文献 5 属于第一类成果，而文献 4 属于第二类成果。

与此类似，文献 20 和 55 的研究主题都是企业创新，均为在商业与经济学领域研究中起到枢纽作用的关键成果。文献 20 发表于 2000 年，承接 R. Burt 和 G. Walker 对结构洞理论在社会学和商业与经济学中应用的研究，被包括文献 55 在内的商业与经济学文献引用。但是，该文献在该领域的创新扩散中仅起到了阶段性作用，其地位随后被 2005 年发表的文献 55 所取代。

随着 2007 年结构洞理论创新扩散起飞阶段的到来，文献 55 被广泛引用，并孕育了近年来在该领域产生重要影响的文献 193。因此，文献 20 属于第二类成果，文献 55 属于第一类成果，而文献 193 为第八类成果。

R. Burt 于 2000 年发表的文献 16 也属于第八类成果。它拥有第二大遍历权值 0.710 428，仅小于文献 0 的 0.999 987。该文对于结构洞理论在商业与经济学领域的迅速扩散起到重要作用，具有极高的传承力。然而，其创新力排名第二十，并非开创性成果。

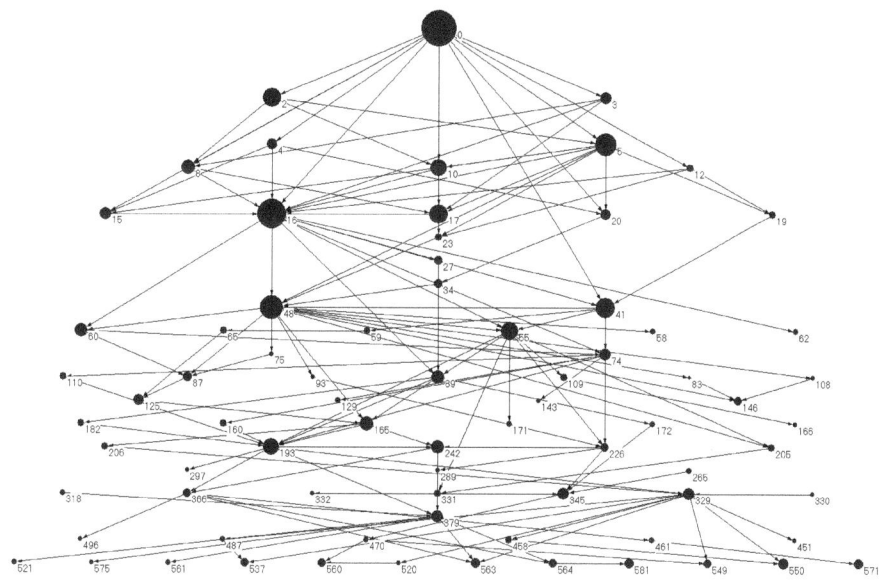

注：节点大小根据遍历权值设定

图 9.4　结构洞理论扩散主路径

第六类成果如 2007 年发表的文献 87。它是商业与经济学和心理学方面的跨学科研究，在该主题研究中起到承上启下的作用，但它并不像文献 27 和 50 那样是该主题领域的开创性研究。3 个维度的指数显示文献 87 是第六类成果。

第四类成果是具有潜在影响力的成果，是在当前科研评价体系中容易被忽视而具有价值的成果类型。其影响力和传承力相对于创新力而言处于低位。这类成果的极端例子就是"睡美人"文献。本例中，文献 438 的 S 指数为 0.2，创新力排名 33，属于前 5.77%，而其被引量仅为 4，传承力排名为倒数 5.42%，是典型的第四类成果。这篇发表于 2013 年的文献，研究嵌入性网络对于科研产出数量和质量的影响。虽然其并非嵌入性网络的开创性研究，但却是嵌入性网络在科研评价领域的创新应用,是潜在的科研生长点,非常值得关注。类似的还有文献 106、43 等。

④第三类成果极少出现。这一情况仅发生于原始创新成果,并仅发生在创新扩散的起步阶段。原始创新往往跃出当前的学科范式,不易被科学共同体理解,在产生之初默默无闻,因而往往在发表后的较长时间内处于高创新力、低影响力的状态。同时,局部的小范围扩散使得原始创新成果的传承力指标始终处于高位。例如文献 0,是 R. Burt 于 1992 年提出"结构洞"概念的著作。其 S 指数自始为 0,提示其为原始创新成果;遍历权值自始为 1,2009 年以后约为 0.99,一直处于高位。然而在该著作发表后的 5 年中,相关论文仅有两篇,且是 R. Burt 自己发表的。直到 1997 年才有其他研究者引用文献 0。此后历年的被引量也很小,至 2007 年才有较大突破。因此,文献 0 在发表后的 10 多年中是典型的第三类成果,即同时具有高创新力、高传承力和很低或相对较低的影响力。

⑤第七类成果几乎不会出现。创新力和传承力均低的成果,其影响力不可能高。

成果的关联评价结果类型可能随时间发生改变。例如,在发表 15 年后,文献 0 的创新力被越来越多的同行认可,带来影响力的显著增长,由此从第三类成果转变成为第一类成果。再如文献 438,当前属于第四类成果,具备高创新力和相对较低的影响力、传承力。随着时间推移,其影响力可能会进一步提高,转变成为第二类成果,甚至第一类成果。因此,关联评价结果类型可能会改变这一情况,这是由成果影响力和传承力的滞后性造成的。

9.2.4　基于扩散阶段的融合评价

"在不同的扩散阶段会产生不同性质的创新成果。一般来说,开创性成果大部分是在起步阶段完成的;起飞阶段可能发生创新在各学科领域的大范围扩散;成熟阶段的应用创新成果较多;衰退阶段的高创新力成果往往预示新研究领域的诞生或研究范式的转变。"因此,有必要进行评价维度与扩散阶段的融合评价,以便筛选出不同扩散阶段的优秀成果。本例中,1992—2006 年的 78 篇论著为起步阶段成果,2007—2014 年的 432 篇论文属于起飞阶段成果。这两个阶段各自的关联评价指数排名见表 9.3、表 9.4。

表9.3 起步阶段关联评价指数

排名	文献编号	S指数	文献编号	被引量	文献编号	遍历权值
1	0	0.000 000	0	432	0	0.999 987
2	4	0.006 289	20	266	16	0.710 428
3	20	0.011 152	48	214	48	0.466 205
4	5	0.016 260	4	158	5	0.380 830
5	18	0.024 194	5	121	41	0.334 132
6	48	0.031 674	18	121	2	0.296 386
7	62	0.040 650	62	118	17	0.295 051
8	6	0.045 455	55	99	55	0.254 614
9	23	0.051 724	16	82	10	0.209 430
10	12	0.055 556	23	55	8	0.160 839
11	8	0.056 604	8	50	60	0.141 457
12	55	0.066 038	42	45	74	0.120 023
13	34	0.069 767	34	40	3	0.105 808
14	70	0.076 923	70	36	15	0.101 704
15	42	0.081 633	27	32	4	0.096 650
16	21	0.083 333	64	29	20	0.083 059
17	54	0.083 333	74	28	34	0.053 538
18	27	0.085 714	17	26	27	0.048 687
19	64	0.093 750	60	24	65	0.041 396
20	16	0.098 901	22	23	23	0.041 344

表9.4 起飞阶段关联评价指数

排名	文献编号	S指数	文献编号	被引量	文献编号	遍历权值
1	108	0.142 857	165	43	193	0.227 538
2	165	0.156 863	89	37	165	0.160 959
3	106	0.200 000	146	29	89	0.144 039
4	438	0.200 000	205	23	242	0.137 528
5	109	0.214 286	109	22	345	0.107 090
6	171	0.217 391	129	22	329	0.101 905
7	89	0.229 167	153	19	379	0.100 372
8	185	0.230 769	108	18	125	0.080 931

续表

排名	文献编号	S 指数	文献编号	被引量	文献编号	遍历权值
9	205	0.233 333	171	18	87	0.070 108
10	147	0.235 294	193	18	226	0.057 857
11	146	0.236 842	97	16	366	0.056 429
12	153	0.240 000	134	16	146	0.047 060
13	87	0.250 000	283	16	331	0.046 795
14	111	0.250 000	110	15	206	0.043 597
15	140	0.250 000	127	15	458	0.039 826
16	97	0.272 727	140	15	205	0.039 389
17	187	0.272 727	166	15	110	0.038 016
18	101	0.285 714	172	15	160	0.037 961
19	110	0.285 714	227	14	182	0.037 875
20	127	0.285 714	143	13	109	0.034 302

对比表9.1、表9.3、表9.4可见，表9.1和表9.3的区别不大，而和表9.4的区别很大。因此，区分扩散阶段的关联评价至少可以避免其他阶段的重要成果被起步阶段的开创性成果所淹没。举例如下：①起飞阶段创新力最高的两篇文献是108和165（S指数均小于0.2），它们都是结构洞理论扩散到商业与经济学后，在理论方面的重要发展。尤其是文献165，它在3个维度的关联评价中居于一、二名的位置，是起飞阶段最显著的第一类成果。它论述结构洞的形成，阐明网络结构的涌现来自"结构约束"和"网络机会"这两种互补力量的相互作用。然而，如果不进行划分扩散阶段的评价，仅采用表9.1作为参考，则文献165的重要性并不明显。此外，在起飞阶段同属第一类成果的还有文献89、146、205、109等。②在区分扩散阶段的融合评价中，更易发现具有潜在影响力的第四类成果，如文献438和106。③高居起飞阶段传承力榜首的文献193是一篇综述性质的研究论文，属于低创新力、高影响力、高传承力的第八类成果。同样，还很容易发现近年来具有高影响力和传承力的综述论文345。

9.2.5 多维评价的发展前景

遵循科学发展规律，深入思考科研评价复杂性，科研评价维度应多元化发展。通过提炼出的3个评价维度和实证研究结果得出以下主要结论：①在科研评价指标体系中应确立不同的评价维度，每个评价维度下都具有丰富的评价指标，形成可供选择的"指标池"，这样在进行科研评价时，就能够根据不同的评价客体与评价目的，选择适当的指标参与评价，提高科研评价的灵活性、针对性、客观性和解释力。②评价结果将不再局限于排名的形式，而是可以对评价对象在科学发展中起到的独特作用进行多方阐释，并在单个或多个维度上进行阐述、比较。③应明确每种科研指标所表征的维度，包括确定是具有单一测量维度的指标，还是能够表达多个维度，及其在不同维度上的表达程度。④没有一个指标能单独提供关于科研评价的权威评估，需要多种指标结合使用。⑤基于科研创新扩散过程，区分创新扩散阶段进行科研评价应受到重视，多维评价与扩散阶段的融合有助于筛选不同类型的优秀成果，把握科研周期，预测科研发展前景。

对于"创新力－影响力－传承力"的评价维度，以及更广泛意义上的多维评价，其应用前景如下。

①通过多维评价形成的综合评价，能够帮助人们得到关于评价客体的较为客观、完整的图景，可对其在科学发展中起到的独特作用进行多方阐释。避免埋没学术新人和具有发展潜力的理论、技术、方法、观点，维护学术生态多样性，激发更多的"创新场"，活跃创新研究。

②科研评价指标的设计正面临从基于数量到基于网络结构的跃升，而科研评价维度的确立，将为新指标的研发提供广阔空间。先进的评价指标可为在大量零被引、低被引文献中识别出"睡美人"提供工具，为重要的科学发现提供标识物，为认识科研发展规律提供更多路径。

③"创新力－影响力－传承力"的评价维度，可避免一些"评价陷阱"，例如方法类论文往往会获得高被引的"洛瑞现象"；可对于介绍国外概念、理论的非创新成果获得高被引进行解释；而"综述"作为一种特殊的论文类型，也能够在多个维度上获得更为恰当的评价。

④多维评价鼓励深层次研究和创新发现，降低信息觅食成本，提高收益，可在一定程度上削弱跟风炒作、重复研究、只重数量不重质量、拆分成果、忽视理论研究和基础研究、研究表面化等不良倾向。

⑤多维评价有利于学术出版和写作规范。不必鼓励引用"近5年论文"，无须为追求参考文献数量而列举无关成果，遏制过度自引和不当他引，鼓励客观引用。

⑥评价维度的确立，可帮助参与同行评议的科学家站在更高的视角，更

长远地考虑，更清晰地审视评价客体所具备的真正学术价值。

科研评价体系的完善对于科学王国的健康发展和我国科研实力的进步有着深刻影响。"只有和科学组织基本民主相伴随的、承认每一种思想都有发言机会的多方面的努力，才能保证有无止境的机会使那些尚在为生存而斗争的新思想产生出来。"而科研评价维度的多元构建将向此迈出积极的一步。

9.3 基于多维评价的科研项目评价

在我国"十三五"规划的"五大发展理念"中，"创新发展"处于核心地位，科研评价研究领域，应抓住时机，总结在科研评价实践中出现的问题，深究原因，建立能够更好地培育、激发我国科研领域原始创新的评价体系与方法。现行的科研项目评价制度，有可能鼓励科研人员与学术创新背道而驰。①过于强调成果数量。对于科研人员，增加论著等成果数量，是顺利通过项目结题验收的重要途径之一。由此，出现了一些科研人员将一篇论文拆成多篇发表，甚至将一般性的教材、讲义都算作科研成果，以便应付科研绩效评价的现象。②科研人员并非一定要完成真正具有原创性的科研成果才能结题。事实上，只要发表足够的论著报告，参加大量的"学术"交流，"培养"众多的学术人才，仍然可以在有限的时间内顺利通过科研项目的结题验收。③注重影响力评价，缺乏创新力评价。科研项目结题非常看重论著发表平台和被引用情况，其评价以影响力为主导。然而高影响力的获得与课题组的学术声望、规模及所占有的科研资源息息相关。缺乏这些资源和名誉标签的科研团队所产出的创新成果不易被识别，难以得到应有的评价。

为激励科研人员创造出高含金量的创新成果，对科研项目进行评价应该避免以上弊端，即适当降低成果在数量上的要求，而更加强调成果的创新性。相应地，科研项目学术创新力评价应考虑以下方面。一是改变评价的参照系。在衡量科研项目学术创新力时，不局限于项目之间的比较，而将其放在国际学术发展前沿中判断其成果价值。二是改进创新力评价方法。学术创新力是科学研究的活水之源，应该更多地用创新力指标表征科研项目的学术创新力，而非用影响力指标代替。本节结合以上两个方面，提出评价科研项目学术创新力的方法，并通过实证研究总结评价的过程与步骤。

9.3.1 科研项目评价实践

近年来，我国不断加大科研领域的经费投入。经费投入的大幅增加，让人们越来越关注科研产出及其质量。如何对这些科研项目进行学术质量评价，以便调整资助策略，提高科研基金的绩效，同时为科技创新提供适宜的发展环境，协助达成国家"十三五"规划"创新发展"的战略目标，已成为科研管理中亟待解决的问题。

我国对于科研项目的评价实践已有十多年的努力，尤其在近年来取得了显著进展。自然科学基金委员会管理科学部早在1998年就开始对1992年以后资助的管理科学面上结题项目进行"后评估"，以此了解基金项目研究进展，掌握资助效果。而我国自然科学基金委员会于2010年开展的国际评估，对自然科学基金资助与管理绩效进行评价，开创了我国基金整体绩效评估的先河。然而，与发达国家相比，我国国家科学基金绩效评估的建立均起步较晚，还处于由探索向规范的过渡阶段。

当前，通过对我国和欧美日实践经验的总结与借鉴，学术界和科研管理部门对科研项目评价中存在的问题和改进路径已经逐渐达成共识。普遍认为质量评价应采取定性的同行评审和定量的指标评价相结合的多元评价方式；不断完善、及时更新同行评审专家库是建立评价体系的重要工作；开展国际评审；评价不应过于关注成果数量，而要着重考虑其创新性与影响力；对于不同类型的科学研究，应选择与之相适应的评价指标；基础研究周期长、意义大、见效慢，应探索更为有效的评价方式；对于应用研究，应重视发明专利，成果的应用推广及其创造的经济价值等。

然而，如何实现以上设想，成为当前面临的紧要问题或改进评价体系的瓶颈。有关研究不是停留在定性探讨和提出建议的层面，就是陷入具体指标的构造与改进等细节研究，或建立一个较为笼统的评价体系的阶段，缺乏对于建立评价体系操作层面的研究。以下将详细分析建立科研项目学术质量评价体系所面临的关键问题，并给出解决路径。

9.3.2 科研项目评价关键问题

9.3.2.1 评价指标体系设计的复杂性

科研项目的质量要素非常复杂，其评价不能仅依靠单一的文献计量指标，还要考虑成果转化和应用价值。因此，科研项目质量评价需要建立一个基于多类型产出的综合评价体系。论文、图书和专利都有专门的公开发行渠道。学术论文是经同行评审的公开出版物，对内容的独创性有严格的要求。专利是科技活动中创新部分和成功经验的提炼。而优秀的出版社对于学术专著的出版也是严格把关的。图书销售量及一些数据库包含的图书被引情况，其数据也可以用于评价。专利和软件的价值可以用经济收益来衡量。总之，对特定类型的科研成果进行学术评价都有章可循，其研究和实践也比较丰富，尤其是对于期刊论文的评价已经较为成熟。但是如何将一个科研项目中不同类型成果的评价结果进行适当加权，形成可在相同学科领域中进行比较的标准化指标是该评价体系需要着重考虑的问题。

权值分配的复杂性在于两个方面。一是不同的学科门类，其项目成果类型之间的比重不同。有的学科看重高质量论文的发表，而在另一些学科，更看重发明专利。那么，在这两个学科中，论文与专利的权值分配应该不同。例如，在信息科学部评估中占有相当分量的"发明专利"指标，在管理科学部评估中则没有采用。二是同一种成果类型也存在设定权值的问题。例如，会议论文与期刊论文、SCI 论文与 Ei 论文均不能等同，且在不同的学科，它们的相对重要性也不相同。因此，无法统一设定不同成果类型之间的权值，必须根据每个学科领域的具体情况而定。

9.3.2.2 项目成果社会效益的滞后性和非显性

全国科学技术名词审定委员会认为，社会效益是指一项工程对就业、增加收入、提高生活水平等社会福利方面所作各种贡献的总称。而科研项目的社会效益是指科研项目成果对社会有良好的影响，能够推动科技进步，为国家创造更多的财富。有些科研项目成果单从经济角度看收益很小，甚至得不偿失，但它对人类社会发展和进步、精神文明建设等起着至关重要的作用。这类科研项目应该得到国家和社会的大力支持。

科研项目的社会效益具有两个基本特征：滞后性与非显性。滞后性是指项目成果的社会效益需要一段时间后才能显示出来，非显性是指项目成果的社会效益并不能直接显示出来，其效益有时是通过被研究者消化吸收后产生新的科学技术。这两个特征在不同程度上影响了科研项目评价的客观性。但是如果过多考虑社会效益的滞后性，延长结项与学术质量评价之间的时间，则降低了项目管理的时效性。而对于科研项目社会效益非显价值的测度还是一项空白。

9.3.2.3 交叉学科项目评价的局限性

交叉学科研究对于科学研究来说特别重要，因为新学科或研究领域往往产生于现有学科交叉重叠的部分，同时，学科交叉对于解决现实社会问题常常是必需的。科学基金已经成功资助了大量的交叉学科研究，培育了交叉学科研究团队和平台。例如，于 1986 年设立的科学基金重大项目，资助瞄准国家优先领域的大型研究项目；于 2000 年设立的重大研究计划，资助多种项目类型，其中很多由研究者自由选题。这两类资助工具通常都由多个科学部共同支持，许多是由 45 个科学部共同资助的。

然而，对于交叉学科项目的申报与评价一直令科研人员和项目管理部门困扰。虽然科学基金使用的学科分类代码体系自 1986 年来经过了 5 次较大调整，但是在调查中，仍然有三分之一的面上项目负责人表示并非一直可以找到合适的学科代码，只是"有时"可以找到，而青年科学基金项目负责人认为找到适合的代码更为困难。不仅项目申请时如此，项目结题鉴定时也遇到同样的问题。如何针对各个交叉学科项目所涉及的学科领域，组建专门的评审组并有效工作，是所有研究理事会都要面对的问题。基金委人员和申请人都表示交叉学科的研究实际上很难获得同行评议的共识。

9.3.3 关键问题解决路径

解决以上问题，可从以下几个方面入手。优化专家遴选机制，实行小同行评审。在统一的评价标准下，由小同行解决科研项目多类型产出的评价指标取舍和权值分配问题，分化解决科研项目学术质量评价指标体系设计的复杂性。增加跨领域评审专家的遴选，允许项目负责人推荐国际评审专家，确立交叉学科评审组的组建机制。建立评价指标事实数据库，设置适当的评价时间窗口，解决科研项目社会效益的滞后性造成的问题。采用新的评价指标揭示科研项目的非显效益。

9.3.3.1 实行小同行评审，优化专家遴选机制

"选择适当的评价者是评价能否合理最基本、最重要的前提条件。"小同行由于是同一领域的研究者，熟知该领域的学科发展概况和学术思想，并且遵循同一套研究范式，因此他们比外行人更清楚某人或某成果在学术上所达到的高度及应用前景。某个学科门类或学科内部的不同研究领域各有侧重，

其成果形式和内容也不一样。由某一研究领域的小同行确定该领域科研项目中不同类型成果产出的权重，并对科研项目的学术质量进行综合评价是最为合适的。

美国已经正式将同行评审纲领作为一项国家信息法令加以颁布。美国科技报告审查和基金评审采取的就是"大学科，小同行"的方式。其国家科学基金会（NSF）将科技领域分为六大学科门类，对基金项目的内容评审基本是由相关度很高的"小同行"具体执行的。目前，我国评审的实质是大同行背景下的学者声望机制，还未真正实现小同行评审。其弊端显而易见，其一，评审组内大多是学科领域的大同行，其知识结构和研究经验限制了他们在学术评价中的作用，其评价难以客观、准确；其二，评审专家往往比较固定，缺少退出和进入机制，自我更新缓慢，使得评审组的整体气质较为保守，不易接纳新兴研究领域和超前创新成果。

实行小同行评审就需要优化专家遴选机制。目前，国家基金委是基于学者的注册信息来确定其学科领域的。此种方法不但高效、快捷而且成本低。但是有其不足之处。一方面，专家学者的研究领域不是固定的，可能会随着人事变动、兴趣转移等情况而发生漂移，而学者的注册信息很可能不会及时更新或者更新滞后；另一方面，就是没有合适的退出和进入标准。因此，小同行专家的遴选除了依靠自我登记的方式，还需要有基于科学大数据的推荐系统作为补充和校正。利用科研成果形成的大数据，对其进行挖掘，可视化每个学科大类中的科学共同体，根据专家遴选工作的实际需求调整焦距与视域，确定小同行，标识领域标签，并定时截取科学发展的演化图谱，更新小同行成员及领域标签。这样，既能实现小同行专家的准确推荐，也能为小同行的退出与进入机制提供依据。这一过程的实现，可以通过自建遴选推荐系统，也可以通过利用一些成熟的数据挖掘软件达成。

9.3.3.2 确立交叉学科评审组的组建机制

（1）允许项目负责人推荐国际评审专家

对于非共识项目，项目负责人最清楚谁是这个领域的小同行。因此，应允许项目负责人自行推荐评审专家，并且可推荐国际同行，以扩大特殊领域的专家选取范围。从英美两国对国家科学基金评审专家的选取中也可以看出，评审委员会中有一定数量的国外专家参与是其评价制度的成功经验之一。其过程可参考欧美近年来对国际同行评审改进的经验。即，要求项目负责人提供包含多名评审专家的候选名单,再由科研管理部门商议,从中选出若干名加入到该评审组中,且选取结果保密。其中需要注意的是,除了项目负责人推荐的专家,该评审组中占大多数的专家应由管理部门选取。如此,既能确保评审组中有合适的评审专家,也可避免项目负责人利用自荐机制作弊。

(2) 增加跨领域评审专家的遴选

可以利用学术交流网络遴选跨领域评审专家,包括引文网络、科研合作网、关键词共现网络等。①引文网络记录科学发展的轨迹,它不仅体现科学知识纵向上的积累与继承,也揭示不同学科领域之间横向上的交叉与渗透。因此,该网络可以确切地反应科研工作者在科学知识地图中占据的"桥接"位置。②科研合作网直接呈现不同研究机构或不同研究领域的合作,以及合作的规模与影响力。③关键词共现网络可及时定位新近涌现出的研究领域与学者。可利用其中一种或融合几种网络进行测度。

跨领域评审专家的筛选过程如下。首先,建立学术交流网络。以引文网络为例,建立以作者为节点的共被引网络、作者耦合网络或作者互引网络。其次,利用网络理论与方法的中介性指标进行测度,得出跨领域专家。最后,当需要组建交叉学科评审组时,可先选取项目所涉学科中的各领域专家,再从跨领域评审专家库中选取对应的跨领域专家。在交叉学科评审组中,跨领域专家不但是该项目的小同行,而且能够在评审组各领域专家中起到知识桥梁作用,促进评审组对交叉学科项目的客观评价。

节点中介性指标可选择中介中心度(betweenness)和媒介角色系数(brokerage roles)。中介中心度测量一个节点在多大程度上位于网络中其他节点的"中间"。中介中心度高的节点位于网络中不同信息流的交路上,对异质资源起到了重要的中介作用,非常适用于识别跨领域专家。媒介角色系数是基于桥理论发展起来的。所谓桥(bridge)是指连接那些不相连接的行动者的结构性位置。媒介角色根据桥连接派系的情况,将代理行为分为5类。有协调同一子群中信息流的"协调人"(coordinator)和"桥接人"(itinerant broker),也有协调不同子群间成员信息交流的"发言人"(representative)、"守门人"(gatekeeper)和"联络人"(liaison)。后3种角色是在测度节点中介性时需要考察的。发言人控制本子群信息流,与其他子群交流信息;守门人控制群外信息的流入;而联络人则协调不同子群成员的信息交换,其本身不属于其中任何一个子群。其算法原理很简单,计算网络中每个节点分别"扮演"这几种角色的频数。

中介中心度指标偏向于测度节点控制不同信息流的总量，媒介角色系数更注重区分中介的类型。二者在应用中均需先借助因子分析等方法对网络中的研究领域分群，以便确定跨领域专家所涉及的学科。

(3) 建立评价指标事实数据库

由于科研项目的社会效益存在滞后性，很多时候，项目结题时所提交的结题验收报告并不一定能够完全反映科研成果的质量。这意味着，在科研项目结题时进行的绩效评价，也许并不是那么准确和客观的。在这种情况下，如果在结题验收时评出"特优""优""良""中""差"等级，而此后很难更改的话，显然弹性不足，很容易在客观上导致科研人员鼠目寸光，疲于奔命。鉴于此种情况，曾有学者提出建立科研项目的多次评价制度。认为在结题验收之后的一段时间里，继续打开对已结题科研项目重新评价的大门，更有助于鼓励科研人员目光长远，从容研究。但是，多次评价的评价次数和时间间隔如何确定是个问题，而且过多的评价次数将大大增加人员和经费上的成本。

评价体系既要支持项目结题后的即时评价，也要支持能够全面反映项目成果社会效益的后继评价。兼顾科研管理的便捷性和科研激励的有效性，从根本上解决二者的对立，应建立以"科研项目学术质量评价指标事实数据库"为基础的评价制度。该数据库中记载每个科研项目各学术质量评价指标的历年得分，即不经过加权处理，或时间窗口处理的原始数据。由于该事实数据库中指标数据的历时性和原始性，无论评价制度的时间窗口如何调整，该库都能为科研项目的后继评价及不同年份科研项目学术质量的纵向比较提供客观、可靠的基础数据。从根本上避免，随着评价制度的逐渐成熟和新情况的出现，评价时间窗口发生变动造成的当前评价结果与往年评价结果不可比的情况。

"科研项目学术质量评价指标事实数据库"中的评价指标，如影响力评价指标、创新力评价指标等，从项目结题以后开始每年计算。对于评价时间窗口的设定建议如下。①项目结题时，成果只要达到结题标准即可结题，无须进行学术质量评价。②第一次学术质量评价的时间窗口对于每个学科领域来说应相对固定。根据学科特征，如引文高峰、被引半衰期出现的时间来设定。例如，生命科学可在结题2年后进行学术质量评价，而管理学的评价应该延后更长的时间，以确保成果的影响力和创新力已经得到较为充分的彰显。③学术质量跟踪评价。在常规的学术质量评价结束后，继续利用"科研项目学术质量评价指标事实数据库",监测各科研项目评价指标的变动情况。如有异常变动,例如,发现延迟认可(delayed recognition)的"睡美人现象",可以对评价结果做出实时修正。④可根据需要,例如,以 10 年为时间窗口,对科研项目的长期社会效益进行评价。

(4) 采用新的评价指标揭示非显效益

既然非显性是指社会效益通过被研究者消化吸收后产生新的科学技术,那么就可以利用科技创新的扩散过程揭示出来。新的评价指标采用大数据思维,不局限于单一的因果关系和线性相关指标的设计,而是利用复杂网络的思想,考察科研项目在创新扩散网络中对每个后继节点的影响。如此,可以衡量科研项目对整个科技领域的影响。近距威望(proximity prestige)可以成为有效的测度指标。

基于被引量的影响力测度指标,只关注了引文网络局部的直接结构,没有以创新扩散网络的整体结构为背景。为了把影响力的评估范围扩展到间接选择关系,可以计算科研成果的所有直接和间接被引量。就是把直接引用项目成果的文献或与被评估者之间存在中介的文献都纳入结构威望的评估范围。这种方法计算的是项目成果的入域,可以称为影响域(influence domain)。对于创新扩散网络中的一个节点来说,入域是指与它存在路径的其他节点的数量或百分比。入域越大,项目成果的结构威望越高。

然而,在一个连通性良好的网络中,节点的入域可能包含网络中绝大多数的节点,导致各个节点的入域差别不大。为了解决这个问题,可以限定入域的距离,例如,与其距离最远不超过 2 的间接节点,忽略那些间隔了较多中介节点的间接选择关系。实际上,如果在被评估项目的创新扩散路径上相隔较远,则接受创新知识的最终宿点对该项目成果的采纳已经微乎其微了,确实无须计算这些对威望影响很小的节点。

由此带来的问题是,受限入域中邻点的最大距离如何确定。对此缺乏标准,在设定上带有随意性。而近距威望指标解决了这个问题。该指标关注的是被评估项目入域范围内的所有节点,但其强调的是近邻发出的引用关系。认为近邻的引用对其近距威望的贡献要比远邻更大,但是众多的远距引用也有可能起到与单个近距引用相同的效果。近距威望采用加权法,用各条选择关系通达被评估节点的距离作为这些选择关系的权值。距离越远,贡献越小。因此,科研项目所产生的创新与扩散相继发生的非显性社会效益可由近距威望指标来测量。

本节仅对科研项目学术质量评价体系建立过程中的关键问题进行了研究。试图为科研项目评价真正实现小同行评审，解决跨领域评价难题，不同学科领域评价指标的个性化选取与赋权，揭示社会效益滞后性和非显性提供解决路径。然而，评价体系的建立涉及的内容很多，需要在顶层设计下，分阶段、分步骤推进实施。顶层设计是包括评价目的、评价主体、评价客体、评价方法、评价指标和评价制度及它们之间的关系在内的逻辑完善、功能衔接的系统设计，实现判断、预测、选择和导向四大基本功能。而设计的原则应该紧紧围绕政府资金资助的初衷，引导、协调和资助基础研究与应用基础研究，发现和培养科学人才，促进科学技术进步，推动中国经济与社会发展，而不要让经费资助异化为一种权利的分配。突出其对于过去良好业绩和未来潜力进行奖励与支持的作用。

第十章 迭代创新过程

10.1 科研领域的迭代创新

10.1.1 科研创新的主要形式

科研领域的创新，如果按照原创性划分，可以简单地分为原始创新和迭代创新两种。原始创新无疑是推动科学发展的原动力。然而，对科学发展构成关键事件的原始创新在科研成果中仅占很小比例，往往可遇而不可求，而迭代创新包括以原始创新为基础的各种类型创新，是科研创新的主要形式。尤其是当前，科研周期显著缩短，科研产出呈指数增长，科研创新也更多地以迭代创新的方式呈现出来。大量的迭代创新不仅促进科学研究的深入发展，而且为解决新问题提供了不同知识组合的尝试，并进一步激发原始创新的产生。因此，开展科研领域迭代创新研究，是探索科研创新规律的重要内容。本章采用案例研究的形式对科研领域迭代创新的基本特征进行初步探索。

10.1.2 迭代创新的内涵

"迭代创新"从数学概念"迭代计算"和软件开发"迭代模式"演变而来，并首先出现在企业实践中。在数学中，迭代函数是重复的与自身复合的函数，其过程叫作迭代。在计算机科学中，迭代算法是对一段代码进行重复执行，在每次执行这段代码时，都从变量的原值推出它的一个新值。与重复调用函数自身实现循环的递归不同，迭代是对函数内某段代码实现循环调用。在社会实践中，伴随互联网带来的高度动态性，技术创新以快速迭代与试验的方式展开，迭代创新的概念应运而生。Fitzgerald 等于 2011 年指出迭代创新是运用迭代法将创意市场化并基于市场反馈快速调整出新。如今，"迭代"

已经由一种算法逐步升级为一种方法、理念和思维模式，其核心是不断用变量的旧值递推新值的过程。研究热点、新兴领域的兴起往往是某项原始创新或曰突破性创新通过科学家们的信息觅食或信息偶遇所选定、采纳，从而触发的迭代创新过程。科研领域的迭代创新就是在原始创新的基础上，对该创新的核心部分一再调用，并面向不同的研究问题与应用场景吸纳相关理论、方法与技术，做出不断改进的创新过程。

科研领域的迭代创新是一项原始创新得以扩散和发展的主要创新形式，而迭代创新的成果数量和活跃程度直接反映了原始创新的理论和实践价值的高低。迭代创新有以下特征：①调用原始创新核心原理算法；②面向特定问题反复试错调整；③累积微创新产生大变革。科研领域的迭代创新是否也具有类似特征？本章以共被引分析方法为典型案例，重现该项原始创新的迭代创新过程与路径，探讨科研领域迭代创新的基本特征。

10.2　迭代创新的发展阶段

研究案例选取共被引分析方法。共被引分析方法自1973年提出以来，已经历了近半个世纪的发展，而当前"用于情报研究的文献计量方法中最具影响力的首推共引分析方法。"起初，Small受到Kessler提出的"文献耦合（bibliographic coupling）"的启发，逆向思维提出了一种新型耦合，即"文献共被引（document co-citation）"。这一转换的创造性在于突破了文献耦合的静态特征，使得文献之间的关联关系及关联强度不再一成不变。文献共被引是伴随科研成果产出，通过新成果对不同已有成果的引用，构成的已有成果之间不断变换的知识组合，其组合关系由新产生的知识内容决定。由于新知识的加入与已有知识的不断重组正是科研发展的主要形式，因此文献共被引相比文献耦合更适合描述研究主题的演变与科学结构的变化。至今，对共被引分析方法的研究与应用仍然十分活跃，同样得益于该项创新的内在创新力不断被新的科研成果和新的知识组合所激发。这一过程既是科研领域的迭代创新过程。

数据采集，在Web of Science核心合集中以"cocitation"或"co-citation"为主题词进行检索，限定文献类型为Article或Review，时间跨度：1973—2017。清洗检索结果数据，排除3篇系统误检论文，最终获得1143篇相关成果。根据论文题录信息中的"Research Areas"字段，标注每篇成果所属研究领域。

10.2.1 创新迭代

共被引分析方法的迭代创新整体趋势见图 10.1。如果把图 10.1 旋转 180°，则会呈现 Crane D 所说的创新与科学增长中的"倒金字塔现象"。即虽然主要的创新在一个领域的全部历史中不断出现，然而这些成果是通过对这一领域早期成果的引证而联系起来的。大量论文都直接或间接地与处于塔顶的几篇论文发生联系。在共被引分析方法的研究领域中，Small H 于 1973 年提出"cocitation"的文章充当了"塔尖"的角色。在 WOS 核心合集中，至 2017 年，直接引用该文的论文有 442 篇，占成果总数的 39%，若加上二级引证论文，为 87%，若包含三级引证则达到 93%，以此类推，形成迭代创新过程。

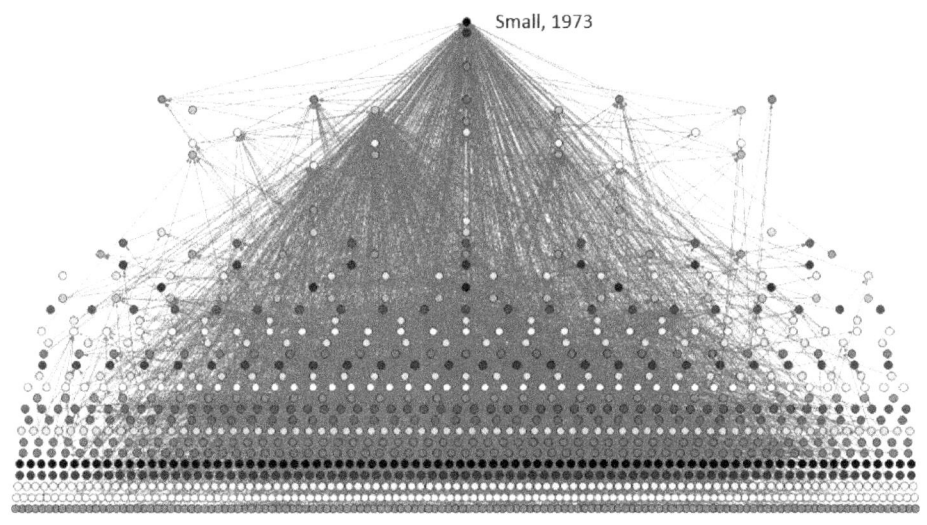

图 10.1　共被引分析方法扩散网络

共被引分析方法的开山之作在其发表后的一二十年中并没有得到广泛扩散，最初的 3 篇论文都是由 Small H 发表的。1990 年以后，相关研究逐渐升温，截至数据采集结点年，研究热度持续攀升的趋势没有改变。因此，在迭代创新整体爆发之前，存在仅有少量迭代创新成果的"沉寂期"。

6.1 节列出的创新扩散速度、扩散加速度、扩散广度、扩散强度和扩散延时系列指标可用于描述学术创新扩散过程的基本特征。计算共被引分析方法的扩散速度和加速度指标，据其绘制共被引分析方法扩散曲线见图 10.2。

结合图表可见，2010年的扩散加速度最高，为27，是该曲线上的二阶拐点。根据创新扩散理论（diffusion of innovations），扩散在此时达到了临界值。即2010年以后，可以判定共被引分析方法作为一项科研创新将成功扩散，其累积成果数在时间轴上将形成S形曲线。至于扩散阶段，由于2006年加速度明显增加，因此1973—2005年为该迭代创新的起步阶段，时长33年，自2006年始为起飞阶段，至2017年已有12年。以下针对不同阶段进行分析，其中起飞阶段以二阶拐点为界分为两个部分论述。

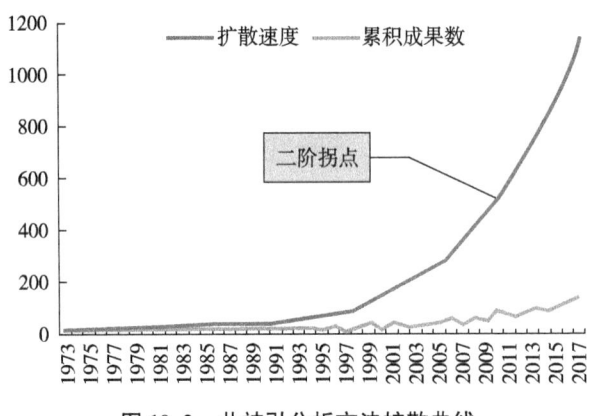

图10.2　共被引分析方法扩散曲线

10.2.2　迭代伊始

1973—2005年为迭代创新的起步阶段。起步阶段的成果占总成果数的22.48%，而被引量占总被引量的51.46%。共被引分析方法的主要技术、主要应用领域和主要研究分支在起步阶段已基本形成。图10.3中最大的几个节点依次是共被引、科学结构、作者共被引、知识结构、引文分析和文献计量学。从研究主题来看，首先"引文分析"和"文献计量学"既是共被引分析方法形成的根基，也是被该方法所拓展的领域。至此，引文分析和文献计量学进入到以共被引分析为主导的新阶段，而1963年提出的文献耦合分析有所沉寂。其次，国际上，如何更准确、更大范围地揭示"科学结构"和"知识结构"是文献计量学最重要的研究问题，而共被引分析为此提供了新方法。最后，"作者共被引"在共被引分析方法的起步阶段就成为显著的研究领域。

从学科扩散广度来看，截至2005年，共被引分析方法已扩散至33个学科。其中，图书情报学和计算机科学是共被引分析方法产生的源头，Small H 提出共被引分析的文献就是这两个学科的跨学科研究成果。其次，共被引分析在商业与经济学、运筹学与管理学的应用也较多。此外，相关研究在迭代创新的起步阶段还进入到科学史、医学、心理学、工程、社会学、数学、通信、药理学、遗传学、化学、农学、生物学、语言学和人文艺术等领域。从扩散广度的增长来看，共被引分析方法在2003年以后进入学科扩散的快速增长期，这正是进入起飞阶段的前两年。

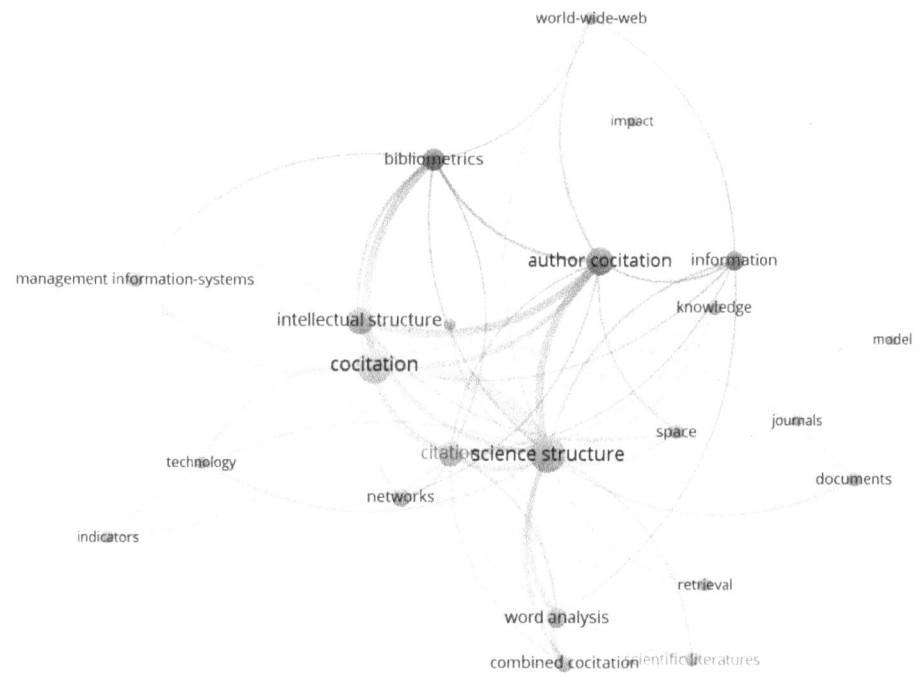

图 10.3　共被引分析方法起步阶段研究主题

10.2.3　跨越拐点

2006—2010 年为起飞阶段的前半段，该阶段完成了迭代创新突破扩散拐点的关键时期。该阶段的成果占总成果数的 21.70%，被引量占总被引量的 29.49%。图 10.4 显示的主要研究领域除了包含图 10.3 中的六大节点以外，增加了网络和信息可视化两个较大的节点。新增的次要节点有：科学计量学、科研合作、社会网络分析、寻径网络、学科、领域、主题。结合新增的主要和次要节点，即可看出起飞阶段最初 5 年的基本演变方向。

首先，社会网络分析方法的引入为共被引分析带来了广阔的发展空间。2002 年，Otte E 和 Rousseau R 明确提出：社会网络分析是研究信息科学的有力策略,可以成功地应用于引用和共被引网络、合作网络、社会网络和互联网。在共被引分析迭代创新的起步阶段仅有个别研究运用了社会网络分析方法,而就在刚刚进入起飞阶段的2006年,利用社会网络分析研究共被引网络的成果开始明显增多。相关研究主要描绘知识结构、作者群落,绘制主题地图,追踪发展路径、学科分化,并将诸如寻径网络等的修剪算法结合起来,用来解释科学的宏观和微观结构。

其次,可视化技术成为共被引分析领域的一大研究热点。Chen C M 成为该领域的代表人物,其成果不断改进知识领域可视化技术,并具象化"研究前沿"和"知识基础"这一对概念,通过它们随着时间而变化甚至相互影响的情况来达到显示学科发展趋势的目的,并将相关技术集成于 CiteSpace II。

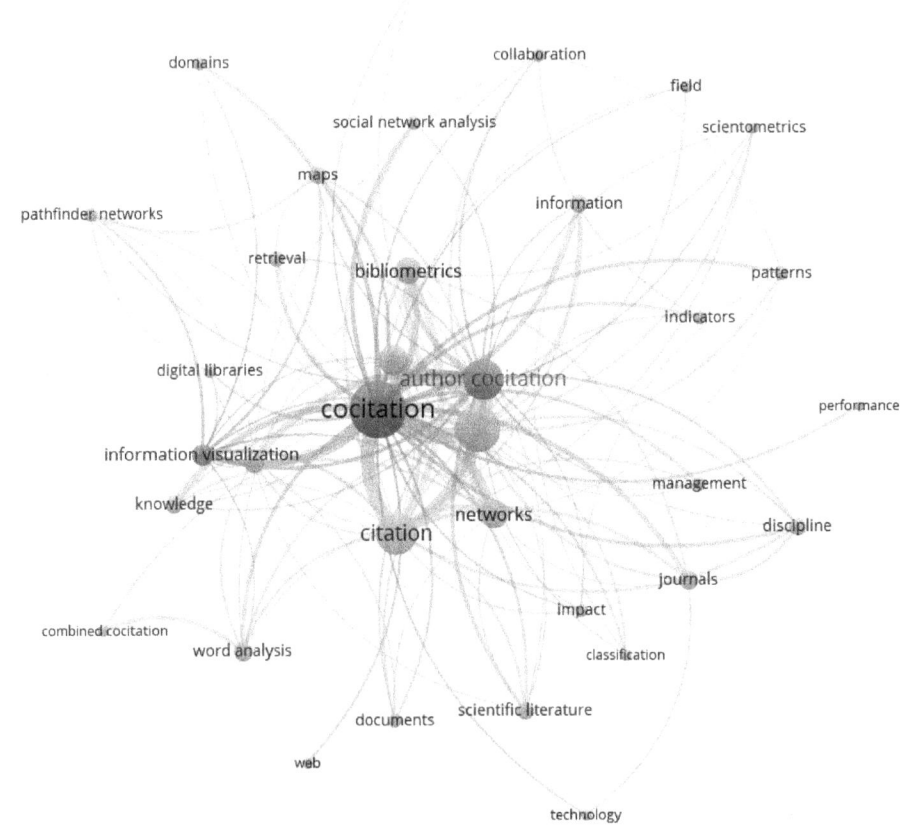

图 10.4　共被引分析方法起飞阶段:2006—2010 研究主题

最后是科学计量学转向。除了作为共被引分析上位类的文献计量学,以科学计量学为研究主题的成果逐渐增多。这一现象意味着,共被引分析逐渐从产生该方法的基本载体脱离,开始以解决科研发展过程出现的实际问题为导向开展研究。从图10.4可见,科研合作、针对学科、主题和领域的分析已经成为新的细分领域。在社会网络分析和可视化技术的助力下,共被引分析对科学发展和研究中遇到的具体问题具备了更强、更直观的分析能力、手段和解释力,成为解构和解决科研产出、人员和过程问题的有力工具。

从学科领域来看,2006—2010年,共被引分析扩散广度增加了20个学科,涉及教育学、环境科学生态学、地理、自动化控制、政府法律、材料科学、冶金工程、哲学、生命科学生物医学、国际关系等。多学科的采纳,方法的引入与技术的迭代更新,促使共被引分析研究跨越拐点,达到了成功扩散的临界值。

10.2.4　加速迭代

2011—2017年为起飞阶段的加速迭代时期。该阶段的成果占总成果数的55.82%,被引量占总被引量的19.04%。由图10.5可见,这一阶段涌现出丰富的研究主题,可称之为起飞阶段的加速迭代期。然而迭代创新的基础始终非常稳定,共被引领域的研究始终围绕六大主题展开。它们是共被引分析方法的母领域,即文献计量学和引文分析;主要研究问题,即揭示知识结构和学科结构;方法本身,即共被引及更为专门的作者共被引分析。基于共被引分析的6大基本问题,新涌现的研究主题主要在两个方面。首先,研究更加关注与研究前沿、创新、预测、新兴趋势、交叉学科有关的问题。此阶段,对于共被引分析方法的应用已不局限于领域热点分析,而是通过分析方法的改进,与其他方法的融合等方式,越来越多地被应用于对学科研究前沿和新兴领域的探索与预测,并且关注到交叉学科领域与科研创新的关系。其次,在方法层面上,较多地出现了与共词分析、其他引文网络分析、复杂网络和社会网络分析、内容分析、文献耦合等方法的融合研究。

2011—2017年,共被引分析扩散广度增加了28个学科,涉及的学科包括大气科学、神经科学、公共环境卫生、物理、地质、水资源、能源、细胞生物学、电信、历史、文学、兽医学、体育科学、遥感、建筑技术、热力学、动物学等,学科扩散稳步加速。

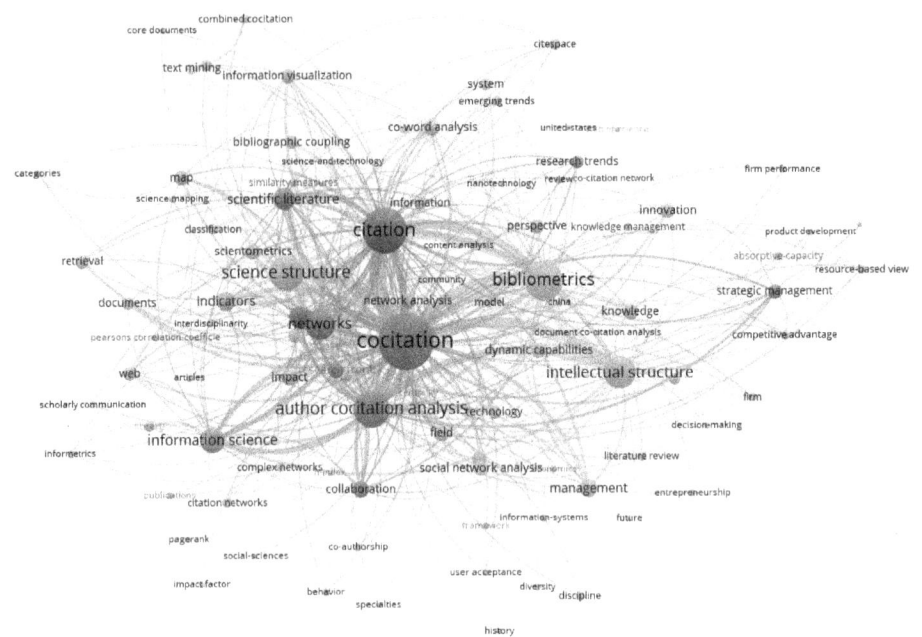

图 10.5　共被引分析方法起飞阶段：2011—2017 研究主题

10.3　迭代创新的类型

利用主路径分析算法（main path analysis）获得共被引分析方法迭代创新路径，如图 10.6 所示。主路径分析测算单向无环网络中，每条路径和节点被网络中其他路径与节点需要的程度，所得结果被称为某条弧或节点的遍历权值。在引文网络中，节点是研究成果，弧是成果间的引证关系。因此，弧表达了知识传输的路径与方向。提取所含的弧的遍历权值之和最高的路径，就是创新扩散的主路径。由于主路径只是创新扩散的骨架结构（backbone），所能提供的信息过于单薄，因此本研究以主路径上略低于最低遍历权值的值作为阈值，兼顾路径清晰性与内容丰富性，从原始引文网络中提取迭代创新路径。以下根据该路径，按照迭代创新的类型，梳理共被引分析迭代创新的发生过程。

图 10.6　共被引分析方法迭代创新路径

Small H 不但提出了共被引分析方法，而且在该领域持续发表成果，对于该方法的方法论、认识论、概念、模型、图谱、作用、应用，与其他技术的结合，有效性验证等方面做出了奠基性研究。他进一步阐述了共被引分析的概念基础；应用共被引分析识别出无形学院；通过问卷调查发现，运用共被引模型得出的某领域重要成果和作者与专家的感知大致相符；提出库恩的范式革命将可以通过引文数据表现出来，并通过个案进行实证；解析共被引图谱，认为较为松散的部分意味着较为开放的主题，知识拓展有着较多的可能性，致密的网络结构则可能代表完结或已被充分讨论的知识结构；首次尝试将共被引聚类技术与引文上下文分析结合，验证利用该技术能够在没有专家参与的情况下得到对专业知识的表征，因此认为文献计量能够真正成为认识论的分支。

10.3.1　理论迭代创新

不同节点类型的共被引分析被提出。作者共被引分析（author co-citation analysis，ACA）、期刊共被引分析（journal co-citation analysis）、专利共被引分析（patent co-citation analysis）、主题和类的共被引（cocitation of classes and categories）、国家共被引（national co-citation）、关键词共被引（keyword co-citation）分别于 1981 年、1991 年、1999 年、2004 年、2009 年、2010 年被相继提出。与文献共被引分析的提出时间间隔 8 至 37 年。其中，作者共被引分析由 WHITE H D 和 GRIFFITH B C 提出，两人运用该方法可视化信息科学领域作者群落，认为作者共被引分析将"作者"作为与"文献"一样的分析学科领域的基本单元，为理解学科的知识结构提供了新技术。1982 年，他们采集多学科数据进行实证，证实了作者作为知识空间标识的稳定性。这一研究为作者共被引分析在不同学科领域的应用提供了范例。随后，作者共被引分析成为共被引分析中比重最大的子领域，并延续至今，其成果数占总成果数的三分之一强。发文量自 1993 年开始阶段性升高，而被引量自 1995 年以后持续升高，1998 年以后，每年成果数都占据总成果数的相当比重。

共被引分析概念与原理向超链接网络等其他领域移植。受到共被引概念的启发，共链分析（co-linking analysis）和共提及网络（co-mention network）分别于 2003 年和 2016 年被提出。前者利用两个网站共同被其他网站链接的关系，揭示网站间的集群结构，后者用于分析公司网络。在此之前，Prime C. 等于 2002 年仿照"co-citatons"提出"co-sitations"，指出在新出现的网络计量学领域，学者们正在将引文分析中的概念体系移植到超链接网络分析中，并认为 Web 共被引似乎是描述 Web 主题的有效途径，但也提醒同行，在移植过程中会有很多误解，因此在解释分析结果时需要采取一些防范措施。

10.3.2 方法迭代创新

分析流程与分析单元的讨论。McCain K W 于 1990 年将作者共被引分析总结为 6 个步骤。此后相关研究大都遵循该基本流程。而 21 世纪出现了有关作者共被引分析方法上的争论。Zhao D Z 于 2006 年对仅利用第一作者进行共被引分析的传统方法与全作者共被引分析进行对比，发现二者的主要区别是：全作者共被引分析结果包含更连贯的作者群体，因此可获得更清晰的可视化图谱，而第一作者共被引分析可以细分更多的专业领域。Eom S 于 2008 年通过实证认为全作者共被引分析优于第一作者共被引分析，因其可以捕获领域内所有有影响力的作者。为提供更多的方法和经验证据，Schneider J W 于 2009 年进一步比较了第一作者和全作者分析单元，以及传统的多变量方法和 Drexel 方法所形成的不同组合对图谱结果的影响。结果表明全作者的基于 Drexel 的方法，使得作者共被引在地图中更易集聚成组。

相关研究方法的融合。2009 年，Chang C K N 证明了基于专利、引用、共被引和聚类的方法工具在识别新兴、高影响力技术集群和趋势方面的有用性。2014 年，Jeong Y K 等提出基于文本内容的作者共被引分析（content-based author co-citation analysis）。2014 年 Qiu J P 等归纳了 5 种作者共现网络，采用社会网络分析和层次聚类方法识别子网络，QAP 相关性检测发现虽然这 5 种网络都具有揭示科学知识结构的能力，但所揭示的结构是不同的。2016 年，Bu Y 等利用引文发表时间和引文关键词提高作者共被引分析及可视化的精度。2017 年，Wang F 等通过对比作者共被引、合作、作者文献耦合、作者直接引用和作者关键词耦合网络之间的差异，挖掘潜在的合作者。

10.3.3 技术迭代创新

技术迭代对方法的简化。例如，在迭代创新起步阶段，共被引分析依赖多维尺度，聚类分析和因子分析等多元统计分析进行聚类和可视化，计算中存在如何处理矩阵对角线数值，采用何种相关系数和距离测度方式等问题，复杂的步骤和降维过程容易导致信息失真。1999 年，Chen C M 将认知心理学中用于分析语义关系的寻径网络技术（pathfinder network scaling, PFNETs）用于作者共被引分析。共被引网络中作者对之间的边权，仅用二者最高的共被引次数表示，即用最突出的网络关系简化了作者共被引网络，并以高中心度作者定义关键作者，用作者与关键作者之间的连接定义专业，用关键作者之间的连接把专业连成学科。由于该技术利用的是原始计数矩阵，无须利用 pearson 相关系数等生成相关或距离矩阵，因此这一技术迭代简化了 ACA 分析步骤，并且能够分析更大规模的共被引网络，分析结果也更为可信。

可视化技术的不断改进。WHITE H D 于 1997 年以 "Visualization of literatures" 为标题明确提出了基于文献的可视化技术，认为基于术语共现和出现，新的模型可以给出文献间关联的视觉线索，并于次年与 McCain K W 一起采用可视化的方式分析了信息科学领域作者的结构及分布情况。紧随其后，Small H 于 1999 年发表 "Visualizing science by citation mapping"。此 3 人共同开启了共被引分析的可视化研究。Ding Y 和 Chen C M 基于 WHITE H D 等提出的文献可视化研究，在可视化领域发表了一系列成果。其中，Chen C M 在 1999 年的文献中运用三维虚拟现实演示了引文及共被引逐年增长的过程，这一研究及相关研究促成了 CiteSpace 的诞生。

共被引聚类技术的迭代创新。为揭示更大规模的学科结构，Small H 等于 1985 年提出可变水平聚类（variable level clustering）以不断调整聚类临界值的方法来消除不同学科文献被引率不同造成的分析结构不平衡，提出以类聚类（clustering of clusters）以便形成学科的大类、超类。1997年，Lin X 尝试将源自计算机科学与神经科学的自组织映射技术（self-organized mapping, SOM）应用到作者共被引分析中，通过自学习过程进行降维和自动聚类。2010年，Chen C M 等提出的多视角共被引分析技术（multiple-perspective cocitation analysis）通过集成网络可视化、谱聚类、自动聚类标记和文本摘要提高了作者共被引和文献共被引结果的可解释性和可探索性，说明了集成的和交互式的共被引可视化技术有利于进行探索性分析。2012年，Boyack K W 等利用全文本分析（full-text analysis），将参考文献间的邻近性纳入模型，提高共被引聚类的准确性。2014年，Jeong Y K 等利用引文上下文（content-based）开展基于文献内容的作者共被引分析，测度作者之间的相似性，实证发现该方法比传统的 ACA 在揭示信息科学知识结构的子领域时能够提供更多细节。

10.3.4 应用领域拓展

在图书情报学已有领域加入共被引分析技术，是生成共被引分析新的增长点的有效方式。例如，利用作者共被引改进信息检索策略；利用共被引聚类对检索结果过滤；采用作者共被引分析和可视化技术，结合引用和共被引分析方法，建立、更新和维护术语词表，或设计能够生成实时交互作者地图的 AuthorLink 系统；利用越来越先进的共被引聚类技术确定科学前沿，对信息科学家范式重新描绘等。

相关学科对共被引分析方法的采纳不但大大增加了创新扩散广度，而且加速了迭代创新周期。例如，在起步阶段，运筹管理学领域主要运用共被引分析方法揭示管理信息系统（MIS）和决策支持系统（DSS）的研究现状和存在问题，而在起飞阶段，共被引分析主要被应用于对企业动态能力（dynamic capabilities）、企业吸收能力（absorptive-capacity）理论的分析。该领域是资源和战略管理理论框架中一个充满活力的研究领域，对于这样一个复杂而重要的领域，研究者们需要借助共被引分析方法构建一个清晰的概念地图。再如，2015年 Zupic I 和 Cater T 结合引文分析、共被引分析、文献耦合、共词分析等文献计量学方法为管理和组织学者提供了一个文献计量研究的工作流程，以补充元分析和定性评价方法的不足，增强该领域论文评价的严谨性，减轻同行评议的偏见。

应用研究对理论探索的推动。例如，2009—2010 年有一批成果较为集中地研究跨学科和大型科学网络，在一定程度上揭示了科学发展与创新机制。Leydesdorff L 认为利用科学文献将学科和亚学科结构解析出来是科学计量学的核心目的之一，通过实证证实了科学映射地图可以是大规模的和可靠的。Porter A L 采用国家共被引、文献共被引等方法验证了人们认为科学研究正在变得越来越跨学科的猜测，其科学地图提示跨学科研究主要发生在相邻学科领域之间，并有适度的远距离认知领域的链接。Small H 论述了共被引上下文和类比在基于科学地图的跨学科研究中的作用。研究表明学科之间的联系往往基于不同学科作者对科学领域中相似问题的看法，共被引上下文提示这些跨学科链接提供了科研创新的重要而成熟的机会。

10.4 科研领域迭代创新特征

10.4.1 迭代中的学科"角色"

共被引分析方法的相关研究分布在 81 个研究领域，即 2017 年的扩散广度为 81。图 10.7 为扩散广度增长曲线。表 10.1 展示了共被引分析方法主要的扩散领域、采纳时间及扩散延时。从"占总成果数%"可知，图书情报学和计算机科学不仅是共被引分析方法产生的源头，也是该领域迭代创新的活跃学科。另外值得注意的是，这两个学科的成果大部分为跨学科研究，只属于图书情报学的论文仅占两学科论文总量的 14%，仅属于计算机科学的占 9%，而跨学科论文占 77%。此外，商业与经济学的研究也较多，其他相关研究广布于科学技术、社会科学和人文艺术领域。

将跨学科引用量不小于 10 的学科领域作为节点，可视化共被引分析方法跨学科迭代创新网络。图书情报学和计算机科学的成果大部分重合，因此将这两个学科合并，标注为节点 ISLS、CS，如图 10.8 所示。该网络规模为 15，箭头方向为创新扩散方向。为明确各学科在迭代创新中发挥的具体作用，将所有学科分为 3 种类型：创新源发学科、创新助力学科和创新采纳学科。出度大于入度的节点为创新源发学科；出度为零的节点为创新采纳学科；其余为创新助力学科。据此得出 15 个学科领域的创新类型分布，见表 10.2。

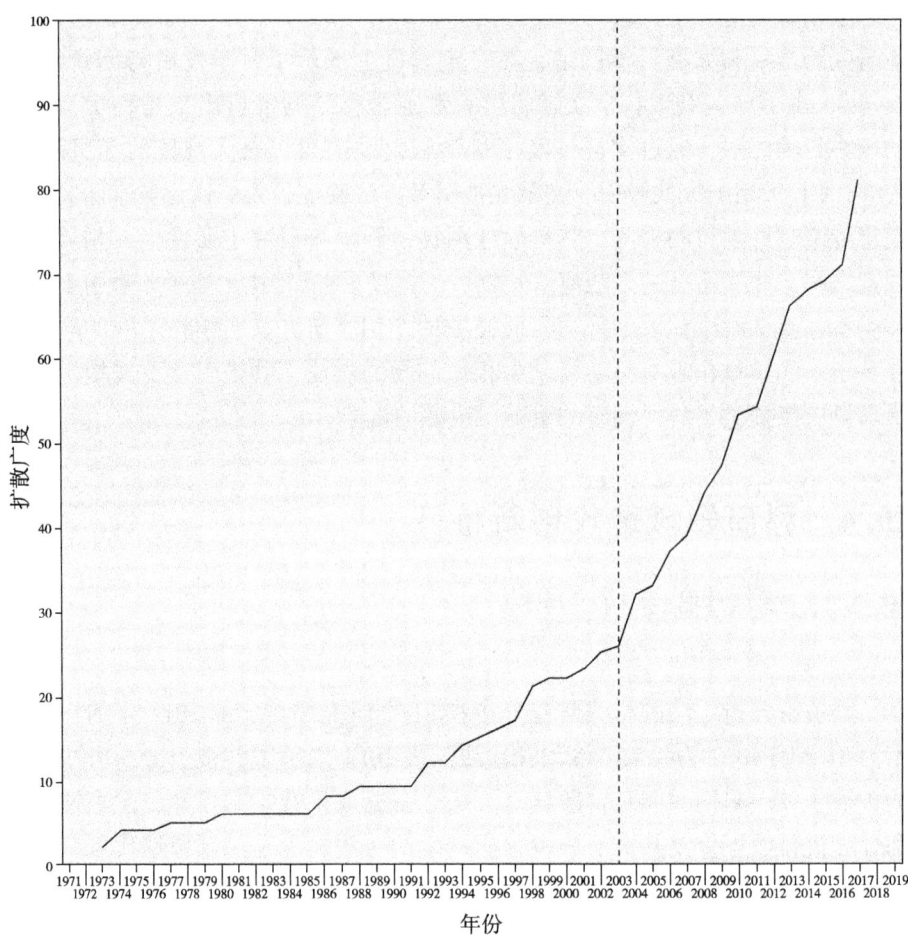

图10.7 共被引分析方法扩散广度增长曲线

表10.1 共被引分析方法学科领域扩散情况

序号	研究领域	成果数	占总成果数（%）	研究领域	采纳时间	扩散延时
1	INFORMATION SCIENCE LIBRARY SCIENCE	643	56.26	INFORMATION SCIENCE LIBRARY SCIENCE	1973	0
2	COMPUTER SCIENCE	638	55.82	COMPUTER SCIENCE	1973	0
3	BUSINESS ECONOMICS	192	16.80	SCIENCE TECHNOLOGY OTHER TOPICS	1974	1
4	ENGINEERING	61	5.34	SOCIAL SCIENCES OTHER TOPICS	1974	1

续表

序号	研究领域	成果数	占总成果数（%）	研究领域	采纳时间	扩散延时
5	SCIENCE TECHNOLOGY OTHER TOPICS	33	2.89	HISTORY PHILOSOPHY OF SCIENCE	1977	4
6	SOCIAL SCIENCES OTHER TOPICS	32	2.80	PSYCHIATRY	1980	7
7	PUBLIC ADMINISTRATION	25	2.19	BUSINESS ECONOMICS	1986	13
8	OPERATIONS RESEARCH MANAGEMENT SCIENCE	24	2.10	OPERATIONS RESEARCH MANAGEMENT SCIENCE	1986	13
9	EDUCATION EDUCATIONAL RESEARCH	20	1.75	MATHEMATICAL METHODS IN SOCIAL SCIENCES	1988	15
10	ENVIRONMENTAL SCIENCES ECOLOGY	18	1.58	PSYCHOLOGY	1992	19
11	PSYCHOLOGY	18	1.58	GENERAL INTERNAL MEDICINE	1992	19
12	COMMUNICATION	12	1.05	RESEARCH EXPERIMENTAL MEDICINE	1992	19
13	MATHEMATICAL COMPUTATIONAL BIOLOGY	12	1.05	PUBLIC ADMINISTRATION	1994	21
14	BIOCHEMISTRY MOLECULAR BIOLOGY	11	0.96	FISHERIES	1994	21
15	BIOTECHNOLOGY APPLIED MICROBIOLOGY	11	0.96	ENGINEERING	1995	22
16	HEALTH CARE SCIENCES SERVICES	11	0.96	SOCIOLOGY	1996	23
17	MATHEMATICS	10	0.88	MATHEMATICS	1997	24
18	SOCIOLOGY	8	0.70	COMMUNICATION	1998	25
19	CHEMISTRY	7	0.61	HEALTH CARE SCIENCES SERVICES	1998	25
20	ENERGY FUELS	7	0.61	MEDICAL INFORMATICS	1998	25
21	MEDICAL INFORMATICS	7	0.61	PHARMACOLOGY PHARMACY	1998	25
22	NEUROSCIENCES NEUROLOGY	7	0.61	GASTROENTEROLOGY HEPATOLOGY	1999	26

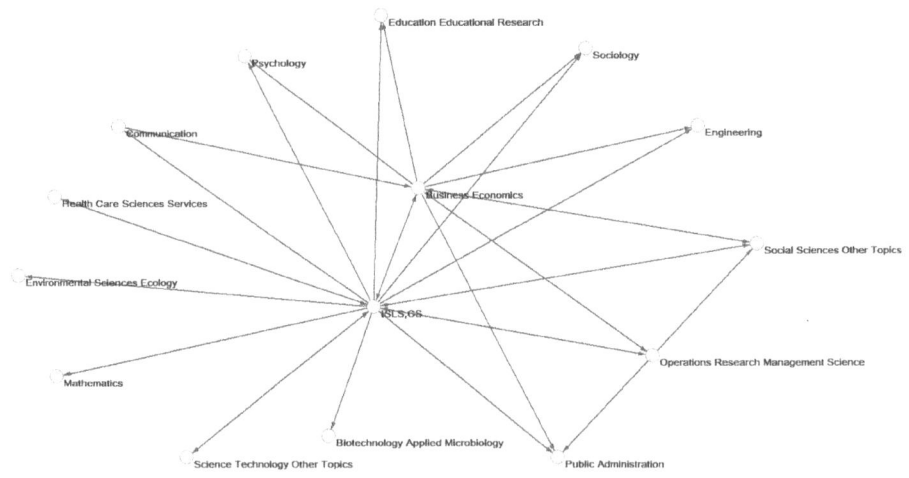

图 10.8 共被引分析方法跨学科迭代创新网络

表 10.2 共被引分析方法学科领域创新类型分布

创新类型	学科领域
创新源发学科	ISLS/CS, BUSINESS ECONOMICS, OPERATIONS RESEARCH MANAGEMENT SCIENCE
创新助力学科	SCIENCE TECHNOLOGY OTHER TOPICS, SOCIAL SCIENCES OTHER TOPICS, COMMUNICATION, HEALTH CARE SCIENCES SERVICES, PUBLIC ADMINISTRATION
创新采纳学科	ENGINEERING, EDUCATION EDUCATIONAL RESEARCH, ENVIRONMENTAL SCIENCES ECOLOGY, PSYCHOLOGY, BIOTECHNOLOGY APPLIED MICROBIOLOGY, MATHEMATICS, SOCIOLOGY

创新源发学科除了图书情报学和计算机科学，还有商业与经济学和运筹与管理科学。这 3 组学科领域的创新扩散路径形成双向闭环，迭代创新在这 3 个学科领域之间不断发生，并向其他学科输出新的理论、方法与技术。其中，图书情报学和计算机科学是创新扩散网络的核心，其成果被所有其他 14 个学科领域所采纳，另有 6 个学科的迭代创新成果反哺该领域，其出度、入度比为 14/6。商业与经济学和运筹与管理科学为创新扩散网络的亚核心，出度、入度比分别为 8/4 和 4/2。

创新助力学科有科学技术其他主题、社会科学其他主题、公共管理、传播学、保健科学与服务 5 个。其中，前 3 个学科是与创新源发学科密切相关的学科领域，二者之间拥有很多共同的研究主题，如学科的兴起与发展、科技创新与涌现、专利共被引方法与技术等。而传播学所涉及的传播网络、学术传播过程及学术传播媒介研究，以及保健科学对医学信息学、生物信息学、医药情报、医学文献检索等主题的研究，为共被引分析提供了相关学科理论与分析视角、新的数据来源、分析单元、网络类型和新的研究问题。

创新采纳学科有7个。工程学、教育学、环境科学与生态学、心理学、生物技术与应用微生物学、数学和社会学。这些学科领域采用共被引分析方法与技术帮助解决核心研究领域转移、研究主题可见度、不同流派的交叉情况、作者分群、学科专业的演变与衰落、判别新动向和新进展、网页排名算法、节点相似度算法、空间优先连接模型构建等问题。

10.4.2 科研迭代创新特征

在科研领域，除了一般特征，迭代创新还有其独特之处，具体如下。

①对原始创新核心内容的不断调用，以及对相关知识的引进与整合。共被引分析方法迭代创新的基础非常稳定，以文献计量学、引文分析、共被引分析、作者共被引分析的概念、原理、方法为迭代基础，面向揭示科学、知识结构，探索科研规律等研究，通过吸纳、整合已有或新的相关理论、方法与技术推进迭代创新。社会网络分析方法的引入使共被引分析回到基于共被引网络研究的初衷，而不再主要依赖多元统计方法，达成方法论上的跃迁。

②面向问题反复调整试错迭代。从起飞阶段开始，共被引分析研究的焦点不再是单纯的理论与方法，而是越来越多地面向解决科研过程中不断凸显的问题，包括挖掘潜在合作者、判定新兴领域、预测研究趋势、改进科研评价方法等。为了更清晰、准确地可视化学科领域，共被引分析本身的方法与技术不断改进，共被引分析方法与其他相关方法的融合也被不断尝试。

③累积微创新产生大变革。持续的迭代创新和更多的应用场景使得原始创新的理论原理和应用边界越加清晰、明确，一旦有新的相关问题亟待解决，该项创新就易于促生新的理论与方法。例如，网络计量学的基础理论之一即是共被引分析，它是共被引分析概念、原理在网络技术迅猛发展和网络资源激增的情景下促生的一种新型计量学。

④在迭代创新形成规模之前存在一个"沉寂期"。在此期间，迭代创新成果较少，但是其中包含重要创新，见图10.1中1993年之前的"塔顶"部分。该部分包含Small H 和White H D 等人的多篇重要成果，为共被引分析设

定了在理论、方法、技术和应用方面不断迭代的基本方向。从图10.2的累积成果量来看，沉寂期是迭代创新的开始部分，此时只有个别研究人员选定该项创新，其迭代创新成果增长曲线接近线性增长或指数增长初始阶段。然而，虽然沉寂期在形态上不显著，相关成果也未充分体现其影响力，但确是一项科研创新能否顺利扩散和迭代的关键期。从对起步阶段的分析可知，该阶段的成果数约为总成果数的1/5，而其被引量占总被引量的一半以上。

⑤学科扩散促进迭代创新。2003年后共被引分析学科扩散明显加快，而迭代创新在2006年进入起飞阶段，并于2010年达到成功扩散的理论临界值。至于创新成果在学科领域间的加速扩散是否是该项创新能够顺利进行迭代的原因还需要深入研究，但是可以推断，学科扩散能够促进迭代创新。多学科理论与方法的引入，以及应用场景的增加都会为迭代创新提供新动力。

⑥不同学科领域在迭代创新中的"角色"不同。共被引分析迭代创新有3个创新源发学科、5个创新助力学科和7个创新采纳学科。3种不同类型的学科领域在跨学科迭代的拓扑结构中占有不同地位，分别拥有扩散中心、亚中心、互惠及单向接收的位置与关系。学科领域间多样的交流形式，保证了迭代创新的可持续性。例如，图书情报学和计算机科学是共被引分析的源发学科。其中，图书情报学提出问题，并设计解决问题的方法与指标，而计算机科学提供算法与技术，整合方法步骤，实现分析平台。

⑦持续的迭代创新有赖于外部环境的支撑。1964年，科学引文索引SCI的诞生为共被引分析提供了数据与检索平台。2004年问世的Scopus数据库为全作者共被引分析提供了便利。学术文献搜索引擎Google Scholar和CiteSeer的出现进一步开放了引文数据的获取途径，开辟了网络环境下共被引分析的研究空间。近年来，随着全文数据资源的可获取性及自然语言处理技术的不断提高，基于文本内容的共被引分析研究正逐步展开。

对科学发展构成关键事件的原始创新在科研成果中仅占很小比例，往往可遇而不可求，而迭代创新包括以原始创新为基础的各种类型创新，是科研创新的主要形式。大量的迭代创新不仅促进科学研究的深入发展，而且为解决新问题提供了不同知识组合的尝试，并进一步激发原始创新的产生。因此，开展科研领域迭代创新研究，是探索科研创新规律的重要内容。本章仅以案例研究对科研领域迭代创新的基本特征进行了初步探索，更具一般性的结论有待于未来更充分和深入的研究。

参考文献

[1] ALBERT R, BARABDSI A L. Statistical mechanics of complex networks [J]. Rev Mod Phys, 2002, 74 (1): 47-97.

[2] ALBERT R, JEONG H, BARABDSI A L. The diameter of the world-wide web [J]. Nature, 1999 (401): 30.

[3] ALONSO S. H-index: A review focused in its variants, computation and standardization for different scientific fields [J]. Journal of Informetrics, 2009, 3 (4): 273-289.

[4] ANDERSON T R, HANKIN R K S, KILLWORTH P D. Beyond the durfee square: Enhancing the h-index to score total publication output [J]. Scientometrics, 2008, 76 (3): 577-588.

[5] BARABASI A, ALBERT R. Emergence of scaling in random networks [J]. Science, 1999, 286 (5439): 509-512.

[6] BARNES J A. Class and committees in a Norwegian island parish [J]. Human Relations, 1954 (7): 39-58.

[7] BARNETT G A, et al. Citations among communication journals and other disciplines: a network analysis [J]. Scientometrics, 2011, 88 (2): 449-469.

[8] BERKMAN L F, SYME S L. Social networks, host resistance, and mortality: A nine-year follow-up study of Alameda County residents [J]. Am J Epidemiol, 1979, 109: 186-204.

[9] BODDAPATI V, SACHDEV R, Fu M C, et al. Increasing industry support is associated with higher research productivity in orthopaedic surgery [J]. The Journal of Bone and Joint Surgery, 2018, 100 (6): e36.

[10] BONACICH P, CODY A, MICHAEL H. Hyper-Edges and Multi-Dimensional [N]. Bonacich's webpage, 2002-02-18.

[11] BORNMANN L. Are there better indices for evaluation purposes than the h index? A comparison of nine different variants of the h index using data from biomedicine [J]. Journal of the American Society for Information Science and Techonlogy, 2008, 59 (5): 830-837.

[12] BOULD M D, BOET S, SHARMA B. H-indices in a university department of anaesthesia: An evaluation of their feasibility, reliability, and validity as an assessment of academic performance [J]. British Journal of Anaesthesia, 2011, 106 (3): 325 – 330.

[13] BOYACK K W, KLAVANS R, BORNER K. Mapping the backbone of science [J]. Scientometrics, 2005, 64 (3): 351 – 374.

[14] BOYACK K W, SMALL H, KLAVANS R. Improving the accuracy of co-citation clustering using full text [J]. Journal of the amerlcan soclety for information science and technology, 2013, 64 (9): 1759 – 1767.

[15] BU Y, LIU T Y, HUANG W B. MACA: a modified author co-citation analysis method combined with general descriptive metadata of citations [J]. Scientometrics, 2016, 108 (1): 143 – 166.

[16] BURT R S. Toward A Structural Theory of Action [M]. Academic Press, 1982.

[17] CHANG Y W, HUANG M H. A study of the evolution of interdisciplinarity in library and information science: using three bibliometric methods [J]. Journal of the Association for Information Science and Technology, 2012, 63 (1): 22 – 33.

[18] CHANG, C K N. Using patents prospectively to identify emerging, high-impact technological clusters [J]. Research evaluatio, 2009, 18 (5): 357 – 364.

[19] CHEN C, CRIBBIN T, MACREDIE R, et al. Visualizing and tracking the growth of competing paradigms: Two case studies [J]. Journal of the American Society for Information Science and Technology, 2002, 53 (8): 678 – 689.

[20] CHEN C, KULJIS J, PAUL R J. Visualizing latent domain knowledge [J]. IEEE Transactions on System, Man, and Cybernetics, Part C: Applications and Reviews, 2001, 31 (4): 518 – 529.

[21] CHEN C, KULJIS J. The rising landscape: a visual exploration of super-string revolutions in physics [J]. Journal of the American Society for Information Science and Technology, 2003, 54 (5): 435 – 446.

[22] CHEN C, PAUL R J, BOB O'KEEFE. Fitting the jigsaw of citation: Information visualization in domain analysis [J]. Journal of the American Society for Information Science, 2001, 52 (4): 315 – 330.

[23] CHEN C, PAUL R J. Visualizing a knowledge domain's intellectual structure [J]. Computer, 2001, 34 (3): 65 – 71.

[24] CHEN C. CiteSpace II: Detecting and visualizing emerging trends and transient patterns in scientific literature [J]. Journal of the American Society for Information Science and Technology, 2006, 57 (3): 359 – 377.

[25] CHEN C. Turning Points: The Nature of Creativity [M]. Beijing: Higher Education Press, 2011: 102.

[26] CHEN C M, LBEKWE-SANJUAN F, HOU J H. The Structure and Dynamics of Cocitation Clusters: A Multiple-Perspective Cocitation Analysis [J]. Journal of the american society for information science and technology, 2010, 61 (7): 1386-1409.

[27] CHEN C M. Visualising semantic spaces and author co-citation networks in digital libraries [J]. Information processing & management, 1999, 35 (3): 401-420.

[28] CHEN Q, CHANG H S, GOVINDAN R, et al. The origin of power-laws in Internet topologies revisited [C]. LEEE Infocom 2002: the Conference on Computer Communications, Vols 1-3, Proceedings.

[29] COHEN S, WILLS T A. Stress, social support, and the buffering hypothesis [J]. Psychol Bull, 1985, 98 (2): 310-57.

[30] DAGNINO G B, LEVANTI G, MINA A, et al. Interorganizational network and innovation: a bibliometric study and proposed research agenda [J]. Journal of business & industrial marketing, 2015, 30 (3-4): 354-377.

[31] DE NOOY W, MRVAR A, BATAGELJ V. Exploratory social network analysis with Pajek: revised and expanded [M]. 2nd Edition. New York: Cambridge University Press, 2011: 162, 193, 244-246.

[32] DERMODY S M, LITVACK J R, RANDALL J A, et al. Compensation of otolaryngologists in the veterans health administration: Is there a gender gap? [J]. Laryngoscope PE, 2019, 129 (1): 113-118.

[33] DIESTEL R. Graph theory [M]. New York: Springer Verlag, 2000.

[34] DOREIAN P, FARARO T J. Structural Equivalence in a Journal Network [J]. Journal of the American Society of Information Science, 1985, 36 (1): 28-37.

[35] LOGAN E, PAO M L. Analytic and empirical measures of key authors in schistosomiasis [J]. Proceedings of the American Society for Information Science, 1990 (1): 27.

[36] LOGAN E, PAO M L. Identification of key authors in a collaborative network [J]. Proceedings of the American Society for Information Science, 1991 (1): 28.

[37] EGGHE L, ROUSSEAU R. An h-index weighted by citation impact [J]. Information Processing & Management, 2008, 44 (2): 770-780.

[38] EGGHE L, ROUSSEAU R. Introduction to Informetrics [M]. Amsterdam: Elsevier, 1990.

[39] EGGHE LEO. Theory and practise of the g-index [J]. Scientomentics, 2006, 69 (1): 131-152.

[40] EISEVIER. Response to HEFCE's call for evidence: independent review of the role of metrics in research assessment [EB/OL]. [2015-09-11]. https://www.elsevier.com/data/assets/pdf_file/0019/53416/Elsevier-response-HEFCE-re-

view-role-of-metrics. pdf.

[41] EMIRBAYER M, GOODWIN J. Network Analysis, Culture, and Problem of Agency [J]. American Journal of Sociology, 1994, 99 (1): 1411-1454.

[42] EOM S B. Mapping the intellectual structure of research in decision support systems through author cocitation analysis (1971—1993) [J]. Decision support systems, 1996, 16 (4): 315-333.

[43] EOM S. All author cocitation analysis and first author cocitation analysis: A comparative empirical investigation [J]. Journal of informetrics, 2008, 2 (1): 53-64.

[44] ESZTER HARGITTAI. Isolated social networkers [EB/OL]. (2005-03-19) [2019-09-26]. http://crookedtimber.org/2005/05/19/isolated-social-networkers/.

[45] EVELIEN OTTE, RONALD ROUSSEAU. Social network analysis: a powerful strategy, also for the information sciences [J]. Journal of Information Science, 2002, 28 (6): 441-453.

[46] EVERETT M. Social Network Analysis [M]. Essex: Textbook at Essex Summer School in SSDA, 2002.

[47] FABA-PEREZ, GUERRERO-BOTE, DE MOYA-ANEGON. Data mining in a closed web environment [J]. Scientometrics, 2003, 58 (3): 623-640.

[48] FITZGERALD E, WANKERL A, SCHRAMM C. Inside Real Innovation: How the right approach can move ideas from R&D to market and get the economy moving [M]. World Scientific Publishing: Hackensack, 2011: 36-42.

[49] FREEMAN L C. Centered graphs and the structure of ego networks [J]. Mathematical Social Sciences, 1982 (3): 291-304.

[50] FREEMAN L C. Centrality in social networks: Conceptual clarification [J]. Social Networks, 1979 (1): 215-239.

[51] GARFIELD E. Algorithmic citation-linked historiography-mapping the literature of science [C]. Proceedings of the American Society for Information Science and Technology, 39: 14-24, Meeting, November 2002. Philadelphia, 2002.

[52] GARFIELD E, WELLJAMSDOROF A. Of Nobel Class- a Citation Perspective on High-Impact Research Authors [J]. Theoretical Medicine, 1992, 13 (2): 117-135.

[53] GARFIELD E, SHER I H, TORPIE R J. The use of citation data in writing the history of science. Institute for Scientific Information, Philadelphisa, Pennsylvania, USA, 1964.

[54] GARFIELD E. Citation Indexes for Science: New Dimension in Documentation through Association of Ideas [J]. Science, 1955, 122 (3159): 108-111.

[55] GATTRELL A C. Describing the structure of a research literature: Spatial diffusion modelling in geography [J]. Environment and Planning, 1984 (1): 11.

[56] GATTRELL A C. The Growth of a Research Speciality [R]. Annals of the Association of American Geographers, 1984: 74.

[57] GLANZEL W, GARFIELD E. The myth of delayed recognition [J]. Scientist, 2004, 18 (11): 8-9.

[58] GOULD R V, FERNANDEZ R M. Structures of Mediation: A Formal Approach to Brokerage in Transaction Networks [M]. San Francisco: Jossey-Bass, 1989: 89-126.

[59] GRANOVETTER M. The Strength of Weak Ties [J]. American Journal of Sociology, 1973 (81): 1287-1303.

[60] HANNEMAN R A. Introduction to Social Network Methods [M]. University of California, Riverside, Department of sociology, 2001.

[61] HARRISON C WHITE, SCOTT A BOORMAN, RONALD LBREIGER. Social Structure from Multiple Network I Blockmodels of Roles and Positions [J]. The American Journal of Sociology, 1976, 81 (4): 730-780.

[62] HIRSCH J E. An index to quantify an individual's scientific research output [J]. Proceedings of the National Academy of Sciences of the United States of America, 2005, 102 (46): 16569-16572.

[63] HOUSNER L D, GOMEZ R L, GRIFFEY D C. Pedagogical knowledge structures in prospective teachers-Relationships to performance in a teaching methodology course [J]. Research quarterly for exercise and sport, 1993, 64 (2): 167-177.

[64] HUMMON N P, DOREIAN P. Connectivity in a Citation Network: The Development of DNA Theory [J]. Social Networks, 1989 (11): 39-63.

[65] JEONG H, TOMBOR B, ALBERT R, et al. The -scale organization of metabolic networks [J]. Nature, 2000 (407): 651-653.

[66] JEONF Y K, SONG M, DING Y. Content-based author co-citation analysis [J]. Journal of informetrics, 2014, 8 (1): 197-211.

[67] JIN B H, et al. The R- and AR- indices: Complementing the h-index [J]. Chinese Science Bulletin, 2007, 52 (6): 855-863.

[68] MCCAIN K W. Mapping Economics through the Journal Literature: An Experiment in Journal Co-Citation Analysis [J]. JASIS, 1991 (42): 290-296.

[69] KESSLER M M. Bibliographic coupling between scientific papers [J]. american documentation, 1963, 14 (1): 10-25.

[70] KLEINBERG J. Bursty and hierarchical structure in streams [C]. Proceedings of Proceedings of the 8th ACMSIGKDD International Conference on Knowledge Discovery and Data Mining, Edmonton, Alberta, Canada: ACM Press, 2002 (1): 91-101.

[71] KOHONEN T. Self-organized formation of topologically correct feature maps [J]. Biological cybernetics, 1982, 43 (1): 59-69.

[72] KOSMULSKI M. Successful papers: a new idea in evaluation of scientific output [J]. Journal of Informetrics, 2011 (5): 481-485.

[73] LAHERRERE J, SORNETTE D. Stretched exponential distributions in nature and economy: fat tails'with characteristic scales [J]. The European Physical Journal B-Condensed Matter, 1998, 2 (4): 525-539.

[74] LEYDESDORFF L, CARLEY S, RAFOLS I. Global maps of science based on the new Web-of-Science categories [J]. Scientometrics, 2013, 94 (2): 589-593.

[75] LIN N. Social capital [M]. Cambridge: Cambridge University Press, 2001.

[76] LIN NAN. Social Networks and Status Attainment [J]. Annual Review of Sociology, 1999 (25): 467-487.

[77] LIN X, WHITE H D, BUZYDLOWSKI J. Real-time author co-citation mapping for online searching [J]. Information processing & management, 2003, 39 (5): 689-706.

[78] LIN X. Map displays for information retrieval [J]. JASIS, 1997, 48 (1): 40-54.

[79] LOET LEYDESDORFF, LSMAEL RAFOLS. A Global Map of Science Based on the ISI Subject Categories [J]. Journal of the American Society for Information Science and Technology, 2009, 60 (2): 348-362.

[80] LOET LEYDESDORFF, PING ZHOU. Nanotechnology as a Field of Science: Its Delineation in Terms of Journals and Patents [J]. Scientometrics, 2007, 70 (3): 693-713.

[81] LOET LEYDESDORFF, THOMAS SCHANK. Dynamic Animations of Journal Maps: Indicators of Structural Changes and Interdisciplinary Developments [J]. Journal of the American Society for Information Science and Technology, 2008, 59 (11): 1810-1818.

[82] LOET LEYDESDORFF. "Betweenness Centrality" as an Indicator of the "Interdisciplinarity" of Scientific Journals [J]. Journal of the American Society for Information Science and Technology, 2007, 58 (9): 1303-1309.

[83] LOET LEYDESDORFF. Clusters and Maps of Science Journals Based on Bi-Connected Graphs in the Journal Citation Reports [J]. Journal of Documentation, 2004, 60 (4): 371-427.

[84] LOET LEYDESDORFF. The delineation of nanoscience and nanotechnology in terms of journals and patents: a most recent update [J]. Scientometrics, 2008, 76 (1): 159-167.

[85] LORRAIN H C, WHITE. Structural Equivalence of Individuals in Social Networks [J]. Journal of Mathematical Sociology, 1971 (1): 49-80.

[86] LOTKA A J. The frequency distribution of scientific productivity [J]. Washington Academy of Science, 1926, 16 (2): 15.

[87] MARK GRANOVETTER. The strength of weak ties [J]. American Journal of Sociology, 1973, 78 (5): 1360-1380.

[88] MARK S GRANOVETTER. The strength of weak ties [J]. The American Journal of Sociology, 1973, 78 (6): 1360-1380.

[89] MAYER R E. The search for insight: Grappling with Gestalt Psychology's unanswered questions [C] //Sternberg R J, Davidson J E. The nature of Insight. Cambridge, MA: The MIT Press, 1995: 3-32.

[90] MCCCIN K W. Mapping authors in intellectual space: a technical overview [J]. Journal of the American Society for Information Science, 1990, 41 (6): 433-443.

[91] MICHAEL POLANYI. The Logic of Ligerty: the Reflections and Rejoinders [M]. Routledge and Kegan Paul Ltd. , 1951: 53.

[92] MILGRAM S. The small world problem [J]. Psychology Today, 1967 (2): 60-67.

[93] MOGEE M E, KOLAR R G. Patent co-citation analysis of Eli Lilly & Co. patents [J]. Expert opinion on therapeutic patents, 1999, 9 (3): 291-305.

[94] MOYA-ANEGON F, VARGAS-QUESADA B, HERRERO-SOLANA V, et al. A new technique for building maps of large scientific domains based on the cocitation of classes and categories [J]. Scientometrics, 2004, 61 (1): 129-145.

[95] MULLIGAN A, HALL L, RAPHAEL E. Peer review in a changing world: An international study measuring the attitudes of researchers [J]. Journal of the American Society for Information Science and Technology, 2013 (1): 132-161.

[96] LIN N. Foundations of Social Research [M]. New York: McGraw-Hill, 1976: 5.

[97] NADEL S F. The Theory of Social Structure [M]. New York: Free Press, 1957.

[98] National Science Foundation. FY 2005 Performance and Accountability Report [R]. 2005: II 1-II 86.

[99] NEWMAN M E J. The Structure and Function of complex network [J]. SLAM Review, 2003, 45 (2): 167-256.

[100] NONAKA I. The knowledge-creating company [J]. Harvard Business Review, 1991, 69 (9): 95-104.

[101] OTTE E, ROUSSEAU R. Social network analysis: a powerful strategy, also for the information sciences [J]. Journal of information science, 2002, 28 (6): 441-453.

[102] PETERAF M, DI STEFANO G, VERONA G. The elephant in the room of dynamic capabilities: bringing two diverging conversations together [J]. Strategic management journal, 2013, 34 (12): 1389-1410.

[103] PFLUECER, JOHN C. A design method for cross-disciplinary coordination and inno-

vation [D]. Massachusetts Institute of Technology, 1991.

[104] PIROLLI P. Information Foraging Theory: Adaptive Interaction with Information [M]. Oxford, England: Oxford University Press, 2007: 14 – 16.

[105] PORTER A L, RAFOLS I. Is science becoming more interdisciplinary? Measuring and mapping six research fields over time [J]. Scientometrics, 2009, 81 (3): 719 – 745.

[106] PRICE D J S. A general theory of bibliometric and other cumulative advantage processes [J]. Journal of the American society for information science, 1976, 27 (1): 292 – 306.

[107] PRICE D J S. Networks of scientific papers [J]. Science, 1965, 149 (3683): 510 – 515.

[108] PRIME C, BASSECOULARD E, ZITT M. Co-citations and co-sitations: A cautionary view on an analogy [J]. Scientometrics, 2002, 54 (2): 291 – 308.

[109] QIU J P, DONG K, YU H Q. Comparative study on structure and correlation among author co-occurrence networks in bibliometrics [J]. Scientometrics, 2014, 101 (2): 1345 – 1360.

[110] RAFOLS LSMAEL, LEYDESDORFF LOET, O'HARE ALICE, et al. How journal rankings can suppress interdisciplinary research: a comparison between Innovation Studies and Business & Management [J]. Research policy, 2012 (7): 1262 – 1282.

[111] REDNER S. How popular is Your Paper? An Empirical Study of the Citation Distribution [J]. The European Physical Journal B, 1998, 4 (1): 131 – 134.

[112] Review of BBSRC-Funded Research Relevant to Sustainable Agriculture [R]. A report for BBSRC Council. October 2002. http://www.bbsrc.ac.uk/tools/download/Welcome.html.

[113] Ronald S Burt. Social capital, structural holes and the entrepreneur [J]. Revve francaise de sociologie, 1995 (4): 599.

[114] RONALD S BURT. Structural holes and good ideas [J]. American journal of sociology, 2004 (2): 349 – 399.

[115] RONALD S BURT. Structural Holes: The Social Structure of Competition [M]. Harvard University Press, 1992.

[116] RONALD S BURT. Teaching executives to see social capital: results from a field experiment [J]. Social science research, 2007 (36): 1156 – 1183.

[117] SANG-IL SEOK, PARK HAN WOO. Web Feature and Co-mention Analyses of Open Data 500 on Education Companies [J]. Journal of The Korean Data Analysis Society, 2016, 18 (4): 2067 – 2078.

[118] SCHNEIDER J W, LARSEN B, INGWERSEN P. A comparative study of first and

all-author co-citation counting, and two different matrix generation approaches applied for author co-citation analyses [J]. Scientometrics, 2009, 80 (1): 103-130.

[119] SCHVANEVELDT R W. Pathfinder Associative Networks: Studies in Knowledge Organization [A]. in Ablex Series in Computational Sciences [C]. D Partridge, Ed Norwood. New Jersey: Ablex Publishing Corporations, 1990.

[120] SEGLEN P O. Why the impact factor of journals should not be used for evaluating research [J]. BMJ, 1997, 314 (1): 498-502.

[121] SEIDMAN S B. Network Structure and Minimum Degree [J]. Social Networks, 1983 (5): 17.

[122] SHAW W M. Information Theory and Scientific Communication [J]. Sociometrics, 1981, 3 (3): 235-249.

[123] SMALL H G, GRIFFITH B C. The structure of scientific literatures 1: Identifying and graphing specialties [J]. Science Studies, 1974 (4): 17-40.

[124] SMALL H, SWEENEY E, GREENLEE E. Clustering the science citation index using co-citations. 2. Mapping science [J]. Scientometrics, 1985, 8 (5-6): 321-340.

[125] SMALL H. A sci-map case-study-building a map of aids research [J]. Scientometrics, 1994, 30 (1): 229-241.

[126] SMALL H. co-citation context analysis and the structure of paradigms [J]. Journal of documentation, 1980, 36 (3): 183-196.

[127] SMALL H. Cocitation in scientific literature - new measure of relationship between 2 documents [J]. JASIS, 1973, 24 (4): 265-269.

[128] SMALL H. Greenlee e. citation context analysis of a co-citation cluste r-recombinant-DNA [J]. Scientometrics, 1980, 2 (4): 277-301.

[129] SMALL H. Macrolevel changes in the structure of cocitation clusters: 1983—1989 [J]. Scientometrics, 1993, 26 (1): 5-20.

[130] SMALL H. The relationship of information-science to the social-sciences-aco-citation analysis [J]. Information processing & management, 1981, 17 (1): 39-50.

[131] SMALL H. Visualizing science by citation mapping [J]. JASIS, 1999, 50 (9): 799-813.

[132] SMALL H. Co-citation model of a scientific specialty-longitudinal-study of collagen research [J]. Social studies of science, 1977, 7 (2): 139-166.

[133] SMALL H. Paradigms, citations, and maps of science: a personal history [J]. Journal of the American society for information science and technology, 2003 (5): 23.

[134] SMALL, HENRY. Maps of science as interdisciplinary discourse: co-citation contexts and the role of analogy [J]. Scientometrics, 2010, 83 (3): 835-849.

[135] STEVEN H STROGATZ. Exploring complex networks [J]. Nature, 2001, 410

(1): 268-276.

[136] SU Y M, HSU P Y, PAI N Y. An approach to discover and recommend cross-domain bridge-keywords in document banks [J]. Electronic library, 2010, 28 (5): 669-687.

[137] SVIDER P F. The use of the h-index in academic otolaryngology [J]. Laryngoscope, 2013, 123 (1): 103-106.

[138] TENG J T C, GALLETTA D F. Mis research directions-a survey of researchers views [J]. Data base, 1990, 21 (2-3): 1-10.

[139] The San Francisco Declaration on Research Assessment. Putting science into the assessment of research [EB/OL]. [2015-09-28]. http://am.ascb.org/dora/.

[140] THOMAS S KUHN. The structure of scientific revolutions [M]. 3rd ed. Chicago: University of Chicago Press, 1996: 52.

[141] TIBOR BRAUN, WOLFGANG GLAZNZEL, ANDRAS SCHUBERT. A hirsch-type index for journals [J]. Scientometrics, 2006, 69 (1): 169-173.

[142] TOL R S J. The h-index and its alternatives: an application to the 100 most prolific economists [J]. Scientometrics, 2009, 80 (2): 317-324.

[143] VAN RAAN A F J. Sleeping beauties in science [J]. Scientometrics, 2004, 59 (3): 467-472.

[144] WANG F F, WANG X H, YANG S L. Mining author relationship in scholarly networks based on tripartite citation analysis [J]. PLoS ONE, 2017, 12 (11): e0187653.

[145] WASSERMAN S, FAUST K. Social Network Analysis: Methods and Applications [M]. Cambridge: Cambridge University Press, 1994.

[146] WATTS D J, DODDS P S, NEWMAN M E J. Identity and search in social networks [J]. Sciencem, 2002, 296 (5571): 1302-1305.

[147] WATTS D J, STROGATZ S H. Collective dynamics of "small world" networks [J]. Nature, 1998, 393 (6684): 440-442.

[148] WATTS D J. Small world: the dynamics of networks between order and randomness [M]. Princeton University Press, 1999.

[149] WEINSTOCK M. Citation indexes [J]. Encyclopedia of library and information science, 1971 (5): 16-40.

[150] WELLMAN B, BERKOWITZ S D EDS. Social Structures: A Network Approach [M]. Cambridge University Press, 1988: 19-61.

[151] WHITE H C. Varieties of markets. In Wellman B, Berkowitz S D eds. Social Structures: A Network Approach [M]. Cambridge University Press, 1988: 226-260.

[152] WHITE H C. Where Do Markets Come From? [J]. American Journal of Sociology,

1981 (87): 517-417.

[153] WHITE H D, GRIFFITHB. Author cocitation: A literature measure of intellectual structures [J]. Journal of the American socitety for information science, 1981, 32 (3), 163-171.

[154] WHITE H D, MCCAIN W. Visualizing a discipline: an author co-citation analysis of information science, 1972-1995 [J]. Journal of the American society for information science, 1998, 49 (4): 327-355.

[155] WHITE H D. Author co-citation: a literature measure of intellectual structure [J]. Journal of the American society for information science, 1981, 32 (3): 163-169.

[156] WHITE H D. Pathfinder networks and author co-citation analysis: a re-mapping of paradigmatic information scientists [J]. Journal of the American society for information science and technology, 2003, 54 (5): 423-434.

[157] WHITE HC, BOORMAN SA, BREIGER R I. Social-structure from multiple networks. 1. blockmodels of eoles and positions [J]. American journal of sociology, 1976, 81 (4): 730-780.

[158] WHITE H D, GRIFFITH B C. Author co-citation: a Literature measure of intellectual structure [J]. Jasis, 1981 (32): 163-171.

[159] WHITE H D, GRIFFITH B C. Authors as markers of intellectual space-co-citation in studies of science, technology and society [J]. Journal of documentation, 1982, 38 (4): 255-272.

[160] WHITE H D, MCCAIN K W. Visualization of literatures [J]. Annual review of information science and technology, 1997, 32: 99-168.

[161] WHITE H D, MCCAIN K W. Visualizing a discipline: an author co-citation analysis of information science, 1972—1995 [J]. Jasis, 1998, 49 (4): 327-355.

[162] WU QIANG. The w-index: a measure to assess scientific impact by focusing on widely cited papers [J]. Journal of the American society for information science and technology, 2010, 61 (3): 609-614.

[163] YOO KYUNG JEONG, MIN SONG, YING DING. Content-based author co-citation analysis [J]. Journal of informetrics, 2014, 8 (1): 197-211.

[164] ZAORSKY N G, AHMED A A, JUNJIA Z, et al. Industry funding is correlated with publication productivity of US academic radiation oncologists [J]. Journal of the American college of radiology, 2019, 16 (2): 244-251.

[165] ZHANG CHUN-TING. The e-index, complementing the h-index for excess citations [J]. PLoS, 2009 (4): e5429.

[166] ZHAO D. Towards all author co-citation analysis [J]. Information processing &

management, 2006, 42 (6): 1578-1591.

[167] ZUNDE P. Structural models of complex information sources [J]. Information storage and retrieval, 1971, 7 (1): 1-18.

[168] ZUPIC I, CATER T. Bibliometric methods in management and organization [J]. Organizational research methods, 2015, 18 (3): 429-472.

[169] 埃弗雷特·M. 罗杰斯. 创新的扩散 [M]. 辛欣, 译. 北京: 中央编译出版社, 2002: 5, 298.

[170] 埃利泽·盖斯勒. 科学技术测度体系 [M]. 周萍等, 译. 北京: 科学技术文献出版社, 2004.

[171] 包昌火, 谢新洲, 申宁. 人际网络分析 [J]. 情报学报, 2003 (3): 15.

[172] 步一, 刘天祎, 赵丹群, 等. 国外作者共引分析研究评述 [J]. 情报杂志, 2015 (12): 48-53.

[173] 陈定权. 同引分析与可视化技术 [J]. 情报科学, 2005 (4): 532-537.

[174] 初景利, 盛怡瑾. 科技期刊发展的十大主要态势 [J]. 中国科技期刊研究, 2018 (6): 531-540.

[175] 戴安娜·克兰. 无形学院: 知识在科学共同体的扩散 [M]. 刘珺珺, 顾昕, 王德禄, 译. 北京: 华夏出版社, 1988: 31, 63-64, 101.

[176] 党亚茹. 引文网络系统的结构模型化 [J]. 图书情报工作, 1996 (4): 58-61.

[177] 邓中华. 社会网络、引文网络和链接网络之比较 [J]. 图书馆杂志, 2008 (9): 6-10.

[178] 冯平. 评价论 [M]. 北京: 东方出版社, 1997: 1-10, 57, 109.

[179] 高霞, 陈凯华, 官建成. 科学知识扩散的网络模型 [J]. 研究与发展管理, 2013, 25 (2): 45-54.

[180] 高霞. h指数研究领域的知识扩散与影响力评价 [J]. 科学学与科学技术管理, 2013 (8): 3-9.

[181] 龚旭, 赵学文, 李晓轩, 等. 关于国家自然科学基金绩效评估的思考 [J]. 科研管理, 2004 (4): 1-8.

[182] 国家科技评估中心. 科学基金资助与管理绩效国际评估报告 [R]. 2011: 9.

[183] 国家哲学社会科学研究"十二五"规划 [N]. 光明日报, 2011-06-03 (6).

[184] 韩毅, 周畅, 刘佳. 以主路径为种子文献的领域演化脉络及凝聚子群识别 [J]. 图书情报工作, 2013 (3): 22-26, 55.

[185] 侯海燕. 基于知识图谱的科学计量学进展研究 [D]. 大连: 大连理工大学, 2006.

[186] 黄欣荣. 复杂性科学的方法论研究 [M]. 重庆: 重庆大学出版社, 2006.

[187] 姜春林,唐悦,杜维滨,等.CSSCI管理学来源期刊引文网络结构分析[J].科学学与科学技术管理,2009(7):54-58.

[188] 姜春林,张立伟,张春博.科学计量方法辅助代表作评价的探讨[J].情报资料工作,2014(3):31-36.

[189] 金碧辉,LOET LEYDESDORFF,孙海荣,等.中国科技期刊引文网络:国际影响和国内影响分析[J].中国科技期刊研究,2005(2):15.

[190] 旧金山科研评价宣言小组.关于科研评价的旧金山宣言:让科研评价更加科学[EB/OL].[2015-09-28].http://blog.sciencenet.cn/blog-335532-758739.html.

[191] 康延兴,李恩科.我国引文数据库发展的现状与方向分析[J].情报理论与实践,2004(5):547-549.

[192] 李江.基于引文的知识扩散研究评述[J].情报资料工作,2013(4):36-40.

[193] 李凯旋,林娜,杨洪勇.基于《情报科学》期刊作者合作网络模型分析[J].现代情报,2007(9):57-63.

[194] 李若筠.国家自然科学基金委员会管理科学部资助项目评估研究[J].管理学报,2007(1):5-15.

[195] 李晓辉,徐跃权.复杂网络理论的情报学应用研究[J].情报资料工作,2007(3):9-13.

[196] 李燕萍.基于h指数及其衍生指数的高校学术影响力分析研究[J].情报杂志,2012,31(8):103-108.

[197] 李运景.可视化引文分析在科技史中的应用研究:以杂交水稻育种研究为例[D].南京:南京农业大学,2007.

[198] 李志辉,罗平.SPSS for Windows统计分析教程[M].北京:电子工业出版社,2004.

[199] 梁永霞,刘则渊.利用CSSCI对中国引文分析的可视化研究[C].科学学理论与科学计量学探索:全国科学技术学暨科学学理论与学科建设2008年联合年会论文集,2008.

[200] 刘蓓,袁毅,BOUTIN ERIC.社会网络分析法在论文合作网中的应用研究[J].情报学报,2008(3):407-417.

[201] 刘蓓,袁毅,BOUTIN ERIC.中国情报学论文地区合作网研究[J].情报杂志,2008(9):133-136.

[202] 刘杰,陆君安.一个小型科研合作复杂网络及其分析[J].复杂系统与复杂性科学,2004(3):56-61.

[203] 刘军.社会网络分析导论[M].北京:社会科学文献出版社,2004:13,94,119,166,121,215.

[204] 刘则渊, 陈悦, 侯海燕, 等. 科学知识图谱: 方法与应用 [M]. 北京: 人民出版社, 2008.

[205] 刘则渊, 尹丽春. 国际科学学主题共词网络的可视化研究 [J]. 情报学报, 2006 (5): 634-640.

[206] 陆伟, 李纲, 谢阳群, 等. 面向创新型国家建设的知识组织与服务: 中国科协第150次青年科学家论坛会议综述 [J]. 图书·情报·知识, 2008 (3): 101-104.

[207] 栾春娟, 刘则渊, 侯海燕. 发明者合作网络中心性对科研绩效的影响 [J]. 科学学研究, 2008 (5): 938-943.

[208] 栾春娟, 王续琨, 刘则渊. 专利计量研究国际前沿的计量分析 [J]. 科学学研究, 2008 (2): 334-338.

[209] 罗彪, 杨婷婷, 王海风. 我国自然科学基金绩效评估框架构建 [J]. 华南理工大学学报 (社会科学版), 2014 (4): 1-8, 28.

[210] 罗杰斯. 创新的扩散 [M]. 辛欣, 译. 北京: 中央编译出版社, 2002: 86-90.

[211] 罗纳德·伯特. 结构洞: 竞争的社会结构 [M]. 任敏, 李璐, 林虹, 译. 上海: 格致出版社, 2008: 65.

[212] 罗式胜. 文献计量学概论 [M]. 广州: 中山大学出版社, 1994.

[213] 马费成, H R 西蒙. 文献计量学的现状与趋势 [J]. 情报科学, 1992 (5): 7-17.

[214] 马健. 科研项目评价制度的缺陷及其完善 [J]. 自然辩证法研究, 2010 (10): 120-124.

[215] 马庆国. 管理统计 [M]. 北京: 科学出版社, 2002.

[216] 马瑞敏, 邱均平. 基于 CSSCI 的论文同被引实证计量研究 [J]. 图书·情报·知识, 2005 (10): 77-79.

[217] 孟微, 庞景安. Pajek 在情报学合著网络可视化研究中的应用 [J]. 情报理论与实践, 2008 (4): 573-575.

[218] 苗东升. 系统科学大学讲稿 [M]. 北京: 中国人民大学出版社, 2007.

[219] 庞景安. 科学计量研究方法论 [M]. 北京: 科学技术文献出版社, 2002: 235, 318.

[220] 裴雷, 马费成. 社会网络分析在情报学中的应用和发展 [J]. 图书馆论坛, 2006 (6): 40-45.

[218] 裴雷, 孙建军. 中国科技报告质量评价体系与推进策略 [J]. 情报学报, 2014 (8): 813-823.

[221] 彭继东. 纳米科技学科领域的知识交流: 基于期刊引文网络的分析 [J]. 图书情报工作, 2011 (4): 15-18.

[222] 普赖斯. 巴比伦以来的科学 [M]. 任元彪, 译. 石家庄: 河北科学技术出版社, 2002.

[223] 钱玲飞, 杨建林, 邓三鸿. 人文社会科学学科创新力单指标评价 [J]. 图书与情报, 2013 (2): 93-98.

[224] 邱均平, 曹洁. 不同学科间知识扩散规律研究: 以图书情报学为例 [J]. 情报理论与实践, 2012 (10): 1-5.

[225] 邱均平, 马瑞敏, 李晔君. 关于共被引分析方法的再认识和再思考 [J]. 情报学报, 2008 (1): 69-74.

[226] 邱均平, 燕今伟, 周明华, 等. 中国学术期刊评价研究报告: RCCSE 权威、核心期刊排行榜与指南 [M]. 北京: 科学出版社, 2009.

[227] 邱均平, 赵蓉英, 马瑞敏. 我国四大引文索引数据库现状比较研究 [J]. 中国索引, 2006 (3): 2-7.

[228] 邱均平. 文献计量学 [M]. 北京: 科学技术文献出版社, 1988.

[229] 邱均平. 信息计量学第九讲 文献信息引证规律和引文分析法 [J]. 情报理论与实践, 2001 (3): 236-240.

[230] 任全娥. 基于情报学的人文社会科学研究成果创新性测评 [J]. 情报资料工作, 2009 (2): 20-23.

[231] 沈律. 科技创新的一般均衡理论 [J]. 科学学研究, 2003 (2): 205-209.

[232] 师锋洋. 基于随机块模型的大规模社会网络中观关键结构研究 [D]. 山西: 太原理工大学, 2015.

[233] 宋歌, 叶继元. 基于 SNA 的图书情报学期刊互引网络结构分析 [J]. 中国图书馆学报, 2009 (3): 33-41.

[234] 宋歌. 社会网络分析在引文评价中的应用研究 [J]. 图书情报工作, 2010 (14): 16-19, 115.

[235] 宋歌. 经济学期刊互引网络的核心-边缘结构分析 [J]. 情报学报, 2011 (1): 93-101.

[236] 宋歌. 网络分析方法在引文分析中的整合研究 [J]. 中国图书馆学报, 2011 (4): 106-114.

[237] 宋歌. 网络结构视域下的创新潜力指标研究 [J]. 图书情报工作, 2014 (3): 64-71.

[238] 宋歌. 网络理论与方法在引文分析中的应用研究 [D]. 南京: 南京大学信息管理系, 2009: 79.

[239] 宋歌. 学术创新的扩散过程研究 [J]. 中国图书馆学报, 2015, 41 (1): 62-75.

[240] 宋丽萍, 徐引篪. 基于 SNA 的电子无形学院结构分析 [J]. 情报学报, 2007 (6): 902-908.

[241] 宋丽萍, 徐引篪. 基于可视化的作者同被引技术的发展 [J]. 情报学报, 2005 (2): 193-198.

[242] 田夫, 王兴成. 科学学教程 [M]. 北京: 科学出版社, 1983.

[243] 托马斯·库恩. 必要的张力 [M]. 纪树立, 译. 福州: 福建人民出版社, 1981: 292.

[244] 汪丹. 结构洞理论在情报分析中的应用与展望 [J]. 情报杂志, 2009 (1): 183-186.

[245] 汪小帆, 李翔, 陈关荣. 复杂网络理论及其应用 [M]. 北京: 清华大学出版社, 2006.

[246] 王福生, 杨洪勇. 作者科研合作网络模型与实证研究 [J]. 图书情报工作, 2007 (10): 68-71.

[247] 王建芳, 冷伏海. 共引分析理论与实践进展 [J]. 中国图书馆学报, 2006 (1): 85-88.

[248] 王艳, 贺德方, 彭洁, 等. 发达国家科学基金绩效评估体制及其启示 [J]. 科技管理研究, 2014 (9): 21-25.

[249] 王展昭, 马永红, 张帆. 基于系统动力学方法的技术创新扩散模型构建及仿真研究 [J]. 科技进步与对策, 2015 (19): 13-19.

[250] 王镇岭. 复杂系统、科学引文网的研究 [D]. 青岛: 青岛大学复杂性科学研究所, 2006.

[251] 魏瑞斌, 宋歌. h 指数研究综述与实证统计分析 [J]. 中国科技期刊研究, 2008, 20 (2): 220-224.

[252] 魏晓俊, 谭宗颖. 基于核心-边缘结构的国际科技合作网络分析: 以纳米科技 (1996—2004 年) 为例 [J]. 图书情报工作, 2006 (12): 35-38.

[253] 武夷山. "爱思唯尔宣言"中关于评价指标的 12 条原则 [EB/OL]. [2015-09-06]. http://blog.sciencenet.cn/blog-1557-845279.html.

[254] 武夷山. 创新往往发生于边缘地带 [N]. 文汇报, 2014-12-26.

[255] 肖宇峰. 专利权人引用网络中的媒介角色研究 [J]. 现代图书情报技术, 2011 (11): 60-66.

[256] 徐媛媛, 朱庆华. 社会网络分析法在引文分析中的实证研究 [J]. 情报理论与实践, 2008 (2): 184-188.

[257] 徐占忱, 何明升. 接近性耦合创新与创新范式的转换 [J]. 自然辩证法研究, 2005 (8): 84-87.

[258] 严建新, 王续琨. 中国科学技术期刊的学术分层机制 [J]. 科学学研究, 2008 (1): 52-57.

[259] 颜端武, 王曰芬, 李飞. 国外人际网络分析的典型软件工具 [J]. 现代图书情报技术, 2007 (9): 6-11.

[260] 杨家栋,秦兴方.社会科学研究成果的评价及其指标体系[J].齐鲁学刊,2001(2):122-128.

[261] 杨建林,苏新宁.人文社会科学学科创新力研究的现状与思路[J].情报理论与实践,2010(2):5-8.

[262] 叶继元.代表作制有益遏制学术评价数量化[N].中国教育报,2012-03-28.

[263] 叶继元.人文社会科学评价体系探讨[J].南京大学学报(哲学·人文科学·社会科学版),2010(1):97-110,160.

[264] 叶继元.中国哲学社会科学学术期刊布局研究[M].北京:社会科学文献出版社,2008.

[265] 尹丽春,KRETSCHMER H,刘则渊.基于COLLNET成员的合著网络拓扑结构分析[J].科技进步与对策,2006(2):70-73.

[266] 尹丽春.科学学引文网络的结构研究[D].大连:大连理工大学,2006.

[267] 尹丽春.科学学知识图谱[M].大连:大连理工大学出版社,2008:25,20.

[268] 尤金·加菲尔德.引文索引法的理论及应用[M].侯汉清,等,译.北京:北京图书馆出版社,2004.

[269] 约翰·斯科特.社会网络分析法[M].刘军,译.重庆:重庆大学出版社,2007:85.

[270] 岳洪江,刘思峰.管理科学期刊同被引网络结构分析[J].情报学报,2008(3):400-406.

[271] 岳洪江.管理科学知识扩散网络的结构研究[J].科学学研究,2008(4):779-786.

[272] 张海燕,刘娜,陈士俊,等.基于社会网络分析的创新团队合作度评估[J].高等职业教育-天津职业大学学报,2008(1):83-35.

[273] 张勤,马费成.国外知识管理研究范式[J].管理科学学报,2007(6):65-73.

[274] 张世英.新哲学讲演录[M].桂林:广西师范大学出版社,2004.

[275] 张腾,王迎军.迭代式创新的研究与实践发展[J].现代管理科学,2016(10):100-102.

[276] 张文宏.社会网络分析的范式特征:兼论网络结构观与地位结构观的联系和区别[J].江海学刊,2007(5):100-106.

[277] 张文彤,董伟.SPSS统计分析高级教程[M].3版.北京:高等教育出版社,2018:218.

[278] 张秀梅,吴巍.科研合作网络的可视化及其在文献检索服务中的应用[J].情报学报,2006(1):9-15.

[279] 赵基明,邱均平,黄凯,等.一种新的科学计量指标:h指数及其应用述评

[J]. 中国科学基金, 2008, 22 (1): 23-32.

[280] 赵星, 谭旻, 余小萍, 等. 我国文科领域知识扩散之引文网络探析 [J]. 中国图书馆学报, 2012 (5): 59-67.

[281] 中国社会科学院外事局. 美国人文社会科学现状与发展 [M]. 北京: 社会科学文献出版社, 2001: 377-378.

[282] 种艳秋, 张晗, 冷荣新, 等. 利用社会网络分析法和聚类法研究心血管疾病知识结构的比较 [J]. 中华医学图书情报杂志, 2007 (6): 77-80.

[283] 朱强, 戴龙基, 蔡蓉华. 中文核心期刊要目总览 [M]. 北京: 北京大学出版社, 2008.